Leandro Bertoldo
Geometria Leandroniana

GEOMETRIA LEANDRONIANA
Leandro Bertoldo

Leandro Bertoldo
Geometria Leandroniana

Leandro Bertoldo
Geometria Leandroniana

Dedico este livro

À minha querida filha
Beatriz Maciel Bertoldo

Leandro Bertoldo
Geometria Leandroniana

Leandro Bertoldo
Geometria Leandroniana

É uma lei do espírito que ele se estreite ou dilate segundo as dimensões dos objetos com que se torna familiar.

Ellen Gould White
**Escritora, conferencista, conselheira,
e educadora norte-americana.
(1827-1915)**

Leandro Bertoldo
Geometria Leandroniana

ÍNDICE

PREFÁCIO
CAPÍTULO I
1 - Introdução
2 - Sistema Leandroniano
3 - Nomenclatura
4 - Propriedades
5 - Distância Existente Entre o Vale e o Pico
6 - Razão da Bissetriz
7 - Ponto Divisor
8 - Ponto Médio
9 - Nomenclatura da Bissetriz
10 - Distância Entre Duas Retas

CAPÍTULO II
1 - Função Linear
2 - Propriedades
3 - Característica Gráfica do Número Real b
4 - Relação Entre a Função Linear e a Equação Leandroniana
5 - Altura do Pico de uma Reta em Relação ao Vale da Mesma
6 - Condições de Paralelismo
7 - Condições de Perpendicularismo à Estaca
8 - Cálculo de Áreas Definido Entre Dois Pares Ordenados
9 - Coeficiente Delta Leandroniano
10 - Equação Linear e o Coeficiente Delta
11 - Equação da Reta Leandroniana em Declive Delta
12 - Coeficiente Alfa Leandroniano
13 - Equação Linear e o Coeficiente Alfa
14 - Equação da Reta Leandroniana em Declive Alfa
15 - Coeficiente Gama Leandroniano
16 - Equação Linear e o Coeficiente Gama
17 - Equação da Reta Leandroniana em Declive Gama
18 - Convenções Elementares
19 - Condição de Paralelismo
20 - Equação Delta de Uma Reta, Dados Um Ponto e a Direção

21 - Diferença Entre Duas Diagonais
22 - Ângulo Entre Reta e Estaca
23 - Razão Entre Dois Coeficientes Delta
24 - Razão Entre Dois Coeficientes Alfa
25 - Razão Entre Dois Coeficientes Gama
26 - Coeficiente Delta e a Diagonal
27 - Coeficiente Alfa e a Diagonal
28 - Coeficiente Gama e a Diagonal
29 - Equação Delta e Equação Diagonal

CAPÍTULO III
1 - Função do Primeiro Grau
2 - Propriedades
3 - Dedução Leandroniana do Número Real "b"
4 - Relação Entre a Equação do Primeiro Grau e a Equação Leandroniana do Número Real "b"
5 - Altura do Pico de uma Reta em Relação ao Vale da Mesma
6 - Relação Existente Entre a Equação do Primeiro Grau e a Equação da Altura
7 - Área Limitada por um Triângulo
8 - Cálculos de Áreas Definidas Entre Dois Pares Ordenados
9 - Os Coeficientes na Equação do Primeiro Grau
10 - Duas Funções do Primeiro Grau em um Único Gráfico Leandroniano

CAPÍTULO IV
1 - Função do Segundo Grau Elementar
2 - Distância Entre um Pico Posterior por seu Pico Anterior
3 - A Equação Elementar do Segundo Grau e a Expressão Definitiva de Leandro Para a Distância Entre os Picos
4 - Altura do Pico de uma Reta em Relação ao Vale da Mesma
5 - Equação da Altura e a Equação Elementar do Segundo Grau
6 - Equação de Leandro Para o Cálculo da Altura
7 - Relação Entre a Equação Elementar do Segundo Grau e a Equação de Leandro
8 - Equação de Leandro e Equação da Altura Exclusivamente em Função de x.

Leandro Bertoldo
Geometria Leandroniana

9 - Equação de Leandro e a Equação da Altura Exclusivamente em Função de y.
10 - Área Limitada por um Triângulo
11 - O Coeficiente na Equação Elementar do Segundo Grau
12 - Cálculo de Área Entre Duas Retas Consecutivas

CAPÍTULO V
1 - Função Linear do Segundo Grau
2 - Propriedades
3 - Distância Entre um Pico Posterior por seu Pico Anterior
4 - Cálculo do Valor de b na Equação Linear do Segundo Grau
5 - Dedução Matemática do Número Real b.
6 - Dedução do Valor do Número Real b.
7 - Equação Fundamental de Leandro
8 - Equação de Fusão
9 - Equação Linear do Segundo Grau e a Equação Fundamental de Leandro
10 - Altura do Pico de uma Reta em Relação ao Vale da Mesma
11 - Equação da Altura e a Equação Linear do Segundo Grau
12 - Equação de Leandro Para o Cálculo da Altura
13 - Equação da Altura e Equação de Leandro
14 - Exemplos Demonstrativos da Realidade da Equação de Leandro
15 - Relação Entre a Equação Linear do Segundo Grau e a Equação de Leandro
16 - Equação da Altura e Equação de Leandro e suas Variações
17 - Área Limitada por um Triângulo Retângulo
18 - Coeficiente na Equação Linear do Segundo Grau

CAPÍTULO VI
1 - Função do Segundo Grau
2 - Propriedades
3 - Distância Entre um Pico Posterior por seu Pico Anterior
4 - Número Real b.
6 - Relação de Equações
7 - Equação do Segundo Grau e a Equação de Leandro
8 - Altura Entre um Pico por seu Vale
9 - Equação da Altura e a Equação do Segundo Grau

10 - Equação da Altura e a Equação de Leandro
11 - Equação de Leandro para o Cálculo da Altura
12 - Equação de Leandro e a Equação da Altura
13 - Equação da Altura de Leandro e a Equação da Fusão de Leandro
14 - Equação de Leandro e a Equação do Segundo Grau
15 - Exemplos Demonstrativos da Realidade da Equação de Leandro
16 - A Equação Limitada por um Triângulo Retângulo
17 - Coeficientes na Equação do Segundo Grau

CAPÍTULO VII
1 - Função do Terceiro Grau Elementar
2 - Distância Entre um Pico Posterior por seu Anterior
3 - Equação Elementar do Terceiro Grau e a Equação Definitiva de Leandro
4 - Altura do Pico de uma Reta em Referência ao Vale da Mesma
5 - Equação da Altura e a Equação Elementar do Terceiro Grau
6 - Equação de Leandro para o Cálculo da Altura
7 - Relação Existente Entre a Equação de Leandro com as Outras
8 - Equação Parcelada da Altura
9 - Área Limitada por um Triângulo
10 - Os Coeficiente na Equação Elementar do Terceiro Grau

CAPÍTULO VIII
1 - Função Linear do Terceiro Grau
2 - Propriedades
3 - Distância Entre um Pico Posterior por seu Anterior
4 - Cálculo do Valor de b na Equação Linear do Terceiro Grau.
5 - Dedução Matemática do Número Real b
6 - Dedução do Valor da Razão de Progressão Aritmética
7 - Fusão da Equação Fundamental de Leandro
8 - Fusão da Equação do Terceiro Grau
9 - Equação Linear do Terceiro Grau e a Equação Definitiva de Leandro
10 - Altura do Pico de uma Reta em Relação ao Vale da Mesma
11 - Equação da Altura e a Equação Linear do Terceiro Grau
12 - Equação de Leandro Para o Cálculo da Altura

13 - Demonstração Regressiva da Equação de Leandro
14 - Equação da Altura e a Equação de Leandro
15 - Relação Entre a Equação Linear do Terceiro Grau e a Equação de Leandro
16 - Equação da Altura e Equação de Leandro e suas Variações
17 - Área Limitada de um Triângulo Retângulo
18 - Coeficiente na Equação Linear do Terceiro Grau

CAPÍTULO IX
1 - Equação do Terceiro Grau
2 - Propriedades
3 - Distância Entre um Pico Posterior por seu Pico Anterior
4 - Prova que R_m não depende de c
5 - Fusão do Parágrafo nº 03 com o nº 04
6 - Altura Entre um Pico por seu Vale
7 - Equação da Altura e a Equação do Terceiro Grau
8 - Equação de Leandro para o Cálculo da Altura
9 - Demonstração Regressiva da Equação de Leandro
10 - Equação da Altura e a Equação de Leandro
11 - Área Limitada por um Triângulo Retângulo
12 - Coeficientes na Equação do Terceiro Grau

CAPÍTULO X
1 - Função Elementar do Quarto Grau
2 - Distância Entre um Pico Posterior por seu Anterior
4 - Altura de um Pico de uma Reta em Referência ao Vale da Mesma
5 - Equação da Altura e a Equação Elementar do Quarto Grau
6 - Equação de Leandro Para o Cálculo da Altura
7 - Relação Existente Entre a Equação de Leandro com as Demais
8 - Área Limitada por Triângulo
9 - O Coeficiente na Equação Elementar do Quarto Grau

CAPÍTULO XI
1 - Função Linear do Quarto Grau
2 - Propriedades
3 - Distância Entre um Pico Posterior por seu Anterior

4 - Cálculo do Valor de b na Equação Linear do Quarto Grau
5 - Dedução Matemática do Número Real b
6 - Dedução do Valor da Razão de Progressão Aritmética
7 - Equação Teórica dos Picos
8 - Fusão da Equação Fundamental
9 - Fusão na Equação Teórica dos Picos
10 - Fusão na Equação do Quarto Grau
11 - Altura do Pico de uma Reta em Relação ao Vale da Mesma
12 - Equação da Altura e a Equação Linear do Quarto Grau
13 - Equação de Leandro para o Cálculo da Altura
14 - Demonstração Regressiva da Equação de Leandro
15 - Equação da Altura e a Equação de Leandro
16 - Área Limitada por um Triângulo Retângulo
17 - Coeficiente na Equação Linear do Quarto Grau

CAPÍTULO XII
1 - Equação do Quarto Grau
2 - Propriedades
3 - Distância Entre um Pico Posterior por seu Pico Anterior
4 - Altura Entre um Pico por seu Vale
5 - Equação da Altura e a Equação do Quarto Grau
6 - Equação de Leandro para o Cálculo da Altura
7 - Demonstração Regressiva da Equação de Leandro
8 - Área Limitada por um Triângulo Retângulo
9 - Coeficiente na Equação do Quarto Grau

CAPÍTULO XIII
1 - Função Elementar Genérica
2 - Gráfico Leandronianos
3 - Distância Entre um Pico Posterior por seu Anterior
4 - Exemplos da Equação de Leandro
5 - Fusão da Equação de Leandro com a Função Elementar Genérica
6 - Altura Entre um Pico por seu Vale
7 - Equação da Altura e a Equação Elementar Genérica
8 - Equação da Altura e Equação de Leandro
9 - Área Limitada por um Triângulo Retângulo
10 - Coeficiente na Equação Elementar Genérica

CAPÍTULO XIV
1 - Função Linear Genérica
2 - Gráficos
3 - Distância Entre um Pico Posterior por seu Anterior
4 - Cálculo do Valor do Número Real b, na Equação Linear Genérica
5 - Altura do Pico de uma Reta em Relação ao Vale da Mesma
6 - Equação da Altura é a Equação Linear Genérica
7 - Área Limitada de um Triângulo Retângulo
8 - Coeficiente na Equação Linear Genérica

CAPÍTULO XV
1 - Equação Genérica
2 - Gráficos
3 - Distância Entre um Pico Posterior por seu Anterior
4 - Altura de um Pico em Relação ao seu Vale
5 - Equação da Altura e a Equação Elementar Genérica
6 - Área Limitada por um Triângulo Retângulo
7 - Coeficientes na Equação Genérica

CAPÍTULO XVI
1 - Introdução
2 - Gráfico das Posições em Movimento Uniforme
3 - Gráfico das Velocidades em Movimento Uniforme
4 - Gráficos das Velocidades em Movimento Uniformemente Variado
5 - Gráfico das Posições em Movimento Uniformemente Variado
6 - Gráfico das Acelerações em Movimento Uniformemente Variado
7 - Classificação dos Movimentos
8 - Gráfico do Poder Emissivo de um Corpo Negro

CAPÍTULO XVII
1 - Introdução
2 - Propriedades
3 - Distância Entre as Estacas
4 - Distância Entre os Pontos x_p, y_n

5 - Distância entre os Pontos x_p e z_s ($d_{xp \dashv yn}$)
6 - Distância Entre os Pontos x_p e y_m
7 - Distância entre os pontos x_p e z_r
8 - Distância entre os pontos y_n e z_s
9 - Distância entre os pontos y_m e z_r
10 - Distância entre os pontos y_n e y_m
11 - Distância Entre os pontos z_s e z_r
12 - Área do Polígono Quadrilátero no Gráfico Leandroniano

CAPÍTULO XVIII
1 - Função Linear
2 - Propriedades
3 - Relação Entre Funções
4 - Altura do Pico em Relação ao Vale
5 - Áreas
6 - Coeficiente Delta de Leandro
7 - Coeficiente Alfa de Leandro
8 - Coeficiente Gama de Leandro

APRESENTAÇÃO

A matemática é a lógica pela qual Deus estruturou o Universo.

    Este livro é produto das intensas atividades juvenis do autor como cientista e pesquisador nas áreas da matemática. Produzido entre 1981-1982 a obra defende a tese original da "Geometria Leandroniana", onde interessantes conseqüências algébricas são extraídas dos seus gráficos. Na medida do possível os temas aqui expostos foram sistematicamente organizados de forma didática, todavia sem prejuízo na profundidade da tese aventada nesta obra.

    Trata-se de uma das primeiras exposições da "Geometria Leandroniana", que serve de referência para aqueles que são cientistas nas áreas das ciências exatas. O conteúdo apresentado neste livro é básico e elementar, todavia suficiente para indicar o caminho a ser seguido pelos futuros pesquisadores da matemática.

    Muitas teorias matemáticas podem ser agregadas aos conceitos defendidos nesta obra, em especial a teoria do conjunto. Examinando várias equações em função do gráfico leandroniano, o autor propõe novas formas algébricas para descrever algumas relações matemáticas.

    Esta obra é constituída por dezoito capítulos, que contêm uma verdadeira teoria de geometria. Os capítulos I e II apresentam uma introdução geral à Geometria Leandroniana; o capítulo III apresenta uma análise da função de primeiro grau aplicada no gráfico leandroniano; os capítulos IV a VI analisam o comportamento da função do segundo grau no gráfico leandroniano; os capítulos VII a IX analisam a função do terceiro grau também aplicada nos gráficos leandronianos; os capítulos X a XII consideram a função do quarto grau no gráfico leandroniano; os capítulos XIII a XV apresentam uma analise genérica dos resultados obtidos; o capítulo XVI faz uma breve aplicação de alguns fenômenos físicos e os capítulos XVII e XVIII apresentam a Geometria Leandroniana numa rápida análise tridimensional.

Esta obra está sendo apresentada pela primeira vez ao público exatamente da mesma forma como foi produzida quando o autor contava apenas vinte e dois anos de idade. Os termos "Geometria Leandroniana", "gráfico leandroniano", "... de Leandro" e outros similares podem ser considerados provisórios pelos matemáticos, podendo ser alterados de acordo com as conveniências oficiais da ciência. Tais termos apenas refletem o espírito que animava o autor na época em que a geometria foi elaborada. Hoje em dia eles já não possuem mais o condão para mexer com o brio do autor.

É o sincero desejo do autor que as teses aqui apresentadas possam encontrar aplicações úteis no universo da ciência, contribuindo de alguma forma para a sua compreensão e desenvolvimento.

Leandro Bertoldo
leandrobertoldo@ig.com.br

CAPÍTULO I

1 - Introdução

Tenho a primazia em introduzir um novo sistema geométrico no mundo matemático, desenvolvendo, dessa forma, um poderoso método que levará o homem a novos caminhos nunca antes imaginado. A este novo ramo da Matemática dei o nome de "Geometria Leandroniana".

2 - Sistema Leandroniano

Vou considerar duas estacas x e y paralela uma a outra sob uma base "0" e seja "α" o plano que as contém:

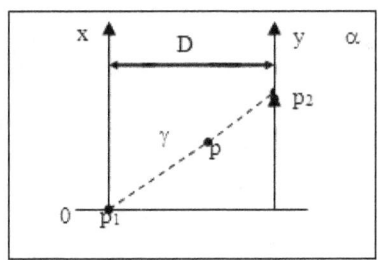

Dado um ponto p qualquer, $p \in \alpha$, vou conduzir por ele uma reta γ.

Chamarei o pico p_2, o ponto que coincide com a estaca y e com a reta γ.

Chamarei o vale p, o ponto que se origina na estaca x.

3 - Nomenclatura

No sistema leandroniano, vou adotar sempre a seguinte nomenclatura:

a) pico de p é o número real $y_p = op_2$ e representa-se genericamente por "D" é também chamado de "altura".
b) Vale de p é o número real $x_p = op_1$ e representa-se genericamente por "V".
c) Coordenadas de p são os números reais x_p e y_p, sempre indicados na forma de um par ordenado (x_p, y_p) onde o primeiro membro é sempre o vale, portanto: (vale, pico).
d) Estaca dos vales é o eixo x ou (ox).
e) Estaca dos picos é o eixo y ou (oy).
f) Sistema leandroniano é o par de estacas paralelas ox e oy.
g) Base é a origem do sistema é o ponto 0.
h) Plano leandroniano é o plano α.

4 - Propriedades

Considere o seguinte sistema leandroniano.

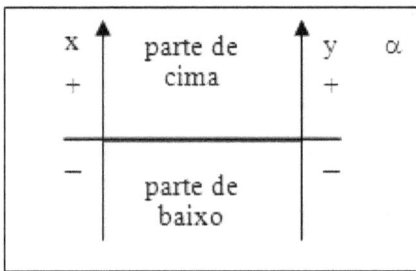

As estacas x e y dividem o plano leandroniano em duas regiões chamadas "partes", sendo uma de cima e outra de baixo, conforme a última figura. Observe que:
a) $p \in$ a parte de cima $\Leftrightarrow x_p \geq 0$ e $y_p \geq 0$
b) $p \in$ a parte de baixo $\Leftrightarrow x_p \leq 0$ e $y_p \leq 0$

Note também as seguintes propriedades:

1º) Tal sistema é caracterizado por dois pontos bem definidos, um que é o vale e outro que é o pico.
2º) Toda vez que o valor real do pico coincidir com o da base, a reta traçada entre eles é sempre perpendicular às estacas x e y.
3º) A base "0" é a mesma tanto para a estaca x quanto para a estaca y.

5 - Distância Existente Entre o Vale e o Pico

Dado um ponto p (x_1, y_1), calcularei a distância entre eles. Inicialmente deve-se observar que:

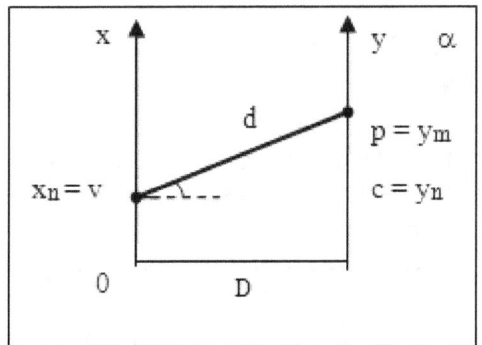

a) A distância (D) entre as duas estacas é independente de qualquer natureza externa e, portanto pode ser convencional.
b) $d_{vc} = D$
c) $d_{pc} = y_m - y_n$
d) Como $y_n = x_n$, vem que: $d_{pc} = y_m - x_n$

Em seguida, aplicarei o teorema de Pitágoras ao triângulo VPC:

$$d^2 = (d_{vc})^2 + (d_{pc})^2$$
$$d^2 = D^2 + (y_m - x_n)^2 \text{ ou}$$
$$d^2 = D^2 + (P - V)^2$$

Logo:

$$d = \sqrt{[D^2 + (y_m - x_n)^2]} \text{ ou}$$
$$d = \sqrt{[D^2 + (P - V)^2]}$$

Sendo $(y_1 - x_1)$ e $(P - V)^2$ a altura "h", posso escrever que:

$$d = \sqrt{(D^2 + h^2)}$$

A distância (D) é constante e convencional. Então, convencionando-se que $D = 1$, posso escrever que:

$$d = \sqrt{(1 + h^2)}$$

6 - Razão da Bissetriz

Dados três pontos colineares V A P (com $V \neq A \neq P$), denomino por razão da bissetriz do segmento VP pelo ponto A, o número real R tal que: $R = VA/AP$.

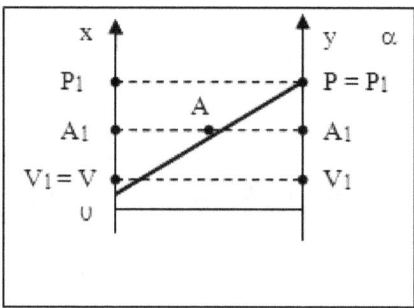

Vou agora resolver a seguinte questão: Dados os seguintes pontos $V(x_1, y_1)$; $P(x_2, y_2)$ e $A(x_3, y_3)$ V, A e P colineares, devo calcular o valor da razão da bissetriz.

Admitirei que a reta VP não seja perpendicular a nenhuma das estacas, as projetantes V, V_1, A, A_1 e P, P_1 são perpendiculares e distintas, fato que ocorre tanto nas estaca x quanto na estaca y. Então aplicando o famoso teorema de Tales de Mileto, obtém-se:

$$R = VA/AP = V_1A_1/A_1P_1 = (x_3 - x_1)/(x_2 - x_3) = (y_3 - y_1)/(y_2 - y_3)$$

7 - Ponto Divisor

Dados: $V(x_1)$ e $P(x_2)$, devo obter: A (x_3) que divide VR numa razão R.
Então se tem que:

$$R = (x_3 - x_1)/(x_2 - x_3)$$

Portanto, posso escrever que:

$$R \cdot x_2 - R \cdot x_3 = x_3 - x_1$$

Assim, vem que:

$$x_3 + R \cdot x_3 = x_1 + R \cdot x_2$$

Logo resulta que:

$$x_3 \cdot (1 + R) = x_1 + R \cdot x_2$$

Desse modo, conclui-se que:

$$x_3 = (x_1 + R \cdot x_2)/(1 + R)$$

8 - Ponto Médio

No caso particular de A ser o ponto médio da bissetriz VP, então, tem-se:

$$VA = AP$$

Portanto:

$$R = 1$$

Empregando a fórmula do ponto divisor, obtém-se que:

$$x_3 = x_1 + 1 \cdot x_2/1 + 1$$

Portanto, conclui-se que:

$$x_3 = (x_1 + x_2)/2$$

9 - Nomenclatura da Bissetriz

Vou considerar duas estacas x e y paralelas, sob uma base inicial "0" e seja "α" o plano que as contém.

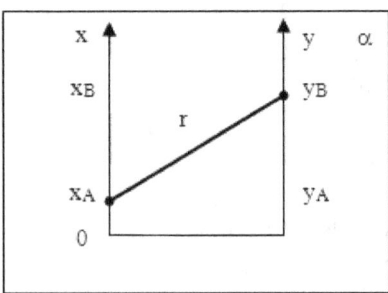

Dada uma bissetriz r qualquer, r ∈ α, vou apresentar em suas extremidades dois pontos: x_A e y_B. Então, adotando a seguinte nomenclatura, digo que:
a) Bissetriz é a reta representada pelo eixo r.
b) Coordenadas de r são os números reais x_A e y_B, sempre indicados na forma de um par ordenado (x_A, y_B) onde o primeiro termo é sempre o vale e o segundo termo o pico.

Desse modo, a cada reta r de α fica associada um único par ordenado de número reais (x_r e y_r). Também é verdade que a cada par ordenado de reais (x_r e y_r) está associada uma única reta r de α. Sendo esta verificação a característica fundamental da Geometria Leandroniana.

Desta maneira, fica perfeitamente caracterizada uma correspondência biunívoca entre os eixos do plano e os pares ordenados de números reais. Evidentemente, isto me permite identificar a reta r com o par ordenado que a representa.

10 - Distância Entre Duas Retas

Dados dois pontos $A(x_1$ e $y_2)$ e $B(x_1$ e $y_2)$, calcularei a distância que separa a reta A da reta B. Inicialmente, observe que:

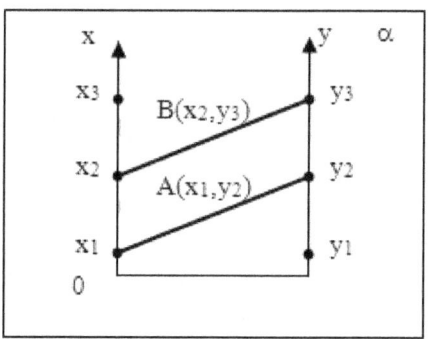

$d_{Ax} B_c = x_2 - x_1$
$d_{Ay} B_y = y_3 - y_2$

Em coordenadas, a distância entre as retas A e B vem expressa da seguinte forma:

$$d_{A(x1, y2); B(x2,y3)} = d_{AB} = [(x_2 - x_1), (y_3 - y_2)]$$

Ou, simplesmente:

$$D = (\Delta x, \Delta y)$$

CAPÍTULO II

1 - Função Linear

A função linear é a função representada simbolicamente por:

$$y = b \cdot x$$

Onde b é um número real. Com isto, afirmo que toda reta r do plano leandroniano está associada a uma equação linear de coordenadas (x, y).

2 - Propriedades

Se a constante "b" for igual a unidade ("um"); então, concluí-se que: $y = x$. Logo em um sistema leandroniano, as retas traçadas por intermédio das coordenadas (x, y), são todas perpendiculares às estacas, o que se encontra em perfeito acordo com o gráfico leandroniano que se segue:

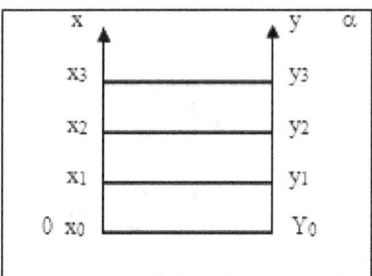

Se a constante b for nula (b = 0), obtém-se o seguinte resultado:

y	=	b.	x
0	=	0.	0
0	=	0.	1
0	=	0.	2
0	=	0.	3

Sendo: $x_0 = 0$; $x_1 = 1$; $x_2 = 2$; $x_3 = x_3$ e $y_0 = y_1 = y_2 = y_3 = 0$. Então, passo a representar tal resultado no gráfico leandroniano, como se segue:

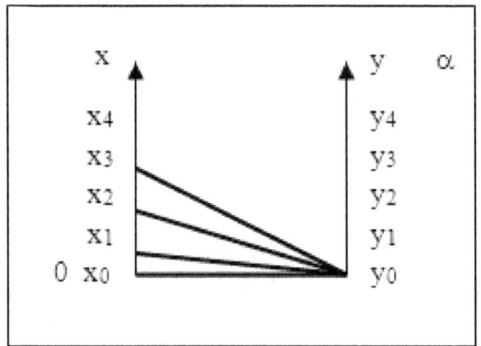

Se a constante b for igual a dois (b = 2), aplicando a equação linear, obtém-se o seguinte resultado:

y = b . x			
0	=	2.	0
2	=	2.	1
4	=	2.	2
6	=	2.	3

Considerando que: $x_0 = 0$; $x_1 = 1$; $x_2 = 2$; $x_3 = 3$; b) $y_0 = 0$; $y_1 = 1$; $y_2 = 2$; $y_3 = 3$; $y_4 = 4$; $y_5 = 5$; $y_6 = 6$. Então, representando tal resultado no gráfico leandroniano, obtém-se a seguinte figura:

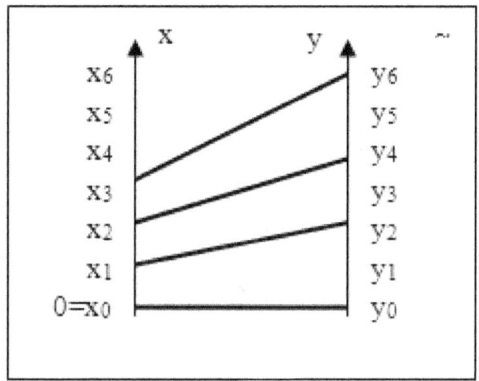

Se a constante b for igual a três (b = 3), ao aplicar a equação linear, obtém-se o seguinte resultado:

y = b . x		
0	3	0
3	3	1
6	3	2
9	3	3

Considerando que:

$x_0 = 0$	$y_0 = 0$	$y_5 = 5$
$x_1 = 1$	$y_1 = 1$	$y_6 = 6$
$x_2 = 2$	$y_2 = 2$	$y_7 = 7$
$x_3 = 3$	$y_3 = 3$	$y_8 = 8$
	$y_4 = 4$	$y_9 = 9$

Representando o referido resultado no gráfico leandroniano, obtém-se a seguinte figura:

Leandro Bertoldo
Geometria Leandroniana

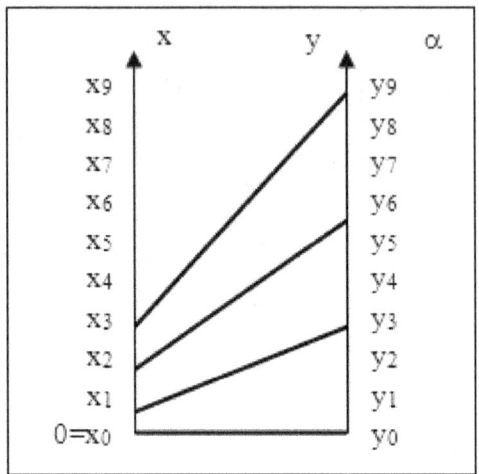

Se a constante b for igual a quatro (b = 4) ao aplicar a equação linear, obtém-se o seguinte resultado:

y	=	b.	x
0	=	4.	0
4	=	4.	1
8	=	4.	2
12	=	4.	3

Considerando que:
$x_0 = 0$; $x_1 = 1$; $x_2 = 2$; $x_3 = 3$; $x_4 = 4$; $x_5 = 5$; $x_6 = 6$; $x_7 = 7$; $x_8 = 8$; $x_9 = 9$; $x_{10} = 10$; $x_{11} = 11$; $x_{12} = 12$
$y_0 = 0$; $y_1 = 1$; $y_2 = 2$; $y_3 = 3$; $y_4 = 4$; $y_5 = 5$; $y_6 = 6$; $y_7 = 7$; $y_8 = 8$; $y_9 = 9$; $y_{10} = 10$; $y_{11} = 11$; $y_{12} = 12$

E representando o presente resultado no gráfico leandroniano, obtém-se a seguinte figura:

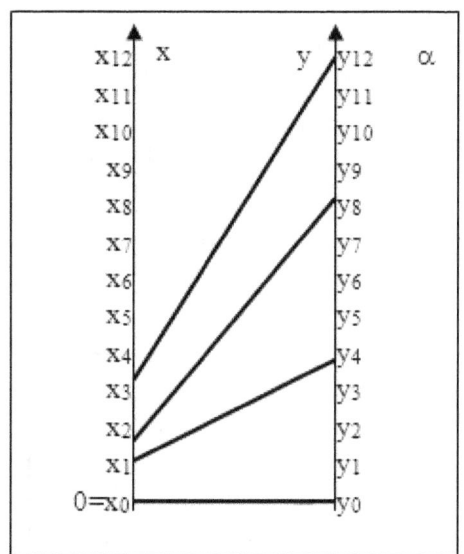

Desse modo os referidos exemplos caracterizam genericamente os gráficos leandronianos representados por uma função linear.

3 - Característica Gráfica do Número Real b

Para descobrir graficamente o valor do número real "b", basta analisar os seguintes gráficos leandroniano, construídos sob a forma de uma função linear.

a) Quando b = 0 obtém-se o seguinte gráfico:

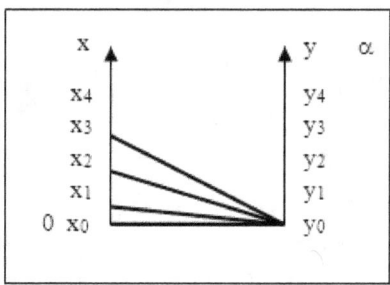

b) Quando b = 1 obtém-se o seguinte gráfico:

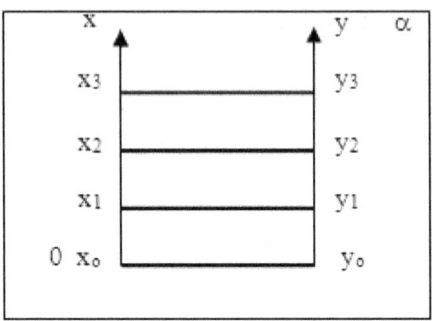

c) Quando b = 2 obtém-se o seguinte gráfico:

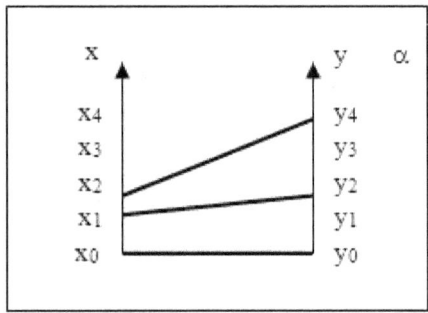

d) Quando b = 3 obtém-se o seguinte gráfico:

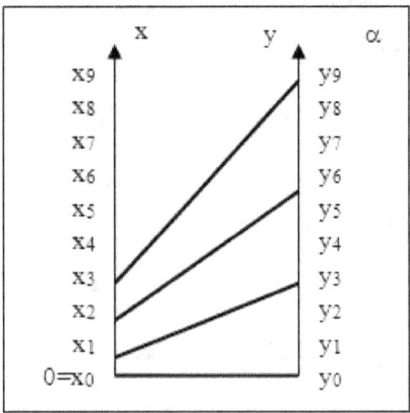

A função linear caracterizada simbolicamente por:

$$y = b \cdot x$$

Permitiu trocar as retas dos quatro últimos gráficos leandronianos, sendo que cada reta é caracterizada por um par ordenado (x, y).

Para verificar graficamente o valor do número real "b", basta, simplesmente observar os picos das retas traçadas na estaca dos y.

Sendo que a diferença existente entre o pico posterior pelo anterior é em cada gráfico, uma constate caracterizada pelo número real "b". Simbolicamente, o referido enunciado é expresso pela seguinte igualdade:

$$b = p_p - p_a \quad \text{ou} \quad b = y_p - y_a$$

Sendo: $x_0 = 0$; $x_1 = 1$; $x_2 = 2$; ... ; $x_n = n$ e $y_0 = 0$; $y_1 = 1$; $y_2 = 2$; ... ; $y_n = n$. Então, se num mesmo gráfico, as retas forem definidas pelos seguintes pares ordenados: (x_0, y_0), (x_1, y_0), (x_2, y_0), (x_3, y_0), os quais representam o gráfico "a" do presente parágrafo, posso concluir que uma reta posterior que apresenta coordenada (x_1, y_0) e a sua reta anterior que apresenta coordenada (x_0, y_0), o implica que o número real "b" é igual a zero, pois: $b = y_0 - y_0$, sendo que $y_0 = 0$.

O mesmo resulta de uma reta posterior caracterizada pela coordenada (x_3, y_0) e a sua reta anterior, caracterizada pela coordenada (x_2, y_0). Pois as duas retas apresentam todos os picos iguais a y_0. Logo, conclui-se que "toda vez na estaca y os picos forem sempre iguais a y_0, resulta que $b = 0$".

O gráfico "b" do presente parágrafo apresenta retas caracterizadas pelos seguintes pares ordenados: (x_0, y_0), (x_1, y_1), (x_2, y_2), (x_3, y_3), o que permite concluir que uma reta posterior que apresenta coordenada (x_1, y_1) e a sua anterior que apresenta coordenada (x_0, y_0) implica num número real "b" igual a um ($b = 1$). Como $b = y_1 - y_0$ e sendo $y_1 = 1$ e $y_0 = 0$, substituindo convenientemente, resulta:

$$b = 1 - 0 = 1$$

Que realmente é o valor de b no referido gráfico.

Sendo (x_2, y_2) uma outra reta posterior e (x_1, y_1) a sua anterior, posso concluir que $b = 1$; pois, de acordo com a definição geral, posso escrever que:

$$b = y_2 - y_1$$

Como: $y_1 = 1$ e $y_2 = 2$, posso substituir convenientemente os referidos pontos com a expressão anterior, o que resulta em:

$$b = 2 - 1 = 1$$

Tal resultado caracteriza perfeitamente o valor de "b" no referido gráfico.

Sendo (x_3, y_3) uma reta posterior e (x_2, y_2) sua anterior, posso concluir que $b = 1$; pois:

$$b = y_3 - y_2$$

E sendo $y_2 = 2$ e $y_3 = 3$, que substituídos convenientemente na referida expressão, vem que:

$$b = 3 - 2 = 1$$

Pude definir o gráfico do exemplo (c), com o número real $b = 2$. Tal gráfico apresenta retas caracterizadas pelos seguintes pares ordenados: (x_0, y_0), (x_1, y_2), (x_2, y_4).

Sendo em tal gráfico (x_1, y_2) uma reta posterior e (x_0, y_0) sua anterior, então posso concluir que o número real b é igual a dois ($b = 2$); pois, graficamente tal número é definido por:

$$b = y_2 - y_0$$

Leandro Bertoldo
Geometria Leandroniana

E sendo $y_0 = 0$ e $y_2 = 2$, que substituindo convenientemente na última expressão, resulta que:

$$b = 2 - 0 = 2$$

No mesmo gráfico, sendo (x_2, y_4) uma reta posterior e (x_1, y_2) sua reta anterior, posso concluir que o número real b é igual a dois (b = 2), pois, graficamente tal número é definido por:

$$b = y_4 - y_2$$

E sendo $y_2 = 2$ e $y_4 = 4$, que substituídos convenientemente na última expressão, resulta que:

$$b = 4 - 2 = 2$$

Apresentei o gráfico do exemplo (d), definido por uma função linear (y = b . x) com o número real b = 3. O referido gráfico apresenta retas caracterizadas pelos seguintes pares ordenados: (x_0, y_0), (x_1, y_3), (x_2, y_6), (x_3, y_9).

Sendo em tal gráfico (x_1, y_3) uma reta posterior e (x_0, y_0) sua reta anterior, posso concluir que o número real b é igual a três (b = 3), pois, graficamente, tal número é definido por:

$$b = y_3 - y_0$$

E sendo $y_0 = 0$ e $y_3 = 3$ que substituídos convenientemente na última expressão, vem quem:

$$b = 3 - 0 = 3$$

E no mesmo gráfico, sendo (x_2, y_6), uma reta posterior, e, (x_1, y_3) sua reta anterior, posso concluir que o número real b é igual a três (b = 3); pois, graficamente, tal número é definido por:

$$b = y_6 - y_3$$

E sendo $y_3 = 3$ e $y_6 = 6$, que substituídos convenientemente na última expressão, vem que:

$$b = 6 - 3 = 3$$

E novamente, no mesmo gráfico, sendo (x_3, y_9), uma reta posterior e, (x_2, y_6) sua reta anterior, posso concluir que o número real b é igual a três (b = 3); pois, graficamente, tal número é definido por:

$$b = y_9 - y_6$$

E sendo $y_6 = 6$ e $y_9 = 9$, que substituídos convenientemente na última expressão, vem que:

$$b = 9 - 6 = 3$$

4 - Relação Entre a Função Linear e a Equação Leandroniana

Afirmei que uma função linear é definida simbolicamente pela seguinte igualdade:

$$y = b \cdot x$$

Onde "b" é um número real, não nulo. Evidentemente, posso escrever que:

$$b = y/x$$

Por outro lado, defini que no gráfico leandroniano, o número real "b" é definido pela diferença existente entre o pico posterior pelo seu anterior.

Simbolicamente, o referido enunciado é expresso pela seguinte igualdade:

$$b = p_n - p_{(n-1)}$$

A referida expressão é denominada por equação gráfica leandroniana.

Igualmente convenientemente as duas últimas expressões, resultam que:

$$y/x = p_n - p_{(n-1)}$$

5 - Altura do Pico de uma Reta em Relação ao Vale da Mesma

Considere uma função linear caracterizada por:

$$y = b \cdot x$$

Cujo número real b é igual a dois (b = 2). Evidentemente, os pares ordenados de tal função em tal condição, são caracterizados por: (x_0, y_0), (x_1, y_2), (x_2, y_4), (x_3, y_6), (x_4, y_8), onde x_0 e $y_0 = 0$; x_1 e $y_1 = 1$; x_2 e $y_2 = 2$; x_3 e $y_3 = 3$; x_4 e $y_4 = 4$. O gráfico leandroniano que caracteriza os referidos pares ordenados é o seguinte:

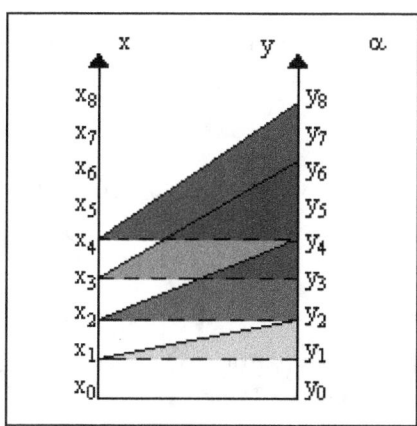

Observando a reta caracterizada pelo par ordenado (x_1, y_2), pode-se notar que a sua altura, definida pelo vale x_1 e pelo pico y_2, caracterizam um triângulo retângulo de vértices (x_1, y_2 e y_1). Tal triângulo apresenta uma altura caracterizada pela diferença existente entre o pico y_2 pelo pico y_1. Simbolicamente, o referido enunciado é expresso pela seguinte igualdade:

$$h = y_2 - y_1$$

Porém, como ($y_1 = x_1$), então posso escrever que:

$$h = y_2 - x_1$$

Notando que os valores de y_2 e x_1, são os elementos que caracterizam o par ordenado (x_1, y_2) da reta considerada.

Agora, observando a reta caracterizada pelo par ordenado (x_2, y_4), pode-se verificar que a altura de tal reta, definida entre o vale x_2 e o pico y_4, caracterizam um triângulo retângulo de vértices (x_2, y_4 e y_2). A altura de tal triângulo é igual à diferença existente entre o pico y_4 pelo pico y_2. Sendo que o referido enunciado é expresso simbolicamente pela seguinte igualdade:

$$h = y_4 - y_2$$

Novamente, observando que:

$$y_2 = x_2$$

Igualando convenientemente as duas últimas expressões, vem que:

$$h = y_4 - x_2$$

Observando que os valores de y_4 e x_2, caracterizam o par ordenado (x_2, y_4) da reta considerada.

Observando que a reta caracterizada pelo par ordenado (x_3, y_6), pode-se constatar que a altura de tal reta, definida entre o valor x_3 e y_6, caracterizam um triângulo retângulo de vértices (x_3, y_6 e y_3). Sendo que a altura de tal triângulo é igual à diferença existente entre o pico y_6 pelo pico y_3. Simbolicamente o referido enunciado é expresso pela seguinte igualdade:

$$h = y_6 - y_3$$

Observando que: ($y_3 = x_3$). Então, substituindo convenientemente as duas últimas expressões, resulta que:

$$h = y_6 - x_3$$

Note que os valores de y_6 e x_3, caracterizam o par ordenado (x_3, y_6) da reta considerada.

Agora, considere a reta caracterizada pelo par ordenado (x_4, y_8), pode-se verificar que a altura da referida reta, definida entre o vale x_4 e y_8, caracterizam um triângulo retângulo de vértices (x_4, y_8, y_4). Sendo que a altura de tal triângulo é igual à diferença existente o pico y_8 pelo pico y_4. O referido enunciado é expresso simbolicamente pela seguinte igualdade:

$$h = y_8 - y_4$$

Observando que $y_4 = x_4$, posso escrever que:

$$h = y_8 - x_4$$

Considerando novamente a função linear:

$$y = b \cdot x$$

Cujo número real b é igual a três (b = 3); logicamente, os pares ordenados de tal função em tal condição, são caracterizado por: (x_0, y_0); (x_1, y_3); (x_2, y_6); (x_3, y_9), onde x_0 e $y_0 = 0$; x_1 e $y_1 = 1$; x_2 e $y_2 = 2$; x_3 e $y_3 = 3$. Então, o gráfico leandroniano que caracteriza os referidos pares ordenados é o seguinte:

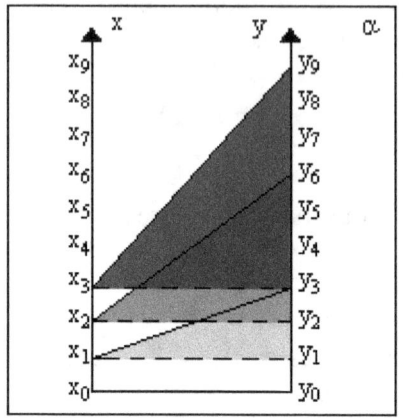

Considerando a reta caracterizada pelo par ordenado (x_0, y_0), pode-se verificar que a altura da referida reta, definida entre o valor x_0 e o pico y_0 é nula; ou seja, não existe altura. Sendo que a altura é definida pela diferença existente entre o pico y_0 da reta pelo vale x_0. Simbolicamente, o referido enunciado é expresso por:

$$h = y_0 - x_0$$

Porém, $x_0 = y_0$; então, posso escrever que:

$$h = y_0 - y_0$$

O que implica em:

$$h = 0$$

Considerando a reta caracterizada pelo par ordenado (x_1, y_3), pode-se verificar que a altura da referida reta, definida entre o valor x_1 e o pico y_3, caracterizam um triângulo retângulo de vértices (x_1, y_3 e y_1). Sendo que a altura de tal triângulo é igual à diferença existente entre o pico y_3 pelo pico y_1. Simbolicamente, o referido enunciado é expresso pela seguinte igualdade:

$$h = y_3 - y_1$$

Observando que $y_1 = x_1$, posso escrever que:

$$h = y_3 - x_1$$

Note que os valores y_3 e x_1 da última equação são os valores que caracterizam o par ordenado (x_1, y_3).

Agora, considerando a reta representada pelo par ordenado (x_2, y_6), pode-se verificar que a altura da referida reta, definida entre o vale x_2 e o pico y_6, caracterizam um triângulo retângulo de vértices $(x_2, y_6$ e $y_2)$. Sendo que a altura de tal triângulo é igual à diferença existente entre o pico y_6 pelo pico y_2. O referido enunciado é expresso simbolicamente pela seguinte igualdade:

$$h = y_6 - y_2$$

Observando que $y_2 = x_2$, posso escrever que:

$$h = y_6 - x_2$$

Chamo a atenção para o fato de que os valores y_6 e x_2, são os mesmos que representam a reta em par ordenada (x_2, y_6).

Novamente considere a reta representada pelo par ordenado (x_3, y_9), verifica-se facilmente que a altura de tal reta, definida entre o vale x_3 e o pico y_9, caracterizam um triângulo retângulo de vértices $(x_3, y_9$ e $y_3)$. Sendo que a altura do referido triângulo é igual à diferença existente entre o pico y_9 pelo pico y_3. Simbolicamente, o referido enunciado é expresso pela seguinte igualdade:

$$h = y_9 - y_3$$

Porém, sabe-se que $y_3 = x_3$, portanto, posso escrever que:

$$h = y_9 - x_3$$

Observe que os valores y_9 e x_3, caracterizam o par ordenado (x_3, y_9).

Após ter apresentado os referidos resultados, posso afirmar de um modo generalizado que a altura de uma reta caracterizada por um par ordenado (x, y) é igual à diferença existente entre o valor da estaca y e o valor da estaca x. Simbolicamente, o referido enunciado é expresso pela seguinte igualdade:

$$h_{(x, y)} = y - x$$

Ainda no presente parágrafo vou apresentar o resultado da altura de um triângulo, no gráfico leandroniano, quando o número real b é igual a zero ($b = 0$).

Logicamente, a função linear $y = b \cdot x$, permite estabelecer os seguinte pares ordenados: (x_0, y_0); (x_1, y_0); (x_2, y_0); (x_3, y_0), onde $x_0 = y_0 = 0$; $x_1 = 1$; $x_2 = 2$; $x_3 = 3$, O gráfico leandroniano que caracteriza os referidos pares ordenados, é o seguinte:

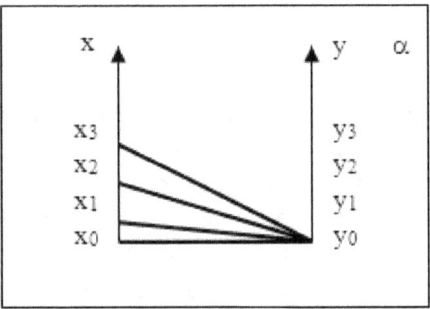

A equação leandroniana que permite calcular a altura do triângulo descrito no gráfico leandroniano, é a seguinte:

$$h_{(x, y)} = y - x$$

Então, considerando a reta caracterizada pelo par ordenado (x_0, y_0), pode-se observar que a altura da referida reta, definida entre o vale x_0 e o pico y_0 é nula.

Agora, substituindo convenientemente o valor do par ordenado (x_0, y_0), que caracteriza a reta, na última expressão, vem que:

$$h_{(xo, yo)} = y_0 - x_0$$

Como $y_0 = x_0$, posso escrever que:

$$h_{(xo, yo)} = y_0 - y_0 = 0$$

Ou, ainda que:

$$h_{(xo, yo)} = x_0 - x_0 = 0$$

Agora, considerando a reta representada pelo par ordenado (x_1, y_0); e, substituindo convenientemente na equação leandroniana, resulta que:

$$h_{(x1, y0)} = y_0 - x_1$$

Como, $y_0 = 0$, conclui-se que:

$$h_{(x1, y0)} = -x_1$$

Esse resultado negativo significa que a altura do triângulo descrito no plano leandroniano é oposta à estaca dos y.

Considerando, agora, a reta caracterizado pelo par ordenado (x_2, y_0), e, substituindo convenientemente na equação leandroniana, resulta que:

$$h_{(x2, y0)} = y_0 - x_2$$

Como, $y_0 = 0$, resulta que:

$$h_{(x2, y0)} = -x_2$$

O que implica que a altura do triângulo descrito por tal reta no gráfico leandroniano é oposta à estaca dos y.

Agora, considerando a reta caracterizada pelo par ordenado (x_3, y_0), e, substituindo convenientemente na expressão leandroniana, vem que:

$$h_{(x3, y0)} = y_o - x_3$$

Porém, $y_0 = 0$, então, resulta que:

$$h_{(x3, y0)} = -x_3$$

Novamente, conclui-se que a altura do triângulo descrito por tal reta no gráfico leandroniano é oposta à estaca dos y.

E por fim, vou procurar apresentar o resultado da altura de um triângulo descrito no gráfico leandroniano, quando o número real b é igual a um (b = 1).

Evidentemente a função linear $y = b \cdot x$, permite estabelecer os seguintes pares ordenados: (x_0, y_0); (x_1, y_1); (x_2, y_2); (x_3, y_3). O gráfico leandroniano que caracteriza os referidos pares ordenados é o seguinte:

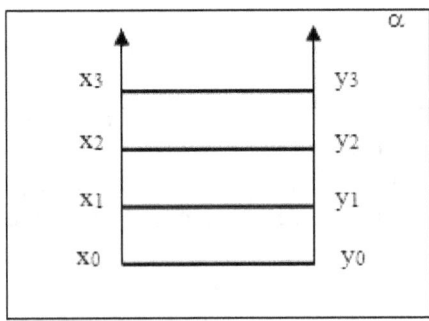

Agora, considerando a reta caracterizada pelo par ordenado (x_0, y_0), e, substituindo convenientemente na equação leandroniana, resulta que:

$$h_{(xo, yo)} = y_0 - x_0$$

Como $y_0 = x_0$, resulta que:

$$h_{(x_0, y_0)} = y_0 - y_0 = 0$$

Isto implica que a referida reta não forma um triângulo, visto que não apresenta altura.

Considerando, agora, a reta caracterizada pelo par ordenado (x_1, y_1), e, substituindo convenientemente na equação leandroniana, vem que:

$$h_{(x_1, y_1)} = y_1 - x_1$$

Porém $y_1 = x_1$, logo vem que:

$$h_{(x_1, y_1)} = y_1 - y_1 = 0$$

Considerando, agora, uma reta representada pelo par ordenado (x_2, y_2), e, substituindo convenientemente na equação leandroniana, resulta que:

$$h_{(x_2, y_2)} = y_2 - x_2$$

Mas $y_2 = x_2$, então, resulta que:

$$h_{(x_2, y_2)} = y_2 - y_2 = 0$$

Novamente conclui-se que a altura do triângulo é nula.

Considerando a reta representada pelo par ordenado (x_3, y_3), e, substituindo convenientemente na equação leandroniana, resulta que:

$$h_{(x_3, y_3)} = y_3 - x_3$$

Porém $y_3 = x_3$, logo, posso escrever que:

$$h_{(x3, y3)} = y_3 - y_3 = 0$$

Logo, a altura do triângulo é nula.

6 - Condições de Paralelismo

A função linear $y = b \cdot x$, implica que no plano leandroniano, duas retas são paralelas entre si, quando o número real b é igual a um (b = 1).

Tal função permite estabelecer os seguintes pares ordenados: (x_0, y_0); (x_1, y_1); (x_2, y_2); (x_3, y_3). Assim, o gráfico leandroniano que caracteriza os referidos pares ordenados é o seguinte:

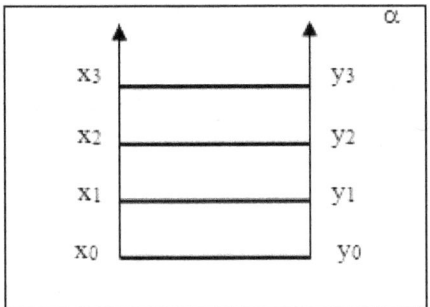

Numa outra condição de paralelismo entre as retas, implica que:

$$h_{(x0, y0)} = h_{(x1, y1)} = h_{(x2, y2)} = h_{(x3, y3)} = 0$$

Logo, posso concluir que as retas (x_0, y_0), (x_1, y_1), (x_2, y_2) e (x_3, y_3), são paralelas entre si quando se verificar a seguinte igualdade: $y_0 - x_0 = y_1 - x_1 = y_2 - x_2 = y_3 - x_3 = 0$

7 - Condições de Perpendicularismo à Estaca

O gráfico leandroniano caracterizado pelo par ordenado (x_2, y_2) é o seguinte:

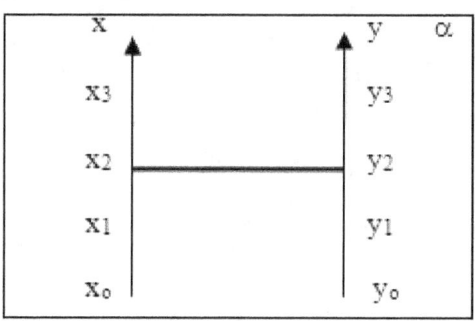

Então, posso, concluir que tal reta somente será perpendicular à estaca x e à estaca y quando apresentar a seguinte condição: $x_2 = y_2$.

De uma maneira generalizada, posso concluir que a reta caracterizada por um par ordenado (x, y) é perpendicular à estaca do gráfico leandroniano, somente quando:

$$x = y$$

8 - Cálculo de Áreas Definido Entre Dois Pares Ordenados

Considere uma função linear, caracterizada por:

$$y = b \cdot x$$

Seja o número real b igual a dois (b = 2). Logicamente, os pares ordenados de tal função, em tal condição (b = 2), são caracterizados por: (x_0, y_0); (x_1, y_2); (x_2, y_4); (x_3, y_6); (x_4, y_8); (x_5, y_{10}); (x_6, y_{12}), onde: (x_0, $y_0 = 0$; x_1, $y_1 = 1$; x_2, $y_2 = 2$; x_3, $y_3 = 3$; x_4, $y_4 = 4$; x_5, $y_5 = 5$; x_6, $y_6 = 6$; x_7, $y_7 = 7$; x_8, $y_8 = 8$; x_9, $y_9 = 9$; x_{10}, $y_{10} =$

10; x_{11}, y_{11} = 11; x_{12}, y_{12} = 12). O gráfico leandroniano que caracteriza os referidos pares ordenados é o seguinte:

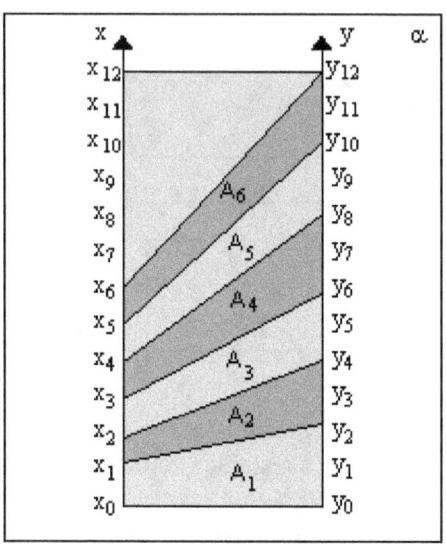

A importância do presente parágrafo reside no fato de que ele permite apresentar duas grandes leis na Geometria Leandroniana.

A primeira dessas leis notáveis afirma: *através de uma função linear y = b . x, com b ≠ 0, e com b ≠ 1, dois pares ordenados consecutivos definem cada um uma reta, que no plano leandroniano caracterizam um quadrilátero, mais especificamente, um trapézio que pode ser na maioria dos casos escaleno e na minoria dos casos retângulo.*

A Segunda lei de Leandro pode ser conhecida como lei das áreas; tal lei afirma que: *as áreas descritas entre duas retas consecutivas no plano leandroniano são absolutamente iguais.*

Com isto estou afirmando que a área definida entre os pares ordenados (x_0, y_0) e (x_1, y_2) é absolutamente igual à área definida entre os pares ordenados (x_1, y_2) e (x_2, y_4), que por sua vez é absolutamente igual à área definida pelos pares ordenados (x_2, y_4) e (x_3, y_6), que, novamente, é absolutamente igual à área definida consecutivamente pelo par ordenado (x_3, y_6) e (x_4, y_8), que por sua vez é igual à área definida pelos pares ordenados (x_4, y_8) e (x_5, y_{10}) e que por sua vez, tal área é absolutamente igual à área definida entre os pares ordenados (x_5, y_{10}) e (x_6, y_{12}). Com isto estou simplesmente dizendo que:

$$A_1 = A_2 = A_3 = A_4 = A_5 = A_6$$

Para demonstrar a realidade da segunda lei de Leandro, vou escolher duas áreas qualquer e desenvolverei um método indireto de medir tais áreas. Então, considere os pares ordenados, definidos por: (x_1, y_2); (x_2, y_4); (x_5, y_{10}); (x_6, y_{12}). O gráfico leandroniano que caracteriza os referidos pares ordenados é o seguinte:

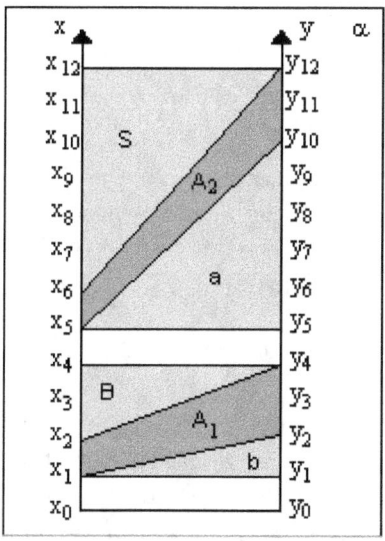

No referido gráfico, pode-se observar que a área A_1 é caracterizada pelo par ordenado (x_1, y_2) e (x_2, y_4) e a área A_2 é caracterizada pelo par ordenado (x_5, y_{10}) e (x_6, y_{12}).

Agora vou analisar cada área observada:

a) A área total do retângulo x_1, x_4, y_4 e y_1 é o produto da base pela altura. Simbolicamente, o referido enunciado é expresso por:

$$T_1 = D \cdot h$$

Onde D é o que chamei de base; ou seja, é a distância existente entre a estaca "x" e "y". E, onde h representa o que chamei de altura, que é caracterizada por $(x_4 - x_1)$ ou $(y_4 - y_1)$. Portanto, posso escrever que:

$$T_1 = D \cdot (x_4 - x_1) \text{ ou}$$
$$T_1 = D \cdot (y_4 - y_1)$$

b) A área B no gráfico é caracterizada por um retângulo. Tal área é definida como sendo igual à metade da distância (D) que separa uma estaca da outra multiplicada pela altura que é caracterizada por: $(x_4 - x_2)$ ou $(y_4 - x_2)$. Simbolicamente, o referido enunciado é expresso por:

$$B = \tfrac{1}{2} \cdot D \cdot (y_4 - x_2)$$

c) A área b no gráfico leandroniano é igual à metade da distância (D) que separa uma estaca da outra em produto com a altura; sendo esta, caracterizada por: $(y_2 - y_1)$ ou $(y_2 - x_1)$. O referido enunciado é expresso pela seguinte relação:

$$b = \tfrac{1}{2} \cdot D \cdot (y_2 - x_1)$$

d) Agora, a área total do retângulo x_5, x_{12}, y_{12} e y_5 é igual ao produto da distância (D) que separa uma estaca da outra pela altura. Onde a altura é caracterizada por: $(x_5 - x_{12})$ ou $(y_{12} - y_5)$. Simbolicamente, o referido enunciado é expresso pela seguinte igualdade:

$$T_2 = D \cdot (x_{12} - x_5) \text{ ou}$$
$$T_2 = D \cdot (y_{12} - y_5)$$

e) A área S no gráfico leandroniano é definida por um triângulo retângulo; sendo que a referida área é igual à metade da distância que separa uma estaca da outra pelo produto da altura $(x_{12} - x_6)$. Simbolicamente o referido enunciado é expresso por:

$$S = \tfrac{1}{2} \cdot D \cdot (y_{12} - x_6)$$

f) Finalmente, a área "a" no gráfico leandroniano é definida por um triângulo retângulo. Tal área é igual à metade da distância que separa uma estaca da outra em produto com a altura caracterizada por $(y_{10} - x_5)$. Sendo que o referido enunciado é expresso simbolicamente pela seguinte relação:

$$a = \tfrac{1}{2} \cdot D \cdot (y_{10} - x_5)$$

Após ter analisado cada uma das áreas em particular que caracterizam o último gráfico, vou passar para o segundo passo na determinação da área caracterizada por duas retas consecutivas. Então, considere o retângulo x_5, x_{12}, y_{12} e y_5 do último gráfico leandroniano. A área de tal retângulo será expressa pela seguinte soma:

$$T_2 = S + a + A_2$$

Logo, posso escrever que:

$$A_2 = T_2 - (S + a) \text{ ou } A_2 = T_2 - S - a$$

Porém, demonstrei que:

$$T_2 = D \cdot (y_{12} - x_5)$$
$$S = \tfrac{1}{2} \cdot D \cdot (y_{12} - y_6)$$
$$a = \tfrac{1}{2} \cdot D \cdot (y_{10} - x_5)$$

Substituindo convenientemente as quatro últimas expressões, vem que:

$$A_2 = D \cdot (y_{12} - x_5) - D/2 \cdot (y_{12} - y_6) - D/2 \cdot (y_{10} - x_5)$$

Naturalmente, posso escrever que:

$$A_2 = [2 \cdot D \cdot (y_{12} - x_5) - D \cdot (y_{12} - y_6) - D \cdot (y_{10} - x_5)]/2$$

Assim, vem que:

$$A_2 = D \cdot [2 \cdot (y_{12} - x_5) - (y_{12} - y_6) - (y_{10} - x_5)]/2$$

Sabe-se que: $x_0 = y_0 = 0$; $x_1 = y_1 = 1$; $x_2 = y_2 = 2$; ... ; $x_n = y_n = n$ e sendo $D = 3$. Então, posso escrever que:

$$A_2 = 3 \cdot [2 \cdot (12 - 5) - (12 - 6) - (10 - 5)]/2$$
$$A_2 = 3 \cdot [2 \cdot 7 - 6 - 5]/2 = 3 \cdot [14 - 6 - 5]/2 = 3 \cdot [3]/2 = 9/2 = 4,5$$

Então, resulta que $A_2 = 4,5$ unidades de área.

Agora, considere o retângulo x_1, x_4, y_4 e y_1 do último gráfico. A área de tal retângulo é expressa pela seguinte soma:

$$T_1 = B + b + A_1$$

Logo, posso escrever que:

$$A_1 = T_1 - B - b$$

Mas, demonstrei que:
$T_1 = D \cdot (x_4 - x_1)$
$B = \frac{1}{2} \cdot D \cdot (y_4 - x_2)$
$b = \frac{1}{2} \cdot D \cdot (y_2 - x_1)$

Substituindo convenientemente as quatro últimas expressões, vem que:

$$A_1 = D \cdot (x_4 - x_1) - D/2 \cdot (y_4 - x_2) - D/2 \cdot (y_2 - x_1)$$

Portanto, posso escrever que:

$$A_1 = [2D \cdot (x_4 - x_1) - D \cdot (y_4 - x_2) - D \cdot (y_2 - x_1)]/2$$

Então, posso escrever que:

$A_1 = D \cdot [2(x_4 - x_1) - (y_4 - x_2) - (y_2 - x_1)]/2$

Sabe-se que: $x_0 = y_0 = 0$; $x_1 = y_1 = 1$; $x_2 = y_2 = 2$; ... ; $x_n = y_n = n$ e sendo $D = 2$. Então, posso escrever que:

$A_1 = 3 \cdot [2 \cdot (4 - 1) - (4 - 2) - (2 - 1)]/2 =$
$= 3 \cdot [2 \cdot 3 - 2 - 1]/2 =$
$= 3 \cdot [6 - 2 - 1]/2$
$A_1 = 3 \cdot [3]/2 = 9/2 = 4,5$

Então, resulta que $A_1 = 4,5$ unidades de área

Isto permite concluir que $A_1 = A_2$. Tal prova não deixa nenhuma margem de dúvida quanto à realidade da segunda lei de Leandro na geometria leandroniana.

9 - Coeficiente Delta Leandroniano

Considere a equação linear: $y = b \cdot x$, que define o seguinte par ordenado: (x_5, y_{10}). Então, o gráfico leandroniano que define tal par ordenado é o seguinte:

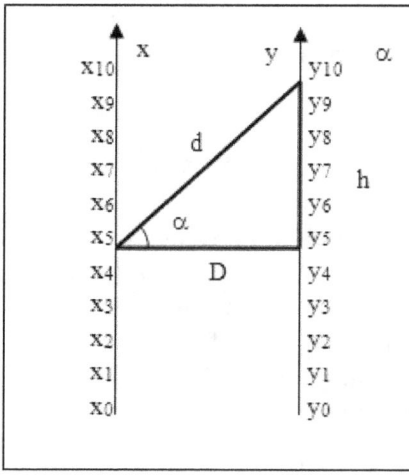

Leandro Bertoldo
Geometria Leandroniana

Tal par ordenado no gráfico leandroniano representa uma reta que por sua vez caracteriza um triângulo retângulo de vértices (x_5, y_{10}, y_5). Por isso passarei a apresentar um novo conceito; a saber: coeficiente delta leandroniano, que represento simbolicamente pela letra "Δ".

Então, defino coeficiente delta de uma reta caracterizada por um par ordenado (x, y) o número real Δ tal que $\Delta = \text{tg}\alpha$.

Logo, observando o gráfico leandroniano, posso escrever que o coeficiente delta é igual à tangente do ângulo e, é, também, igual ao inverso da medida da distância que separa uma estaca da outra, pelo quociente da altura do referido triângulo. Simbolicamente, o referido enunciado é expresso por:

$$\Delta = \text{tg}\alpha = h/D$$

Onde a letra D representa a distância de uma estaca à outra e, é, puramente convencional.

A letra h representa a altura do triângulo; porém, demonstrei que:

$$h = y - x$$

Substituindo convenientemente as duas últimas expressões, vem que:

$$\Delta = (y - x)/D$$

Em termos práticos deve-se procurar considerar a distância que separa uma estaca da outra como sendo unitária; ou seja, D = 1. Então, com relação à última expressão, posso afirmar que no gráfico leandroniano convencional o coeficiente é igual ao valor do pico pela diferença do valor do vale. Simbolicamente, o referido enunciado é expresso por:

$$\Delta = y - x$$

Porém, sabe-se que:

$$h = y - x$$

Igualando convenientemente as duas últimas expressões, resulta que:

$$\Delta = h = (y - x)$$

Desse modo, posso afirmar que no gráfico leandroniano convencional (D = 1) o coeficiente delta da reta e igual à altura da mesma, que também, é igual à diferença existente entre o pico e o vale.

10 - Equação Linear e o Coeficiente Delta

Seja $y = b \cdot x$ a equação linear que define um par ordenado (x, y). Tal par ordenado no gráfico leandroniano representa uma reta, cujo coeficiente de declive é expresso pela seguinte igualdade:

$$\Delta = (y - x)/D$$

Evidentemente, posso escrever que:

$$\Delta \cdot D = y - x$$

Isolando o ponto y, resulta que:

$$y = \Delta \cdot D + x$$

Porém, a equação linear, mostra que:

$$y = b \cdot x$$

Igualando convenientemente as duas últimas expressões, pois são equivalentes, resulta que:

$$B \cdot x = \Delta \cdot D + x$$

Então, posso escrever que:

$$\Delta \cdot D = b \cdot x - x$$

Isto implica que:

$$\Delta \cdot D = x \cdot (b - 1)$$

Esta forma eu denominei por equação simplificada. Sendo que no gráfico leandroniano convencional, tal equação se reduz a:

$$\Delta = x \cdot (b - 1)$$

11 - Equação da Reta Leandroniana em Declive Delta

Demonstrei que:

$$\Delta = (y - x)/D$$

De onde posso obter que:

$$y = \Delta \cdot D + y$$

Tal igualdade caracteriza profundamente, o que tenho chamado por "equação da reta leandroniana em delta". Já, no gráfico leandroniano convencional, onde ($D = 1$), a equação da reta convencional se reduz a:

$$y = \Delta + x$$

Logo, posso concluir que no gráfico leandroniano convencional o valor do pico é igual ao coeficiente delta adicionado ou valor do vale.

12 - Coeficiente Alfa Leandroniano

Seja, y = b . x a equação linear que define um par ordenado caracterizado por (x, y). O referido par ordenado no gráfico leandroniano caracteriza uma reta, cujo coeficiente alfa é caracterizado pela seguinte igualdade:

$$\alpha = \text{sen}\alpha$$

Observando o gráfico leandroniano no último parágrafo, posso concluir que o coeficiente alfa é igual ao seno do ângulo, que também, é igual ao quociente da altura h, inversa pelo comprimento da reta traçado no referido gráfico. O referido enunciado é expresso simbolicamente pela seguinte relação:

$$\alpha = \text{sen}\alpha = h/d$$

Porém, demonstrei largamente que a altura é expresso por:

$$h = y - x$$

Então, substituindo convenientemente as duas últimas expressões, resulta que:

$$\alpha = (y - x)/d$$

Porém, o teorema de Pitágoras permite escrever que:

$$d^2 = D^2 + h^2$$

Então, resulta que:

$$d = \sqrt{(D^2 + h^2)}$$

Logo, substituindo convenientemente as expressões α e d, vem que:

$$\alpha = (y - x)/\sqrt{(D^2 + h^2)}$$

Elevando todos os termos ao quadrado, vem que:

$$\alpha^2 = (y - x)^2/D^2 + h^2$$

Porém, sabe-se que:

$$h^2 = (y - x)^2$$

Substituindo convenientemente as duas últimas expressões, vem que:

$$\alpha^2 = (y - x)^2/D^2 + (y - x)^2$$

Então, posso escrever que:

$$(y - x)^2 = \alpha^2 \cdot [D^2 + (y - x)^2]$$

Portanto, resulta:

$$(y - x)^2 = \alpha^2 \cdot D^2 + \alpha^2 \cdot (y - x)^2$$

Dividindo membro a membro por $(y - x)^2$ resulta que:

$$(y - x)^2/(y - x)^2 = [\alpha^2 \cdot D^2/(y - x)^2] + [\alpha^2 \cdot (y - x)^2/(y - x)^2]$$

Portanto, vem que:

$$1 = [\alpha^2 \cdot D^2/(y - x)^2] + \alpha^2$$

Desse modo, posso escrever que:

$$1 = \alpha^2 \cdot [(D^2 + 1)/(y - x)^2]$$

Então, vem que:

$$\alpha^2 = 1/(D^2 + 1)/(y - x)^2$$

O que implica:

$$\alpha^2 = (y - x)^2/(D^2 + 1)$$

Considerando que a distância que separa uma estaca da outra seja convencionada como sendo igual a um; ou seja, D = 1; então a última expressão resulta para:

$$\alpha^2 = (y - x)^2/(1^2 + 1)$$

O que implica que:

$$\alpha^2 = (y - x)^2/2$$

13 - Equação Linear e o Coeficiente Alfa

Considerando a equação linear y = b . x, definindo uma par ordenado (x, y). Esse par ordenado no gráfico leandroniano representa uma reta, cujo coeficiente de alfa é expresso pela seguinte fórmula

$$\alpha^2 = (y - x)^2/(D^2 + 1)$$

Logicamente, posso escrever que:

$$\alpha^2 \cdot (D^2 + 1) = (y - x)^2$$

Posso escrever uma equação linear da seguinte forma:

$$y = b \cdot x$$

Substituindo convenientemente as duas últimas expressões, vem que:

$$(b \cdot x - x)^2 = \alpha^2 \cdot (D^2 + 1)$$

Logo, posso escrever que:

$$[x \cdot (b - 1)]^2 = \alpha^2 \cdot (D^2 + 1)$$

Isto implica que:

$$\alpha^2 = [x \cdot (b - 1)]^2 / (D^2 + 1)$$

Desse modo, posso escrever que:

$$\alpha = x \cdot (b - 1) / \sqrt{(D^2 + 1)}$$

Esta forma eu denominei por equação leandroniana simples. Sendo que no gráfico leandroniano convencional, onde (D = 1); tal equação se reduz a:

$$\alpha = (b - 1) \cdot x / \sqrt{2}$$

14 - Equação da Reta Leandroniana em Declive Alfa

Demonstrei que:

$$\alpha^2 = (y - x)^2 / (D^2 + 1)$$

Então, posso escrever que:

$$(y - x)^2 = \alpha^2 \cdot (D^2 + 1)$$

Logo, resulta que:

$$y - x = \sqrt{[\alpha^2 \cdot (D^2 + 1)]}$$

Assim resulta:

$$y = \sqrt{[\alpha^2 \cdot (D^2 + 1)]} + x$$

Tenho chamado tal expressão por equação da reta leandroniana em declive alfa.

No gráfico leandroniano convencional, a referida expressão se reduz a:

$$y = (\sqrt{2\alpha^2}) + x$$

15 - Coeficiente Gama Leandroniano

Considera a função linear $y = b \cdot x$ que caracteriza um par ordenado (x, y), que representado no gráfico leandroniano, caracteriza uma reta; cujo, coeficiente gama é matematizado pela seguinte igualdade:

$$\gamma = \cos\alpha$$

Tal coeficiente é trigonometricamente definido no gráfico leandroniano como sendo igual ao quociente da distância que separa as duas estacas uma da outra, inversa pelo comprimento da reta traçada em tal gráfico. Sendo que simbolicamente o referido enunciado é expresso pela seguinte relação:

(I) $\qquad\qquad\qquad\qquad \gamma = D/d$

Porém, o teorema de Pitágoras permite escrever que:

$$d^2 = D^2 + h^2$$

Então, resulta que:

(II) $$d = \sqrt{(D^2 + h^2)}$$

Logo, substituindo convenientemente as expressões (I) e (II), vem que:

$$\gamma = D/\sqrt{(D^2 + h^2)}$$

Também, posso escrever que:

$$\gamma^2 = D^2/\sqrt{(D^2 + h^2)}$$

Evidentemente, posso escrever que:

$$\gamma^2 \cdot (D^2 + h^2) = D^2$$

Logo, vem que:

$$\gamma^2 \cdot D^2 + \gamma^2 \cdot h^2 = D^2$$

Dividindo membro a membro por D^2, vem quem:

$$\gamma^2 \cdot D^2/D^2 + \gamma^2 \cdot h^2/D^2 = D^2/D^2$$

Então, vem que:

$$\gamma^2 + \gamma^2 \cdot h^2/D^2 = 1$$

Assim, posso escrever que:

$$\gamma^2 \cdot (h^2 + 1)/D^2 = 1$$

Dessa maneira, resulta que:

$$D^2 = \gamma^2 \cdot (h^2 + 1)$$

Evidentemente, posso escrever que:

A) $$\gamma^2 = D^2/(h^2 + 1)$$

Considerando que a distância que separa uma estaca da outra seja unitária (D = 1); ou seja, o gráfico é convencional; então, posso escrever que:

B) $$\gamma^2 = 1/(h^2 + 1)$$

Porém, demonstrei que:

$$h = y - x$$

Logicamente, posso escrever que:

C) $$h^2 = (y - x)^2$$

Então, substituindo a expressão A e C, vem que:

$$\gamma^2 = D^2/(y - x)^2 + 1$$

E, substituindo convenientemente a expressão B e C, resulta que:

$$\gamma^2 = 1/(y - x)^2 + 1$$

16 - Equação Linear e o Coeficiente Gama

Seja a equação linear y = b . x que define um par ordenado (x, y). Tal par ordenado no gráfico leandroniano representa uma reta, cujo coeficiente gama é expresso pela seguinte expressão:

$$\gamma^2 = D^2/(y-x)^2 + 1$$

Evidentemente, posso escrever que:

$$D^2 = \gamma^2 \cdot [(y-x)^2 + 1]$$

Assim, vem que:

$$D^2 = \gamma^2 \cdot (y-x)^2 + \gamma^2$$

Posso escrever que:

$$D^2 - \gamma^2 = \gamma^2 \cdot (y-x)^2$$

Dividindo membro a membro por γ^2, resulta que:

$$(D^2/\gamma^2) - 1 = (y-x)^2$$

Logicamente, posso escrever uma equação linear da seguinte forma:

$$y = b \cdot x$$

Substituindo convenientemente as duas últimas expressões, vem que:

$$(D^2/\gamma^2) - 1 = (b \cdot x - x)^2$$

Então, posso escrever que:

$$(D^2/\gamma^2) - 1 = [x \cdot (b-1)]^2$$

Naturalmente, posso escrever que:

$$(D^2 - \gamma^2)/\gamma^2 = [x \cdot (b-1)]^2$$

Então, posso escrever que:

$$D^2 - \gamma^2 = \gamma^2 \cdot [x \cdot (b-1)]^2$$

Assim, resulta:

$$D^2 = \gamma^2 + \gamma^2 \cdot [x \cdot (b-1)]^2$$

Certamente, posso escrever que:

$$D^2 = \gamma^2 \cdot \{1 + [x \cdot (b-1)]^2\}$$

Finalmente, vem que:

$$\gamma^2 = D^2 / \{1 + [x \cdot (b-1)]^2\}$$

Denominei a referida forma por "equação leandroniana elementar". Agora, no gráfico leandroniano convencional; onde, (D = 1), tal equação se reduz a:

$$\gamma^2 = 1/\{1 + [x \cdot (b-1)]^2\}$$

17 - Equação da Reta Leandroniana em Declive Gama

Demonstrei que:

$$\gamma^2 = D^2/(y-x)^2 + 1$$

Então, posso escrever que:

$$D^2 = \gamma^2 \cdot (y-x)^2 + \gamma^2$$

Assim, posso escrever que:

$$(y - x)^2 = (D^2 - \gamma^2)/\gamma^2$$

Logo, vem que:

$$y - x = \sqrt{[(D^2/\gamma^2) - 1]}$$

Desse modo resulta que:

$$y = \sqrt{[(D^2/\gamma^2) - 1]} + x$$

Denominei a referida expressão por "equação da reta leandroniana em declive gama".

No gráfico leandroniano convencional, a referida expressão é simplificada da seguinte forma:

$$y = \sqrt{[(1/\gamma^2) - 1]} + x$$

18 - Convenções Elementares

Dada uma reta d, se d é perpendicular às estacas, digo que o sentido positivo de d é sempre orientado da estaca x para a estaca y; o sentido inverso implica que d é negativo. Se d não é perpendicular às estacas x e y, tomando dois pontos em d, direi que o sentido positivo de d é aquele em que vai do ponto de menor para o de maior estaca y.

O ângulo que uma reta forma com um eixo imaginário perpendicular às estacas x e y é o ângulo θ assim definido:

a) Se d é perpendicular às estacas x e y, então θ é nulo.
b) Se d não é perpendicular às estacas x e y, então θ é o ângulo que deverei girar o eixo imaginário, em torno do ponto chamado vale, no sentido anti-horário, até que coincide com a reta d.

19 - Condição de Paralelismo

Considere o seguinte gráfico leandroniano:

Leandro Bertoldo
Geometria Leandroniana

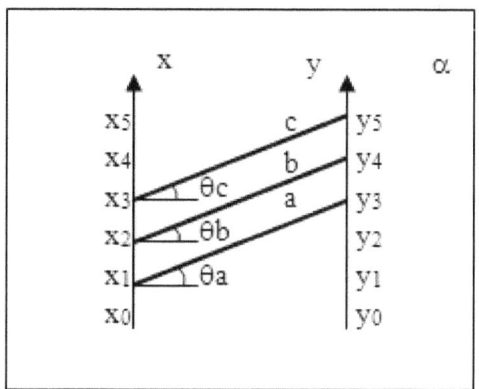

Propriedade: "duas ou mais retas, não horizontais, são paralelas entre si se, e somente se, seus coeficientes são iguais".

De fato, tem-se que:

a // b // c $\Leftrightarrow \theta_a = \theta_b = \theta_c \Leftrightarrow tg\theta_a = tg\theta_b = tg\theta_c \Leftrightarrow \Delta_a = \Delta_b = \Delta_c$

a // b // c $\Leftrightarrow \theta_a = \theta_b = \theta_c \Leftrightarrow sen\theta_a = sen\theta_b = sen\theta_c \Leftrightarrow \alpha_a = \alpha_b = \alpha_c$

a // b // c $\Leftrightarrow \theta_a = \theta_b = \theta_c \Leftrightarrow cos\theta_a = cos\theta_b = cos\theta_c \Leftrightarrow \gamma_a = \gamma_b = \gamma_c$

Uma outra propriedade que implica na condição de paralelismo, afirma que: no gráfico leandroniano, a reta traçada evidência um triângulo retângulo; então, quando várias retas são traçadas; elas somente serão paralelas entre si se, e somente se, a altura dos seus respectivos triângulos forem iguais.

Uma outra propriedade permite afirmar que uma única equação linear não é capaz de descrever duas retas que sejam paralelas excluindo as horizontais.

20 - Equação Delta de Uma Reta, Dados Um Ponto e a Direção

Logicamente, dado um ponto é uma direção posso traçar uma única reta. Observe, como se obtém a equação delta de uma reta que passa por um ponto dado p e tem direção conhecida.

Têm-se dois casos a considerar:
a) A reta apresenta declive Δ:

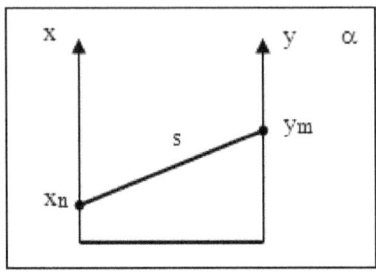

Tem-se que:
$$\Delta = (y_m - x_n)/D$$

De onde se obtém:

$$y_m = (\Delta \cdot D) + x_n$$

Evidentemente, tal relação é verificada para todos os pontos que se considera.
b) A reta não tem declive

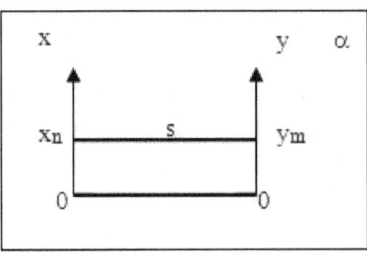

Todos os pontos da reta 3 apresentam o mesmo vale e mesmo pico, evidentemente deve obedecer à seguinte condição:

$$y_n = x_n$$

Que é, portanto, a equação da reta leandroniana.

21 - Diferença Entre Duas Diagonais

Considere uma função linear caracterizada por:

$$y = b \cdot x$$

Seja (x_1, y_2) e (x_3, y_6) dois pares ordenados deduzidos por intermédio da função linear.

Logicamente, no gráfico leandroniano cada par ordenado representa uma reta; então, tem-se o seguinte diagrama leandroniano.

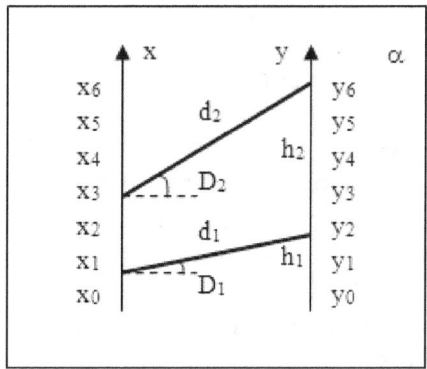

Evidentemente, cada uma das retas (diagonais) traçadas, forma individualmente um triângulo retângulo.

Com os referidos dados, vou estabelecer uma equação matemática que traduza a diferença de comprimento entre as duas diagonais.

Por intermédio de Pitágoras, posso afirmar que o quadrado do comprimento de uma reta (diagonal) traçada no gráfico leandroniano é igual à soma existente entre o quadrado da distância que separa uma estaca da outra pelo quadrado da altura.

Simbolicamente, o referido enunciado é expresso pela seguinte igualdade:

$$d^2 = D^2 + h^2$$

Porém, demonstrei que a altura (h) é igual à diferença existente entre o valor do par ordenado na estaca dos y pelo valor do par ordenado que caracteriza a estaca dos x. O referido enunciado é expresso simbolicamente por:

$$h = (y - x)$$

Substituindo convenientemente as duas últimas expressões, vem que:

$$d^2 = D^2 + (y - x)^2$$

Logo, considerando as diagonais d_1 e d_2; posso escrever que:
a) $d^2{}_1 = D^2{}_1 + (y_2 - x_1)^2{}_1$
b) $d^2{}_2 = D^2{}_2 + (y_6 - x_3)^2{}_2$

Como, o gráfico em que são traçadas as duas diagonais é um só; então a distância que separa as estacas é a mesma para ambas as retas. Logo resulta que:
c) $D_1 = D_2$

Isolando convenientemente D_1 e D_2 nas duas últimas expressões, vem que:
d) $D^2{}_1 = d^2{}_1 - (y_2 - x_1)^2{}_1$
e) $D^2{}_2 = d^2{}_2 - (y_6 - x_3)^2{}_2$

Substituindo convenientemente as três últimas expressões, vem que:

$$d^2{}_1 - (y_2 - x_1)^2{}_1 = d^2{}_2 - (y_6 - x_3)^2{}_2$$

Logo, posso escrever que:

$$d^2{}_2 - d^2{}_1 = (y_2 - x_1)^2{}_1 + (y_6 - x_3)^2{}_2$$

Assim, resulta que:

$$d^2_2 - d^2_1 = (y_6 - x_3)^2_2 - (y_2 - x_1)^2_1$$

Considerando a diferença $d_2 - d_1$, como uma variação de diagonais (Δd); então, posso escrever que:

$$\Delta d^2 = (y_6 - x_3)^2_2 - (y_2 - x_1)^2_1$$

O que vem a representar a equação que procurada.

22 - Ângulo Entre Reta e Estaca

Vou procurar calcular θ_1, ângulo formado por uma reta (s) e pela estaca dos y.

Então, considere o seguinte gráfico leandroniano:

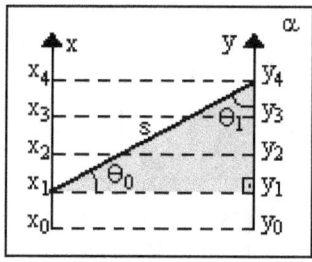

Logicamente:

$$90º = \theta_1 + \theta_0$$

Assim, posso escrever que:

$$\theta_1 = 90º - \theta_0$$

Evidentemente, posso escrever que:

$$tg\theta_1 = tg(90° - \theta_0)$$

Portanto:
$$tg\theta_1 = cotg\theta_0$$

Logo, posso escrever que:
$$tg\theta_1 = 1/\Delta s$$

Porém, como:
$$\Delta s > 0$$

Então, posso concluir que:
$$tg\theta_1 = |1/\Delta s|$$

23 - Razão Entre Dois Coeficientes Delta

Seja: $y = b \cdot x$, e também seja: $r(x_1, y_2)$, $s(x_3, y_6)$ dois pares ordenados deduzidos por intermédio da referida função linear. No gráfico leandroniano, os referidos pares ordenados caracterizam duas retas; a saber:

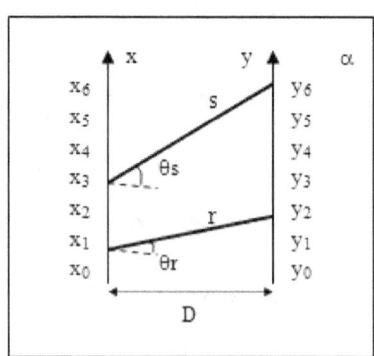

Ambas as retas formam triângulo retângulos, e a razão entre os coeficientes delta é o motivo do presente parágrafo.

Demonstrei que:

$$\Delta . D = y - x$$

Evidentemente, para cada uma das retas, posso escrever que:
a) $\Delta_r . D_r = (y_2 - x_1)_r$
b) $\Delta_s . D_s = (y_6 - x_3)_s$

Porém, a distância que separa uma estaca da outra é uniforme. Simbolicamente, o referido enunciado é expresso pela seguinte igualdade:

$$D_r = D_s$$

Substituindo convenientemente as três últimas expressões, vem que:

$$(y_2 - x_1)_r/\Delta_r = (y_6 - x_3)_s/\Delta_s$$

Logo, posso escrever que:

$$(y_2 - x_1)_r/(y_6 - x_3)_s = \Delta_r/\Delta_s$$

A última expressão representa a razão existente entre dois coeficientes delta.

24 - Razão Entre Dois Coeficientes Alfa

Para compreender o presente parágrafo, considere o gráfico leandroniano do parágrafo anterior. Ali demonstrei que:

$$\alpha^2 = (y - x)^2/(D^2 + 1)$$

Logicamente, para cada uma das retas no gráfico leandroniano, posso escrever que:
a) $\alpha^2_r = (y_2 - x_1)^2_r/(D^2 + 1)_r$
b) $\alpha^2_s = (y_6 - x_3)^2_s/(D^2 + 1)_s$

Porém, em um mesmo gráfico, posso escrever que:

$$(D^2 + 1)_r = (D^2 + 1)_s$$

Substituindo convenientemente as três últimas expressões, vem que:

$$(y_2 - x_1)^2_r/\alpha^2_r = (y_6 - x_3)^2_s/\alpha^2_s$$

Logo, posso escrever que:

$$(y_2 - x_1)^2_r/(y_6 - x_3)^2_s = \alpha^2_r/\alpha^2_s$$

E assim, tem-se a expressão que relaciona a razão entre dois coeficientes alfa.

25 - Razão Entre Dois Coeficientes Gama

Demonstrei que:

$$\gamma^2 = D^2/(y - x)^2 + 1$$

Evidentemente, posso escrever que:

$$D^2 = \gamma^2 \cdot [(y - x)^2 + 1]$$

Logicamente, para cada uma das retas apresentada no último gráfico leandroniano, posso escrever que:
a) $D^2_r = \gamma^2_r \cdot [(y_2 - x_1)^2 + 1]_r$
b) $D^2_s = \gamma^2_s \cdot [(y_6 - x_3)^2 + 1]_s$

Mas, em um mesmo gráfico, a distância que separa uma estaca da outra é sempre constante; logo, posso escrever que:

$$D_r = D_s$$

Substituindo convenientemente as três últimas expressões, resulta que:

$$\gamma_r^2 \cdot [(y_2 - x_1)^2 + 1]_r = \gamma_s^2 \cdot [(y_6 - x_3)^2 + 1]_s$$

Logo, posso escrever que:

$$\gamma_r^2/\gamma_s^2 = [(y_6 - x_3)^2 + 1]_s / [(y_2 - x_1)^2 + 1]_r$$

26 - Coeficiente Delta e a Diagonal

Demonstrei a realidade das seguintes equações:
a) $\Delta \cdot D = y - x$
b) $D^2 = d^2 - (y - x)^2$

Substituindo convenientemente as duas últimas expressões, vem que:

$$\Delta^2 \cdot d^2 - (y - x)^2 = (y - x)^2$$

Assim, posso escrever que:

$$\Delta^2 \cdot d^2 = (y - x)^2 + (y - x)^2$$

Desse modo, vem que:

$$\Delta^2 \cdot d^2 = 2(y - x)^2$$

Logo, resulta que:

$$\Delta^2 \cdot d^2/2 = (y - x)^2$$

Porém, posso escrever que:

$$\Delta \cdot d/\sqrt{2} = y - x$$

Que representa a expressão procurada.

27 - Coeficiente Alfa e a Diagonal

Demonstrei que:

$$\alpha^2 = (y - x)^2/(D^2 + 1)$$

Portanto, posso escrever que:

$$(y - x)^2 = \alpha^2 \cdot (D^2 + \alpha^2)$$

Logo, vem que:

$$(y - x)^2 - \alpha^2 = \alpha^2 \cdot D^2$$

Então, posso escrever que:

$$D^2 = [(y - x)^2 - \alpha^2]/\alpha^2$$

Evidentemente, posso afirmar que:
a) $D^2 = [(y - x)^2/\alpha^2] - 1$

Porém, demonstrei que:

$$d^2 = D^2 + (y - x)^2$$

Assim, posso afirmar que:
b) $D^2 = d^2 - (y - x)^2$

Igualando convenientemente as expressões (a) e (b), vem que:

$$d^2 - (y - x)^2 = [(y - x)^2/\alpha^2] - 1$$

Logicamente, posso escrever que:

$$d^2 + 1 - (y-x)^2 = 1/\alpha^2 \cdot (y-x)^2$$

Logo, vem que:

$$d^2 + 1 = 1/\alpha^2 \cdot (y-x)^2 + (y-x)^2$$

Assim, resulta que:

$$d^2 + 1 = (y-x)^2 \cdot [(1/\alpha^2) + 1)]$$

Posso escrever que:

$$d^2 = (y-x)^2 \cdot [(1/\alpha^2) + 1] - 1$$

Então, resulta que:

$$d^2/(y-x)^2 = [(1/\alpha^2) + 1] - 1$$

Tal expressão caracteriza a equação final do presente parágrafo.

28 - Coeficiente Gama e a Diagonal

Demonstrei que:
a) $\gamma^2 = D^2/(y-x)^2 + 1$
b) $D^2 = d^2 - (y-x)^2$

Substituindo convenientemente as duas últimas expressões, vem que:

$$\gamma^2 = [d^2 + (y-x)^2]/[1 + (y-x)^2]$$

Tal expressão caracteriza a relação existente entre o coeficiente gama e a diagonal descrita no gráfico leandroniano.

29 - Equação Delta e Equação Diagonal

Demonstrei que:
a) $\Delta \cdot D = y - x$
b) $d^2 - D^2 = (y - x) \cdot (y - x)$

Substituindo convenientemente as duas últimas expressões, vem que:
$$d^2 - D^2 = \Delta \cdot D \cdot (y - x)$$

Logicamente, posso escrever que:
$$d^2 = D^2 + \Delta \cdot D \cdot (y - x)$$

Logo, vem que:
$$d^2 = D \cdot [D + \Delta \cdot (y - x)]$$

Assim, resulta que:
$$d^2/D = D + \Delta \cdot (y - x)$$

Desse modo, resulta que:
$$(d^2/D) - D = \Delta \cdot (y - x)$$

O que vem a caracterizar a equação final do presente parágrafo.

Demonstrei que:
$$\Delta \cdot d/\sqrt{2} = y - x$$

Substituindo convenientemente as duas últimas expressões, conclui-se que:
$$(d^2/D) - D = \Delta^2 \cdot d/\sqrt{2}$$

Ou, posso escrever que:
$$(d^2 - D^2)/D = \Delta^2 \cdot d/\sqrt{2}$$

CAPÍTULO III

1 - Função do Primeiro Grau

A função do primeiro grau é a função representada simbolicamente por:

$$y = a + b \cdot x$$

Onde "a" e "b" são números reais. A única diferença existente entre uma função linear e uma função do primeiro grau é a seguinte: toda vez que na função do primeiro grau (y = a + b . x), o número real "a" for nula (a = 0), a referida função se reduz a uma função linear. Por este motivo, no presente capítulo não vou considerar (a = 0).

2 - Propriedades

A) Se na equação do primeiro grau "b" for igual a zero e "a" um número qualquer, por exemplo, quatro, então, posso escrever que:

$$y = 4 + 0 \cdot x$$

Tabelando, vem que:

y	=	A	+	b.	x
4	=	4	+	0	0
4	=	4	+	0	1
4	=	4	+	0	2
4	=	4	+	0	3
4	=	4	+	0	4

Considerando que: $x_0, y_0 = 0$; $x_1, y_1 = 1$; $x_2, y_2 = 2$; $x_3, y_3 = 3$; $x_4, y_4 = 4$. Então, no gráfico leandroniano, obtém-se que:

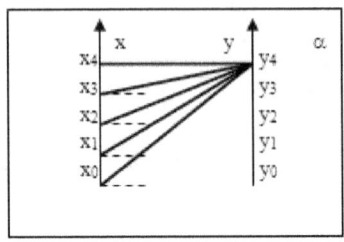

Tal gráfico caracteriza uma função constante; pois a grandeza "y" permanece invariável, enquanto que "x" varia continuamente.

B) Se na equação do primeiro grau "b" for igual a um (1) e "a" um número qualquer, por exemplo, três (3). Então, posso escrever que:

y	=	a	+	b	.	x
3	=	3	+	1	.	0
4	=	3	+	1	.	1
5	=	3	+	1	.	2
6	=	3	+	1	.	3
7	=	3	+	1	.	4

Considerando que: $x_0, y_0 = 0$; $x_1, y_1 = 1$; $x_2, y_2 = 2$; $x_3, y_3 = 3$; $x_4, y_4 = 4$. No gráfico leandroniano, obtém-se a seguinte figura:

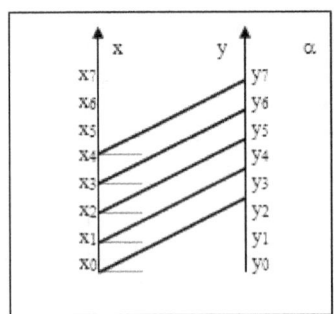

b₁) Se na presente equação do primeiro grau o número real b = 1 e o número real a = 1; então, posso escrever que:

y	=	a	+	b	.	x
1	=	1	+	1	.	0
2	=	1	+	1	.	1
3	=	1	+	1	.	2
4	=	1	+	1	.	3
5	=	1	+	1	.	4
6	=	1	+	1	.	5
7	=	1	+	1	.	6

Considerando que: x_0, $y_0 = 0$; x_1, $y_1 = 1$; x_2, $y_2 = 2$; x_3, $y_3 = 3$; x_4, $y_4 = 4$; x_5, $y_5 = 5$; x_6, $y_6 = 6$; x_7, $y_7 = 7$ e assim sucessivamente. Então, no gráfico leandroniano, obtém-se a seguinte figura:

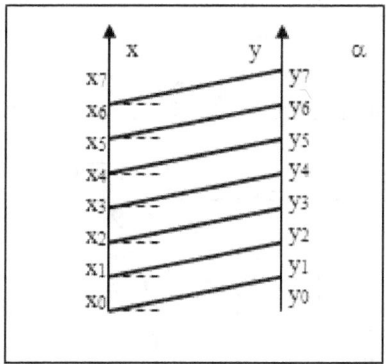

b₂) Se na equação do primeiro grau o número real b = 1 e o número real a = 2; então posso escrever que:

y	=	a	+	b	.	x
2	=	2	+	1	.	0
3	=	2	+	1	.	1
4	=	2	+	1	.	2
5	=	2	+	1	.	3
6	=	2	+	1	.	4

No gráfico leandroniano, obtém-se a seguinte figura:

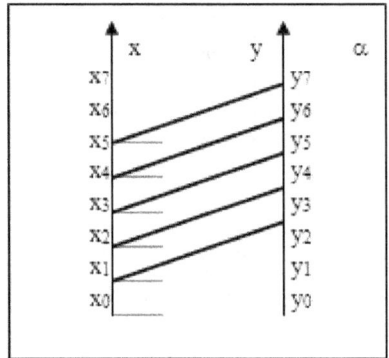

C) Se na equação do primeiro grau (y = a + b . x); "b" for igual a dois (b = 2) e "a" for igual a um (a = 1). Então, posso escrever que:

y	=	a	+	b	.	x
1	=	1	+	2	.	0
3	=	1	+	2	.	1
5	=	1	+	2	.	2
7	=	1	+	2	.	3
9	=	1	+	2	.	4
11	=	1	+	2	.	5

Assim, no gráfico leandroniano, obtém-se a seguinte figura:

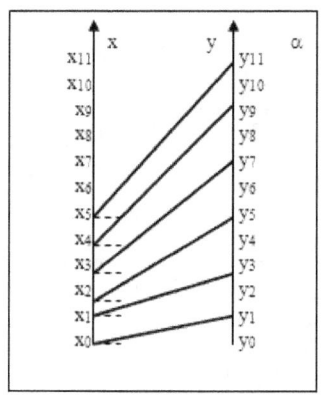

c_1) Se na equação: y = a + b . x; b = 2 e a = 2; então posso escrever que:

y	=	a	+	b	.	x
2	=	2	+	2	.	0
4	=	2	+	2	.	1
6	=	2	+	2	.	2
8	=	2	+	2	.	3
10	=	2	+	2	.	4

Desse modo, no gráfico leandroniano, obtém-se a seguinte figura:

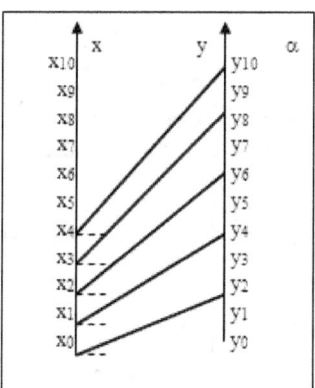

c_2) Se na equação: $y = a + b \cdot x$; $b = 2$ e $a = 3$; então, posso escrever que:

y	=	a	+	b	.	x
3	=	3	+	2	.	0
5	=	3	+	2	.	1
7	=	3	+	2	.	2
9	=	3	+	2	.	3
11	=	3	+	2	.	4

Logo, no gráfico leandroniano, obtém-se a seguinte figura:

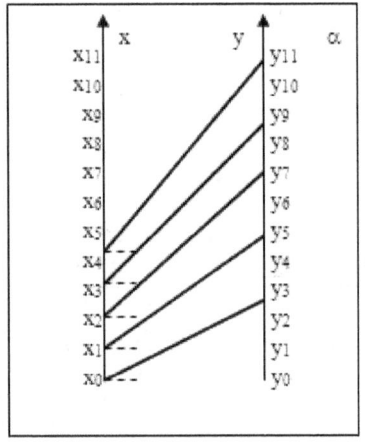

D) Se na equação do primeiro grau ($y = a + b \cdot x$); "b" for igual a três ($b = 3$) e "a" for igual a um ($a = 1$); então, posso escrever que:

y	=	a	+	b	.	x
1	=	1	+	3	.	0
4	=	1	+	3	.	1
7	=	1	+	3	.	2
10	=	1	+	3	.	3
13	=	1	+	3	.	4

Leandro Bertoldo
Geometria Leandroniana

= n

Considerando que: $x_0, y_0 = 0$; $x_1, y_1 = 1$; $x_2, y_2 = 2$; ... ; x_n, y_n

Desse modo no gráfico leandroniano, obtém-se a seguinte figura:

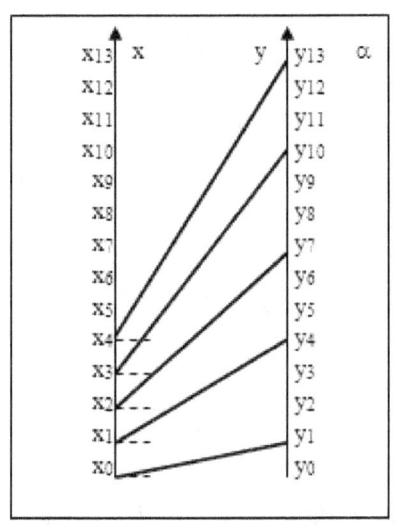

d₁) Se na equação $y = a + b \cdot x$; $b = 3$ e $a = 2$; então, posso escrever a seguinte tabela:

Y	=	a	+	b	.	x
2	=	2	+	3	.	0
5	=	2	+	3	.	1
8	=	2	+	3	.	2
11	=	2	+	3	.	3
14	=	2	+	3	.	4

Desse modo, no gráfico leandroniano, obtém-se a seguinte figura:

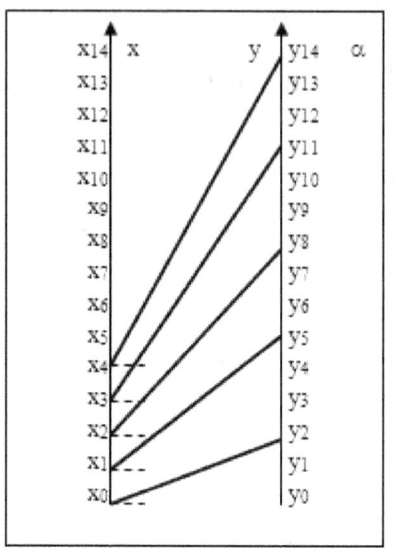

d₂) Se na equação $y = a + b \cdot x$, com $\overline{\overline{b = 3}}$ e $a = 3$; então, posso estabelecer a se$\overline{\overline{\text{guin}}}$te tabela:

y	=	a	+	b	.	x
3	=	3	+	3	.	0
6	=	3	+	3	.	1
9	=	3	+	3	.	2
12	=	3	+	3	.	3
15	=	3	+	3	.	4
18	=	3	+	3	.	5

Logo, no gráfico leandroniano, obtém-se a seguinte figura:

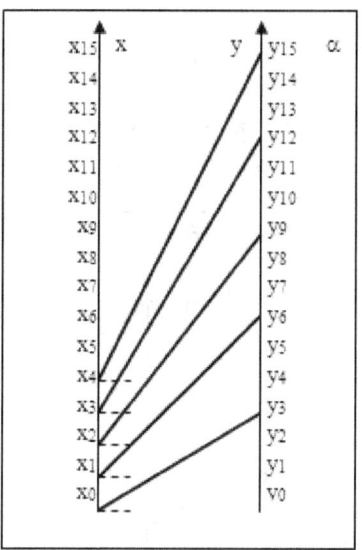

Após ter apresentado todos estes gráficos, vou deduzir uma grande propriedade do gráfico leandroniano, a saber: ma equação do primeiro grau (y = a + b . x), representada no gráfico leandroniano, apresenta o número real "a", caracterizado por:

$$a_n = (x_0, y_n)$$

3 - Dedução Leandroniana do Número Real "b"

A função do primeiro grau (y = a + b . x), permitiu traçar as retas nos gráficos do último parágrafo; sendo que cada reta é caracterizada por um par ordenado (x, y).

Para verificar graficamente o valor do número real "b", basta simplesmente observar os picos das retas na estaca dos y. Sendo que o valor do pico superior pela diferença do pico inferior; numa sucessão de retas, é igual a uma constante caracterizada pelo número real "b". Simbolicamente, o referido enunciado é expresso pela seguinte igualdade:

$$b = p_s - p_i \quad \text{ou}$$

Leandro Bertoldo
Geometria Leandroniana

$$b = y_s - y_i$$

Como exemplo ilustrativo, considere uma equação do primeiro grau (y = a + b . x) onde a = 3 e b = 2. Então, posso escrever que:

y	=	A	+	b	.	x
11	=	3	+	2	.	4
9	=	3	+	2	.	3
7	=	3	+	2	.	2
5	=	3	+	2	.	1
3	=	3	+	2	.	0
1	=	3	+	2	.	-1
-1	=	3	+	2	.	-2
-3	=	3	+	2	.	-3
-5	=	3	+	2	.	-4
-7	=	3	+	2	.	-5

Representando no gráfico leandroniano os referidos pares ordenados negativos e positivos, obtém-se a seguinte figura:

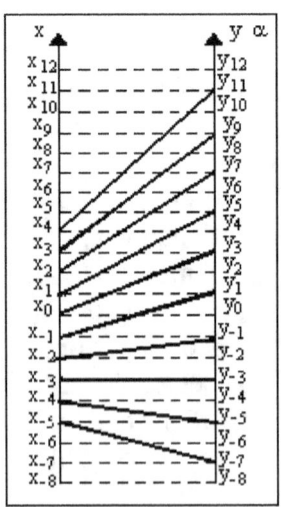

Leandro Bertoldo
Geometria Leandroniana

A equação do primeiro grau $y = a + b \cdot x$; onde, $a = 3$ e $b = 2$, caracteriza o gráfico anterior. Tal gráfico permite concluir que:

$b = y_{11} - y_9 = 2$ $b = y_1 - y_{-1} = 2$
$b = y_9 - y_7 = 2$ $b = y_{-1} - y_{-3} = 2$
$b = y_7 - y_5 = 2$ $b = y_{-3} - y_{-5} = 2$
$b = y_5 - y_3 = 2$ $b = y_{-5} - y_{-7} = 2$
$b = y_3 - y_1 = 2$

A equação do primeiro grau $y = a + b \cdot x$, definiu uma reta perpendicular às estacas dos x e dos y, com o seguinte par ordenado (x_{-3}, y_{-3})

$$-3 = 3 + 2(-3)$$

Defino tal reta como sendo "reta de inversão simétrica" no gráfico leandroniano.

Uma propriedade fundamental na inversão simétrica permite afirmar que a mesma somente ocorre quando:

$$x_n = y_n$$

A equação fundamental da linha de inversão simétrica no gráfico leandroniano é deduzida da seguinte maneira: sabe-se que a equação do primeiro grau é expresso por:

$$y = a + b \cdot x$$

Porém, a condição de inversão permite afirmar que:

$$x_n = y_n$$

Logo, posso escrever que:
a) $y = a + b \cdot y$ ou
b) $x = a + b \cdot x$

Pegando qualquer uma das últimas expressões e desenvolvendo, obtém-se:

$$y = a + b \cdot y$$
$$y - (b \cdot y) = a$$
$$y \cdot (1 - b) = a$$
$$y = a/(1 - b)$$

Fazendo a mesma com a outra expressão, obtém-se:

$$x = a + b \cdot x$$
$$x - b \cdot x = a$$
$$x \cdot (1 - b) = a$$
$$x = a/(1 - b)$$

Ambas as expressões definem perfeitamente o fenômeno de inversão simétrica no gráfico leandroniano.

4 - Relação Entre a Equação do Primeiro Grau e a Equação Leandroniana do Número Real "b"

Sabe-se que a equação do primeiro grau é definida simbolicamente por:

$$y = a + b \cdot x$$

Isolando convenientemente o número real "b", obtém-se:

$$b = (y - a)/x$$

Por outro lado, caracterizei no gráfico leandroniano que o número real "b" é definido genericamente e simbolicamente na estaca dos y por:

$$b = p_n - p_{n-1}$$

A referida expressão é denominado por equação gráfica leandroniana do número real "b".

Igualando convenientemente as duas últimas expressões, vem que:

$$y - a/x = p_n - p_{n-1}$$

5 - Altura do Pico de uma Reta em Relação ao Vale da Mesma

Considere uma equação do primeiro grau, representada por:

$$y = a + b \cdot x$$

Cujo número real $a = 3$ e $b = 2$; logicamente, os pares ordenados de tal equação em tais condições, são caracterizados por: (x_0, y_3); (x_1, y_5); (x_2, y_7); (x_3, y_9), onde: $x_0, y_0 = 0$; $x_1, y_1 = 1$; $x_2, y_2 = 2$; $x_3, y_3 = 3$; $x_4, y_4 = 4$; $x_5, y_5 = 5$; $x_6, y_6 = 6$; $x_7, y_7 = 7$; $x_8, y_8 = 8$; $x_9, y_9 = 9$. Logo, o gráfico leandroniano que caracteriza os referidos pares ordenados é o seguinte:

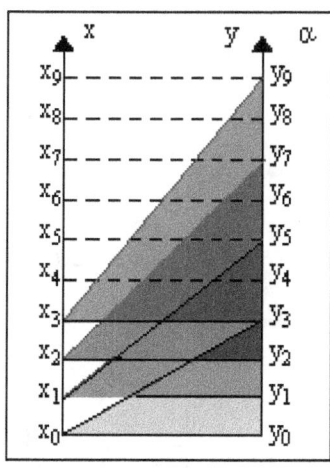

Leandro Bertoldo
Geometria Leandroniana

Observando a reta caracterizada pelo par ordenado (x_0, y_2), pode-se observar que a sua altura definida entre o vale x_0 e o pico y_2 caracterizam um triângulo retângulo de vértices (x_0, y_3, y_0). Tal triângulo apresenta uma altura caracterizada pela diferença existente entre o pico y_3 pelo pico y_0. Simbolicamente, o referido enunciado é expresso pela seguinte igualdade:

$$h = y_3 - y_0$$

Porém, $(y_0 = x_0)$; portanto, posso escrever que:

$$h = y_3 - x_0$$

Observe que os valores y_3 e x_0, são os elementos que caracterizam o par ordenado (x_0, y_3) da reta considerada. Agora, analisando a reta caracterizada pelo par ordenado (x_1, y_5); pode-se verificar que a altura de tal reta, definida entre o vale x_1 e o pico y_5, caracterizam um triângulo retângulo de vértices (x_1, y_5, y_1). A altura de tal triângulo é igual à diferença existente entre o pico y_5 pelo pico y_1. Simbolicamente, o referido enunciado é expresso pela seguinte igualdade:

$$h = y_5 - y_1$$

Porém:

$$y_1 = x_1$$

Substituindo convenientemente as duas últimas expressões, vem que:

$$h = y_5 - x_1$$

Observe que os valores y_5 e x_1 caracterizam o par ordenado (x_1, y_5). Na reta caracterizada pelo par ordenado (x_2, y_7), pode-se verificar que a altura de tal reta, definida entre o vale x_2 e o pico y_7, representam um triângulo retângulo de vértices (x_2, y_7, y_2). A altura de tal triângulo é igual à diferença existente entre o pico y_7 pelo pico y_2. Simbolicamente, o referido enunciado é expresso pela seguinte igualdade:

$$h = y_7 - y_2$$

Observando que $y_2 = x_2$; posso escrever que:

$$h = y_7 - x_2$$

Note que os valores y_7 e x_2, caracterizam o par ordenado (x_2, y_7) da reta considerada. Agora, considere a reta representada pelo par ordenado (x_3, y_9), pode-se ver que a altura de tal reta definida entre o vale x_3 e o pico y_9, caracterizam um triângulo retângulo de vértices (x_3, y_9, y_3). A altura de tal triângulo é igual à diferença existente entre o pico y_9 pelo pico y_3. O referido enunciado é expresso simbolicamente pela seguinte igualdade:

$$h = y_9 - y_3$$

Porém, observa-se no gráfico leandroniano que:

$$y_3 = x_3$$

Logo, posso escrever que:

$$h = y_9 - x_3$$

Observe que os valores y_9 e x_3, caracterizam o par ordenado (x_3, y_9) da reta considerada. De uma forma generalizada posso concluir que a altura (h) de uma reta representada por um par ordenado (x, y) é igual à diferença existente entre o pico y pelo vale x. Simbolicamente, o referido enunciado é expresso pela seguinte igualdade:

$$h_{(x, y)} = y - x$$

6 - Relação Existente Entre a Equação do Primeiro Grau e a Equação da Altura

A equação do primeiro grau é expressa simbolicamente por:

$$y = a + b \cdot x$$

A equação da altura da reta é expressa simbolicamente por:

$$h = y - x$$

Substituindo convenientemente as duas últimas expressões, vem que:

$$h = a + (b \cdot x) - x$$

Evidentemente, posso escrever que:

$$h = a + x \cdot (b - 1)$$

A referida expressão é a equação procurada no presente parágrafo.

7 - Área Limitada por um Triângulo

Considere uma equação do primeiro grau $y = a + b \cdot x$, onde o par ordenado é caracterizado por (x_1, y_5) e onde $a = 2$ e $b = 3$. O gráfico que caracteriza a referida equação é o seguinte:

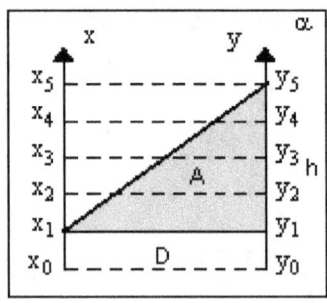

No gráfico leandroniano, observa-se perfeitamente que o par ordenado (x_1, y_5) define uma reta, que no gráfico caracteriza um triângulo retângulo de vértices $(x_1, y_5$ e $y_1)$. A área de tal triângulo é definida na geometria plana como sendo igual à metade da base em produto com a altura. Simbolicamente, o referido enunciado é expresso pela seguinte igualdade:

$$A = D \cdot h/2$$

Porém, demonstrei que a altura é expressa por:

$$h = (y - x)$$

Logo, vem que:

$$A = D/2 \cdot (y - x)$$

Demonstrei, também, que a altura é expressa por:

$$h = [a + x \cdot (b - 1)]$$

Logo, resulta que:

$$A = D/2 \cdot [a + x \cdot (b - 1)]$$

Logicamente, em um gráfico convencional, onde $D = 1$, as duas últimas expressões se reduzem à seguinte:
a) $A = \frac{1}{2} \cdot (y - x)$, ou seja: $A = h/2$
b) $A = \frac{1}{2} \cdot [a + x \cdot (b - 1)]$

8 - Cálculos de Áreas Definidas Entre Dois Pares Ordenados

Considere uma função do primeiro grau, representado simbolicamente por:

$$y = a + b \cdot x$$

Sendo que $a = 3$ e $b = 3$, então, obtenho os seguintes pares ordenados: (x_0, y_3); (x_1, y_6); (x_2, y_9); (x_3, y_{12}); (x_4, y_{15}). Sendo: $x_0 = y_0 = 0$; $x_1 = y_1 = 1$; ... ; $x_n = y_n = n$. Então, o gráfico leandroniano que vai caracterizar os referidos pares ordenados é representado pela seguinte figura:

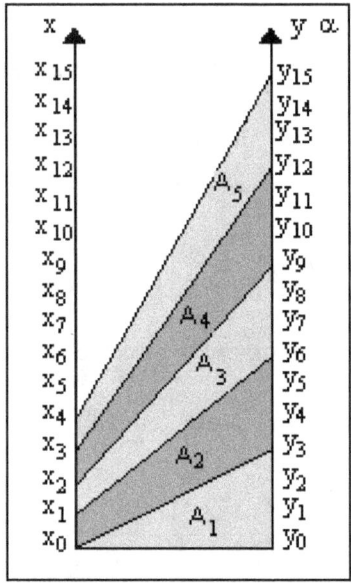

De acordo com a lei de Leandro as áreas A_1, A_2, A_3, A_4 e A_5, são absolutamente idênticas. Portanto, posso escrever que:

$$A_1 = A_2 = A_3 = A_4 = A_5$$

Para demonstrar que a referida lei de Leandro, também se aplica em retas caracterizadas por uma equação do primeiro grau;

vou escolher ao acaso duas áreas; por exemplo, A_2 e A_5 e vou inscrevê-las em um novo gráfico leandroniano.

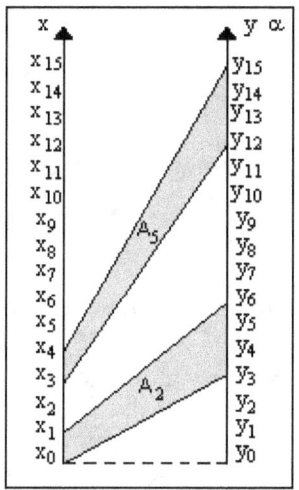

Para calcular a área A_5, de forma exata e absoluta é necessário o emprego de retangulamento, que consiste no seguinte:

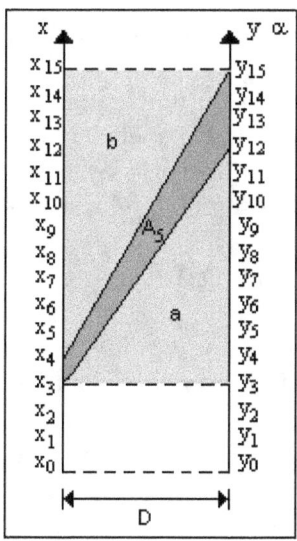

A área total "A_T" do retângulo definido entre os pontos (x_3, x_{15}, y_{15}, y_3) é igual à soma da área "a" com a área "A_5", com a área "b". Simbolicamente, o referido enunciado é expresso pela seguinte igualdade:

$$A_T = a + A_5 + b$$

Isolando convenientemente a área A_5, obtém-se:

$$A_5 = A_T - (a + b)$$

A área total (A_T) é a área de um retângulo; logo, posso afirmar que a mesma é igual ao produto existente entre lado por lado. Portanto, posso escrever simbolicamente que:

$$A_T = (x_{15} - x_3) \cdot D$$

Onde: $x_{15} = 15$; $x_3 = 3$ e $D = 6$. Então, substituindo convenientemente os referidos valores, obtém-se que:

$$A_T = (15 - 3) \cdot 6$$
$$A_T = 12 \cdot 6$$
$$A_T = 72 \text{ unidades de área}$$

A área (a) é a área de um triângulo retângulo; logo, posso concluir que tal área é igual à metade do valor da base (D) em produto com o valor da altura ($y_{12} - x_3$). Simbolicamente, o referido enunciado é expresso pela seguinte relação matemática:

$$a = D/2 \cdot (y_{12} - x_3)$$

Onde: $D = 6$, $y_{12} = 12$ e $x_3 = 3$. Substituindo convenientemente os referidos valores, obtém-se que:

$$a = 6/2 \cdot (12 - 3) = 3 \cdot 9$$
$$a = 27 \text{ unidades de áreas}$$

A área (b) é caracterizada por um triângulo retângulo; portanto, posso afirmar que tal área é igual à metade da base em produto com a altura ($y_{15} - x_4$). Simbolicamente, o referido enunciado é expresso pela seguinte relação matemática:

$$b = D/2 \cdot (y_{15} - x_4)$$

Onde: $D = 6$; $y_{15} = 15$ e $x_4 = 4$. Substituindo convenientemente os referidos valores, obtém-se que:

$$b = 6/2 \cdot (15 - 4)$$
$$b = 3 \cdot 11$$
$$b = 33 \text{ unidades de área}$$

Agora, substituindo convenientemente os valores A_T, a e b na equação que se segue; obtém-se:

$$A_5 = A_T - (a + b)$$
$$A_5 = 72 - (27 + 33)$$
$$A_5 = 72 - 60$$
$$A_5 = 12 \text{ unidades de área}$$

Para calcular a área A_2, de forma exata e absoluta, também é necessário empregar o processo de retangulamento, que consiste no seguinte:

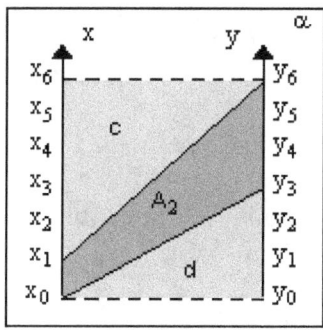

Leandro Bertoldo
Geometria Leandroniana

A área total (B_T) do retângulo definido entre os pontos (x_0, x_6, y_6 e y_0) é igual à soma existente entre a área (c), entre a área (d) e entre a área (A_2). Simbolicamente, o referido enunciado é expresso pela seguinte igualdade:

$$B_T = A_2 + c + d$$

Evidentemente, posso escrever que:

$$A_2 = B_T - (c + d)$$

A área total (B_T) é a área de um retângulo; desse modo, posso afirmar que a mesma é igual ao produto existente entre lado por lado. Portanto, posso escrever simbolicamente que:

$$B_T = D \cdot (y_6 - x_0)$$

Onde: $D = 6$; $y_6 = 6$ e $x_0 = 0$. Substituindo convenientemente os referidos valores, obtém-se que:

$$B_T = 6 \cdot (6 - 0)$$
$$B_T = 6 \cdot 6$$
$$B_T = 36 \text{ unidades de área}$$

A área (c) é a área de um triângulo retângulo; assim, posso concluir que tal área é igual à metade do valor da base em produto com a altura ($y_6 - x_1$).

Simbolicamente, o referido enunciado é expresso pela seguinte relação:

$$c = D/2 \cdot (y_6 - x_1)$$

Onde: $D = 6$; $y_6 = 6$ e $x_1 = 1$. Substituindo convenientemente os referidos enunciados, obtém-se que:

$$c = 6/2 \cdot (6 - 1)$$
$$c = 3 \cdot 5$$

c = 15 unidades de área

A área (d) é caracterizada por um triângulo retângulo; portanto, posso afirmar que tal área é igual à metade da base em produto com a altura $(y_3 - x_0)$.

Simbolicamente, o referido enunciado é expresso pela seguinte relação:

$$d = d/2 \cdot (y_3 - x_0)$$

Onde: $D = 6$; $y_3 = 3$ e $x_0 = 0$. Substituindo convenientemente os referidos valores; obtém-se que:

$$d = 6/2 \cdot (3 - 0)$$
$$d = 3 \cdot 3$$
$$d = 9 \text{ unidades de área}$$

Agora, substituindo convenientemente os valores B_T; d e c, na equação que se segue, obtém-se:

$$A_2 = B_T - (c + d)$$
$$A_2 = 36 - (15 + 9)$$
$$A_2 = 36 - 24$$
$$A_2 = 12 \text{ unidades de área}$$

Desse modo, fica mais uma vez provado que:

$$A_2 = A_5$$

9 - Os Coeficientes na Equação do Primeiro Grau

Considere uma equação do primeiro grau, caracterizada por: $y = a + b \cdot x$. Considere que: (x_3, y_{12}); $a = 3$ e $b = 3$. Logo, o gráfico leandroniano apresenta a seguinte figura:

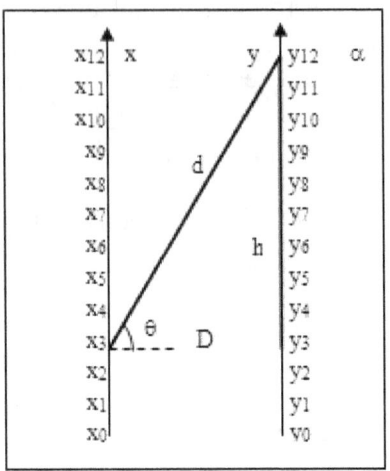

A – *Coeficiente Delta*

O Coeficiente delta é definido como sendo igual ao quociente da altura h, inversa pela base D. Simbolicamente, o referido enunciado é expresso pela seguinte relação:

$$\Delta = h/D$$

Porém, sabe-se que:

$$h = y - x$$

Substituindo convenientemente as duas últimas expressões, vem que:

$$\Delta = (y - x)/D$$

Logicamente, posso escrever que:

$$y - x = \Delta \cdot D$$

Portanto, vem que:

$$y = (\Delta \cdot D) + x$$

A referida expressão é denominada por "equação da reta leandroniana em declive delta".

Pela equação do primeiro grau, posso escrever que:

$$y = a + b \cdot x$$

Igualando convenientemente as duas últimas expressões, vem que:

$$a + b \cdot x = (\Delta \cdot D) + x$$

Assim, posso escrever que:

$$a - (\Delta \cdot D) = x - b \cdot x$$

Então, resulta que:

$$a - (\Delta \cdot D) = x \cdot (1 - b)$$

Portanto, vem que:

$$x = a - (\Delta \cdot D)/(1 - b)$$

B – *Coeficiente Alfa*

O coeficiente alfa é definido como sendo igual ao quociente da altura h, inversa pelo valor da diagonal "d". Simbolicamente, o referido enunciado é expresso pela seguinte relação:

$$\alpha = h/d$$

Porém, demonstrei que:

$$\alpha = (y - x)/d$$

Logicamente, posso escrever que:

$$y - x = \alpha \cdot d$$

Portanto, vem que:

$$y = (\alpha \cdot d) + x$$

Posso chamar a referida expressão por equação simplificada da reta leandroniana em declive alfa. A equação do primeiro grau é expressa simbolicamente por:

$$y = a + b \cdot x$$

Igualando convenientemente as duas últimas expressões, vem que:

$$\alpha \cdot d + x = a + b \cdot x$$

Assim posso escrever que:

$$(\alpha \cdot d) - a = (b \cdot x) - x$$

Então, resulta que:

$$(\alpha \cdot d) - a = x \cdot (b - 1)$$

Portanto, vem que:

$$x = [(\alpha \cdot d) - a]/(b - 1)$$

C – *Coeficiente Gama*

O coeficiente gama é definido como sendo igual ao quociente da base D, inversa pelo valor da diagonal.

Simbolicamente, o referido enunciado é expresso pela seguinte relação:

$$\gamma = D/d$$

Porém, demonstrei que:

$$d = \sqrt{(D^2 + h^2)}$$

Substituindo convenientemente as duas últimas expressões, vem que:

$$\gamma = D/\sqrt{(D^2 + h^2)}$$

Evidentemente, posso escrever que:

$$\gamma^2 = D^2/(D^2 + h^2)$$

Logo, posso escrever que:

$$D^2 = \gamma^2 . D^2 + \gamma^2 . h^2$$

Então, vem que:

$$D^2 - \gamma^2 . D^2 = \gamma^2 . h^2$$
$$D^2 . (1 - \gamma^2) = \gamma^2 . h^2$$

Logo, resulta que:

$$D^2 . (1 - \gamma^2)/\gamma^2 = h^2$$

Porém, sabe-se que:

$$h^2 = (y - x)^2$$

Igualando convenientemente as duas últimas expressões, vem que:

$$(y - x)^2 = D^2 \cdot (1 - \gamma^2)/\gamma^2$$

Porém, a matemática elementar mostra que:

$$(y - x)^2 = y^2 - 2y \cdot x + x^2$$

Igualando convenientemente as duas últimas expressões, vem que:

$$y^2 - 2y \cdot x + x^2 = D^2 \cdot (1 - \gamma^2)/\gamma^2$$

A equação do primeiro grau permite escrever que:

$$y = a + b \cdot x$$

Substituindo a referida expressão com a equação que se segue, obtém-se:

$$(y - x)^2 = D^2 \cdot (1 - \gamma^2)/\gamma^2$$
$$(a + b \cdot x - x)^2 = D^2 \cdot (1 - \gamma^2)/\gamma^2$$

Desenvolvendo, obtém-se que:

$$[(a + x \cdot (b - 1)]^2 = D^2 \cdot (1 - \gamma^2)/\gamma^2$$

Porém, posso escrever que:

$$[a + x \cdot (b - 1)]^2 = a^2 + 2a \cdot x \cdot (b - 1) + x^2 \cdot (b - 1)^2$$

Assim, vem que:

$$[a + x \cdot (b - 1)]^2 = a^2 + 2a \cdot [x \cdot (b - 1)]^1 + [x \cdot (b - 1)]^2$$

Logo, resulta que:

$$a^2 + 2a \cdot [x \cdot (b-1)]^2 + [x \cdot (b-1)^2 = D^2 \cdot (1-\gamma^2)/\gamma^2$$

10 - Duas Funções do Primeiro Grau em um Único Gráfico Leandroniano

A união de duas funções do primeiro grau no gráfico leandroniano produz certas figuras geométricas bem definidas. Por exemplo, considere uma função do primeiro grau $y = a + b \cdot x$; onde $a = 1$ e $b = 1$; considere também, uma outra função do primeiro grau $y = a + b \cdot x$; onde $a = 2$ e $b = 1$. Então, obtêm-se as seguintes tabelas:

f(a)

y	=	a	+	b	.	x
1	=	1	+	1	.	0
2	=	1	+	1	.	1
3	=	1	+	1	.	2
4	=	1	+	1	.	3
5	=	1	+	1	.	4

f(b)

y	=	a	+	b	.	x
2	=	2	+	1	.	0
3	=	2	+	1	.	1
4	=	2	+	1	.	2
5	=	2	+	1	.	3
6	=	2	+	1	.	4

Considerando que $x_1 = y_1 = 1$; $x_2 = y_2 = 2$; ... ; $x_n = y = n$. No gráfico leandroniano, obtém-se a seguinte figura:

Leandro Bertoldo
Geometria Leandroniana

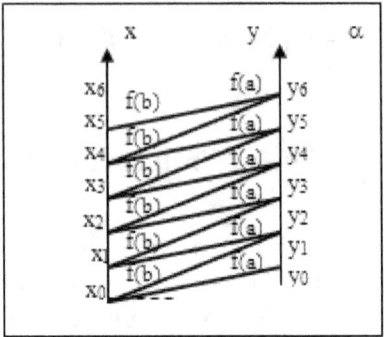

CAPÍTULO IV

1 - Função do Segundo Grau Elementar

A função do segundo grau elementar é a função caracterizada simbolicamente por:

$$y = x^2$$

Então, obtém-se a seguinte tabela:

Y	=	x^2
16	=	$(-4)^2$
9	=	$(-3)^2$
4	=	$(-2)^2$
1	=	$(-1)^2$
0	=	$(0)^2$
1	=	$(1)^2$
4	=	$(2)^2$
9	=	$(3)^2$
16	=	$(4)^2$

Então, obtém-se o seguinte gráfico leandroniano.

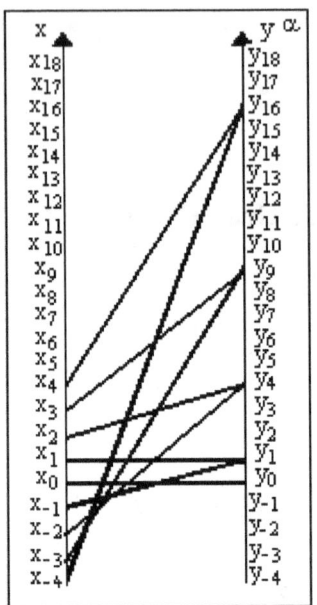

Tal gráfico está representando os número impares e os números pares. Agora, vou representar um novo gráfico leandroniano, com apenas os números pares, conforme a seguinte tabela:

Y	=	x^2
0	=	0^2
1	=	1^2
4	=	2^2
9	=	3^2
16	=	4^2

O gráfico leandroniano é o seguinte:

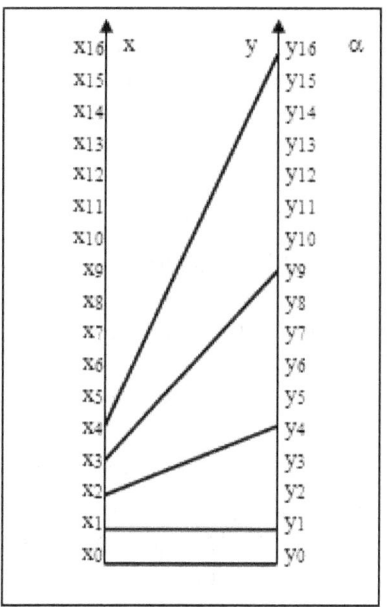

2 - Distância Entre um Pico Posterior por seu Pico Anterior

A função elementar do segundo grau, representada simbolicamente pela expressão que se segue:

$$y = x^2$$

Permitiu traçar as retas do gráfico leandroniano, no parágrafo anterior. Sendo que o último gráfico apresenta os seguintes pares ordenados: (x_0, y_0); (x_1, y_1); (x_2, y_4); (x_3, y_9); (x_4, y_{16}).

Logicamente, a distância que separa um pico posterior de seu anterior é igual à diferença matemática existente entre os mesmos. Simbolicamente, posso escrever que:

$$R^{(x_a, y_a)}{}_{(x_p, y_p)} = y_p - y_a$$

Onde a letra R representa a distância que separa um pico do outro; a letra y_p representa o pico posterior e a letra y_a, representa o pico anterior. Então, com relação ao gráfico do último parágrafo, posso afirmar que:

$$R^{(x0,\, y0)}{}_{(x1,\, y1)} = y_1 - y_0 = 1$$

Realmente, no referido gráfico, pode-se observar que a distância que separa as referidas retas uma da outra é de apenas uma unidade. Novamente posso escrever que:

$$R^{(x1,\, y1)}{}_{(x2,\, y4)} = y_4 - y_1 = 3$$

Observando o último gráfico do parágrafo anterior, pode-se verificar que a distância que separa as referidas retas uma da outra é de apenas três unidades. Considerando novamente a distância entre as retas (x_2, y_4) e (x_3, y_9), então posso escrever que:

$$R^{(x2,\, y4)}{}_{(x3,\, y9)} = y_9 - y_4 = 5$$

Analisando novamente o último gráfico do parágrafo anterior, pode-se observar claramente que a distância que separa a reta (x_2, y_4) da reta (x_3, y_9) é de apenas cinco unidades.

Agora, considerando a distância que separa a reta (x_3, y_9) da reta (x_4, y_{16}), posso escrever que:

$$R^{(x3,\, y9)}{}_{(x4,\, y16)} = y_{16} - y_9 = 7$$

Novamente, observando o último gráfico do parágrafo anterior, pode-se notar que a distância que separa a reta (x_3, y_9) da reta (x_4, y_{16}) é de apenas sete unidades. Então, considerando a sucessão: 1, 3, 5, 7, pode-se observar que a diferença entre cada elemento, a partir do segundo e o seu anterior é sempre 2 (dois).

$$3 - 1 = 5 - 3 = 7 - 5 = 2$$

Uma sucessão assim é denominada por progressão aritmética. Assim, se a sucessão:

$$(R_1^{(xo, yo)}{}_{(x1, y1)} = R_2^{(x1, y1)}{}_{(x2, y4)} = R_3^{(x2, y4)}{}_{(x3, y9)} = R_4^{(x3, y9)}{}_{(x4, y16)})$$

é uma progressão aritmética, tem-se que:

$$R_2^{(x1, y1)}{}_{(x2, y4)} - R_1^{(xo, yo)}{}_{(x1, y1)} = R_3^{(x2, y4)}{}_{(x3, y9)} - R_2^{(x1, y1)}{}_{(x2, y4)} = R_4^{(x3, y9)}{}_{(x4, y16)} - R_3^{(x2, y4)}{}_{(x3, y9)} = \ldots$$

$$= R_n^{(xn, yn2)}{}_{(xn+1, y(n+1)2)} - R_{n-1}^{(xn-1, y(n-1)2)}{}_{(xn, yn2)} = r$$

Note que os termos de R_n e R_{n-1} entre parênteses então elevados ao quadrado.

Supondo que a seqüência (R_1, R_2, R_3, ... , R_n) seja uma progressão aritmética de razão r, pode-se notar que:

$$R_2 = R_1 + r$$
$$R_3 = R_2 + r$$

Substituindo convenientemente as duas últimas expressões, vem que:

$$R_3 = R_1 + r + r$$

Ou seja:

$$R_3 = R_1 + 2r$$

Considere agora o seguinte:

$$R_4 = R_3 + r$$

Então, substituindo convenientemente as duas últimas expressões, vem que:

$$R_4 = R_1 + 2r + r$$

Ou seja:

$$R_4 = R_1 + 3r$$

De modo generalizado, o termo de ordem n, ou seja, R_n, é dado por:

$$R_n = R_1 + (n - 1) \cdot r$$

Porém, pode-se verificar facilmente no gráfico leandroniano que o termo de ordem n, corresponde ao vale x_n. Portanto, substituindo convenientemente tal resultado na última expressão, vem que:

$$R_n = R_1 + (x_n - 1) \cdot r$$

Porém, na função $y = x^2$, a grande $R_1 = 1$ e a grandeza $r = 2$. Logo, substituindo os referidos resultados na última expressão, vem que:

$$R = 1 + (x_n - 1) \cdot 2$$

Assim, posso escrever que:

$$R = 1 + 2x_n - 2$$

Desse modo, resulta que:

$$R = 2x_n - 1$$

Tal equação caracteriza a expressão definitiva que Leandro estabeleceu, a qual permite calcular a distância que separa um pico posterior de seu anterior, quando os pares ordenados estiverem distribuídos em sua seqüência natural, na equação do segundo grau caracterizada por $y = x^2$.

Leandro Bertoldo
Geometria Leandroniana

3 - A Equação Elementar do Segundo Grau e a Expressão Definitiva de Leandro Para a Distância Entre os Picos

Demonstrei que:

$$R = 2x_n - 1$$

Posso afirmar que:

$$y_n = x_n^2$$

Logo posso escrever que:

$$x_n = \sqrt{y_n}$$

Então, substituindo convenientemente a referida expressão na equação definitiva de Leandro para o calculo da distância entre os picos de duas retas sucessivas, vem que:

$$R = 2(\sqrt{y_n}) - 1$$

4 - Altura do Pico de uma Reta em Relação ao Vale da Mesma

Considere a equação elementar do seguindo grau, caracterizada por:

$$y = x^2$$

Agora, considere os seguintes pares ordenados: (x_0, y_0); (x_1, y_1); (x_2, y_4); (x_3, y_9); (x_4, y_{16}).

Onde: $x_0, y_0 = 0$; $x_1, y_1 = 1$; $x_2, y_2 = 2$; $x_3, y_3 = 3$; $x_4, y_4 = 4$; $x_5, y_5 = 5$; $x_6, y_6 = 6$; $x_7, y_7 = 7$; $x_8, y_8 = 8$; $x_9, y_9 = 9$; $x_{10}, y_{10} = 10$; $x_{11}, y_{11} = 11$; $x_{12}, y_{12} = 12$; $x_{13}, y_{13} = 13$; $x_{14}, y_{14} = 14$; $x_{15}, y_{15} = 15$; $x_{16}, y_{16} = 16$. O gráfico leandroniano que caracteriza os referidos pares ordenados, é o seguinte:

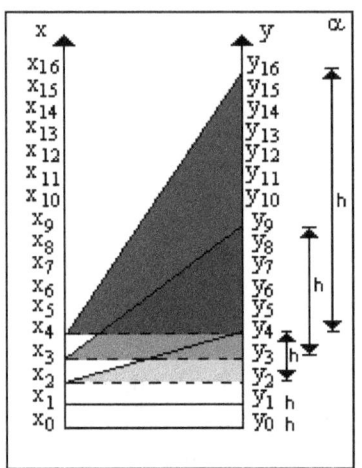

Observando a reta caracterizada pelo par ordenado (x_0, y_0), pode-se observar que sua altura definida entre o vale x_0 e o pico y_0 é caracterizada pela diferença existente entre o pico y_0 pelo vale x_0. Simbolicamente, o referido enunciado é expresso pela seguinte igualdade:

$$h = y_0 - x_0$$

Para calcular, basta saber que $x_0 = y_0 = 0$. Logo, vem que:

$$h = 0 - 0 = 0 \therefore h = 0$$

Considerando a reta apresentada pelo par ordenado (x_1, y_1), pode se verificar que sua altura definida entre o vale x_1 e o pico y_1 é caracterizada pela diferença existente entre o pico y_1 e o vale x_1. O referido enunciado é representado simbolicamente pela seguinte igualdade:

$$h = y_1 - x_1$$

Sabe-se que: $y_1 = x_1 = 1$. Portanto, vem que:

$$h = 1 - 1 = 0 \therefore h = 0$$

Agora, considere uma nova reta definida pelo par ordenado (x_2, y_4), pode-se observar que a sua altura definida entre o vale x_2 e o pico y_4 caracteriza um triângulo retângulo de vértices (x_2, y_4, y_2). Tal triângulo apresenta uma altura caracterizada pela diferença existente entre o pico y_4 pelo pico y_2. Simbolicamente, o referido enunciado é expresso pela seguinte igualdade:

$$h = y_4 - y_2$$

Porém, $(y_2 = x_2)$; logo, posso escrever que:

$$h = y_4 - x_2$$

Note que os valores y_3 e x_2, são os elementos que caracterizam o par ordenado (x_2, y_4) da reta considerada. Sabe-se que $y_4 = 4$ e $x_2 = 2$. Portanto, substituindo convenientemente o referido resultado na última expressão, vem que:

$$h = 4 - 2 = 2 \therefore h = 2$$

Agora, analisando a reta caracterizada pelo par ordenado (x_3, y_9); pode-se verificar que a altura da referida reta, definida entre o vale x_3 e o pico y_9, caracterizam um triângulo retângulo de vértices (x_3, y_9, y_3). A altura de tal triângulo é igual à diferença existente entre o pico y_9 pelo pico y_3. Simbolicamente, o referido enunciado é expresso pela seguinte igualdade:

$$h = y_9 - y_3$$

Porém, sabe-se que $x_3 = y_3$; portanto, posso escrever que:

$$h = y_9 - x_3$$

Observe que os valores y_9 e x_3, caracterizam o par ordenado (x_3, y_9).

Sabe-se que $y_9 = 9$ e $x_3 = 3$; logo, substituindo convenientemente os referidos resultados na última expressão, vem que:

$$h = 9 - 3$$
$$h = 6$$

Considere a reta representada no gráfico leandroniano pelo par ordenado (x_4, y_{16}). Tal reta apresenta uma altura, definida entre o vale x_4 e o pico y_{16}, cujo valor é igual à diferença existente entre o pico y_{16} pelo pico y_4. Simbolicamente, o referido enunciado é expresso pela seguinte igualdade:

$$h = y_{16} - y_4$$

Porém, sabe-se que $x_4 = y_4$; logo, posso concluir que:

$$h = y_{16} - x_4$$

Note que os valores y_{16} e x_4, caracterizam o par ordenado (x_4, y_{16}) que define a reta no gráfico leandroniano. Sabe-se que $y_{16} = 16$ e $x_4 = 4$; logo, substituindo convenientemente os referidos resultados na última expressão, vem que:

$$h = 16 - 4$$
$$h = 12$$

De um modo genérico, posso afirmar que a altura (h) de uma reta no gráfico leandroniano, representada por um par ordenado (x,

y) é igual à diferença existente entre o pico (y) pelo vale (x). Simbolicamente, o referido enunciado é expresso pela seguinte igualdade:

$$h_{(x, y)} = y - x$$

5 - Equação da Altura e a Equação Elementar do Segundo Grau

Afirmei que a equação elementar do segundo grau é expressa por:

$$y = x^2$$

Demonstrei que a altura de uma reta representada no gráfico leandroniano é expressa pela seguinte igualdade:

$$h_{(x, y)} = y - x$$

Substituindo convenientemente as duas últimas expressões, vem que:

$$h_{(x, y)} = x^2 - x$$

Logicamente, posso escrever que:

$$x = \sqrt{y}$$

E sabendo-se que:

$$h_{(x, y)} = y - x$$

Então, posso escrever que:

$$h_{(x, y)} = y - \sqrt{y}$$

6 - Equação de Leandro Para o Cálculo da Altura

A equação elementar do segundo grau, $y = x^2$, permite concluir a existência dos seguintes pares ordenados: (x_0, y_0); (x_1, y_1); (x_2, y_4); (x_3, y_9); (x_4, y_{16}); (x_5, y_{25}); etc. Tais pares ordenados, no gráfico leandroniano, apresentam, respectivamente as seguintes alturas:

$h_{(x0, y0)} = y_0 - x_0 = 0$
$h_{(x1, y1)} = y_1 - x_1 = 0$
$h_{(x2, y4)} = y_4 - x_2 = 2$
$h_{(x3, y9)} = y_9 - x_3 = 6$
$h_{(x4, y16)} = y_{16} - x_4 = 12$
$h_{(x5, y25)} = y_{25} - x_5 = 20$

Para realizar o cálculo da altura que cada reta apresenta no gráfico leandroniano, desenvolvi uma expressão matemática que denomino por "equação de Leandro". A referida equação é enunciada nos seguintes termos: "a altura de uma reta definida por um par ordenado (x, y) no gráfico leandroniano é igual ao dobro (2) do valor de (x – 1) seguimental (?)". Simbolicamente, o referido enunciado é expresso pela seguinte igualdade:

$$h_{(x, y)} = 2(x - 1)?$$
$$x \neq 0$$

Onde o símbolo (?), representa a seguimental. Desse modo a seguimental de um número qualquer é representada por:

$$P_n = n?$$

De uma forma mais geral, posso escrever que:

$$P_n = (n - 0) + (n - 1) + (n - 2) + (n - 3) + \ldots + (n - n)$$

Os seguintes exemplos numéricos vão esclarecer melhor a idéia de seguimental.

a) $P_3 = (3 - 0) + (3 - 1) + (3 - 2) + (3 - 3) \Rightarrow P_3 = 3 + 2 + 1 + 0 = 6$

b) $P_2 = (2 - 0) + (2 - 1) + (2 - 2) \Rightarrow P_2 = 2 + 1 + 0 = 3$

Agora, voltando à equação de Leandro para o cálculo da altura de uma reta no gráfico leandroniano, posso escrever que:

$$h_{(x, y)} = y - x = 2(x - 1)?$$
$$x \neq 0$$

Os exemplos que vou apresentar, agora, vão mostrar a realidade da equação de Leandro.

c) $h_{(x1, y1)} = 2(x_1 - 1)?$
$h_{(x1, y1)} = 2(1 - 1)?$
$h_{(x1, y1)} = 2(0)?$
$h_{(x1, y1)} = 2(0 - 0)$
$h_{(x1, y1)} = 2 \cdot [0] \therefore$
$h_{(x1, y1)} = 0$

O que está perfeitamente de acordo com a seguinte expressão:

$$h_{(x1, y1)} = y_1 - x_1 = 0$$

d) $h_{(x2, y4)} = 2(x_2 - 1)?$
$h_{(x2, y4)} = 2(2 - 1)?$
$h_{(x2, y4)} = 2(1)?$
$h_{(x2, y4)} = 2[(1 - 0) + (1 - 1)]$
$h_{(x2, y4)} = 2(1 + 0)$
$h_{(x2, y4)} = 2 \cdot [1] \therefore$
$h_{(x2, y4)} = 2$

O que vem a estar perfeitamente de acordo com a seguinte igualdade:

$$h_{(x2,\ y4)} = y_4 - x_2 = 2$$

e) $h_{(x3,\ y9)} = 2(x_3 - 1)?$
$h_{(x3,\ y9)} = 2(3 - 1)?$
$h_{(x3,\ y9)} = 2(2)?$
$h_{(x3,\ y9)} = 2[(2 - 0) + (2 - 1) + (2 - 2)]$
$h_{(x3,\ y9)} = 2(2 + 1 + 0)$
$h_{(x3,\ y9)} = 2 \cdot [3] \therefore$
$h_{(x3,\ y9)} = 6$

Novamente, o referido resultado está de acordo com a seguinte expressão:

$$h_{(x3,\ y9)} = y_9 - y_3 = 6$$

f) $h_{(x4,\ y16)} = 2(x_4 - 1)?$
$h_{(x4,\ y16)} = 2(4 - 1)?$
$h_{(x4,\ y16)} = 2(3)?$
$h_{(x4,\ y16)} = 2[(3 - 0) + (3 - 1) + (3 - 2) + (3 - 3)]$
$h_{(x4,\ y16)} = 2[(3) + (2) + (1) + (0)]$
$h_{(x4,\ y16)} = 2 \cdot [6] \therefore$
$h_{(x4,\ y16)} = 12$

Sendo que tal resultado encontra-se perfeitamente de acordo com a seguinte expressão:

$$h_{(x4,\ y16)} = y_{16} - x_4 = 12$$

g) $h_{(x5,\ y25)} = 2(x_5 - 1)?$
$h_{(x5,\ y25)} = 2(5 - 1)?$
$h_{(x5,\ y25)} = 2(4)?$
$h_{(x5,\ y25)} = 2[(4 - 0) + (4 - 1) + (4 - 2) + (4 - 3) + (4 - 4)]$
$h_{(x5,\ y25)} = 2[(4) + (3) + (2) + (1) + (0)]$
$h_{(x5,\ y25)} = 2 \cdot [10] \therefore$
$h_{(x5,\ y25)} = 20$

E, novamente, o referido resultado encontra-se perfeitamente de acordo com a seguinte expressão:

$$h_{(x_5,\ y_{25})} = y_{25} - x_5 = 20$$

7 - Relação Entre a Equação Elementar do Segundo Grau e a Equação de Leandro

A equação elementar do segundo grau é expressa pela seguinte igualdade:

$$y = x^2$$

Logicamente, posso escrever que:

$$x = \sqrt{y}$$

Porém, demonstrei que:

$$h_{(x,\ y)} = 2(x - 1)?$$

Substituindo convenientemente as duas últimas expressões, vem que:

$$h_{(x,\ y)} = 2[(\sqrt{y}) - 1]?$$

8 - Equação de Leandro e Equação da Altura Exclusivamente em Função de x.

Demonstrei que:

$$h_{(x,\ y)} = x^2 - x$$

Afirmei que:

$$h_{(x, y)} = 2(x - 1)?$$

Igualando convenientemente as duas últimas expressões, vem que:

$$x^2 - x = 2(x - 1)?$$

9 - Equação de Leandro e a Equação da Altura Exclusivamente em Função de y.

Demonstrei que:

$$h_{(x, y)} = y - \sqrt{y}$$

Afirmei que:

$$h_{(x, y)} = 2(x - 1)?$$

Igualando convenientemente as duas últimas expressões, vem que:

$$y - \sqrt{y} = 2(x - 1)?$$

Também tenho chamado a referida equação por expressão equivalente.

10 - Área Limitada por um Triângulo

Considere a equação elementar do segundo grau $y = x^2$, onde o par ordenado é caracterizado por (x_2, y_4). O gráfico leandroniano que caracteriza o referido par ordenado é o seguinte:

Leandro Bertoldo
Geometria Leandroniana

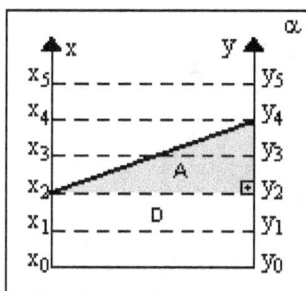

No gráfico leandroniano, observa-se perfeitamente que o par ordenado (x_2, y_4), define uma reta, que no gráfico caracteriza um triângulo retângulo de vértices (x_2, y_4, y_2).

A área de tal triângulo é definida na geometria plana como sendo igual à metade da base em produto com a altura.

O referido enunciado é expresso simbolicamente pela seguinte relação:

I) $$A = D \cdot h/2$$

Porém, demonstrei que:

$$h_{(x, y)} = y - \sqrt{y}$$

Substituindo convenientemente a referida expressão na última, resulta que:

$$A = D/2 \cdot (y - \sqrt{y})$$

Também, demonstrei que:

$$h_{(x, y)} = 2(x - 1)?$$
$$x \neq 0$$

Substituindo convenientemente a referida expressão na equação (I), vem que:

$$A = (D/2) \cdot [2(x-1)]?$$

Portanto, resulta que:
$$A = D \cdot (x-1)?$$

Demonstrei que:
$$h_{(x, y)} = 2[(\sqrt{y}) - 1]?$$

Então, substituindo convenientemente a última expressão na equação (I) vem que:
$$A = (D/2) \cdot 2[(\sqrt{y}) - 1]?$$

Portanto, resulta que:
$$A = D \cdot [(\sqrt{y}) - 1]?$$

11 - O Coeficiente na Equação Elementar do Segundo Grau

Considere a equação elementar do segundo grau, representada simbolicamente por:

$$y = x^2$$

Para efeito de exemplo, considere o seguinte par ordenado: (x_3, y_9). Logo, o gráfico leandroniano que define tal par ordenado, é o seguinte:

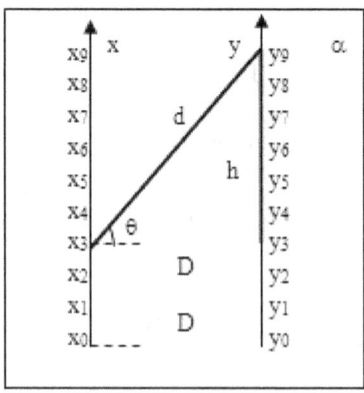

A – *Coeficiente Delta*

a) O coeficiente delta, oriundo de uma reta caracterizada por um par ordenado (x, y) é definido pelo número real Δ. Tal que $\Delta = \text{tg}\theta$. Portanto, posso concluir que o coeficiente delta é igual ao quociente da altura (h), inverso pela base (D) do gráfico leandroniano. Simbolicamente, o referido enunciado é expresso pela seguinte relação:

$$\Delta = h/D$$

Porém, sabe-se que:

$$h = (y - x)$$

Substituindo convenientemente as duas últimas expressões, vem que:

$$\Delta = (y - x)/D$$

Evidentemente, posso escrever que:

$$\Delta \cdot D = (y - x)$$

Logo, vem que:

$$y = (\Delta \cdot D) + x$$

Pela equação elementar do segundo grau, posso escrever que:

$$y = x^2$$

Igualando convenientemente as duas últimas expressões, vem que:

$$x^2 = (\Delta \cdot D) + x$$

Assim, posso escrever que:

$$x^2 - x = \Delta \cdot D$$

No gráfico convencional de Leandro D = 1; portanto, a última expressão se reduz à seguinte:

$$x^2 - x = \Delta$$

b) Sabe-se que:

$$\Delta = h/D$$

Demonstrei que:

$$h = y - \sqrt{y}$$

Substituindo convenientemente as duas últimas expressões, vem que:

$$\Delta = y - (\sqrt{y})/D$$

c) O coeficiente delta é definido por:

$$\Delta = h/D$$

Demonstrei que:

$$h = 2(x - 1)?$$

Substituindo convenientemente as duas últimas expressões, vem que:

$$\Delta = [2(x - 1)?]/D$$

d) O coeficiente delta é definido por:

$$\Delta = h/D$$

Demonstrei que:

$$h = 2[(\sqrt{y}) - 1]?$$

Substituindo convenientemente as duas últimas expressões, vem que:

$$\Delta = 2[(\sqrt{y}) - 1]?/D$$

B – *Coeficiente Alfa*

a) O coeficiente alfa, oriundo de uma reta caracterizada por um par ordenado (x, y) é definido pelo número real α tal que $\alpha = \text{sen}\theta$. Portanto, posso concluir que o coeficiente alfa é igual ao quociente da altura h, inversa pela diagonal d. Simbolicamente, o referido enunciado é expresso pela seguinte relação:

$$\alpha = h/d$$

Porém, demonstrei que:

$$h = y - x$$

Substituindo convenientemente as duas últimas expressões, vem que:

$$\alpha = (y - x)/d$$

Demonstrei que:

$$h = x^2 - x$$

Então, posso escrever que:

$$\alpha = (x^2 - x)/d$$

b) Afirmei que:

$$\alpha = h/d$$

Demonstrei que:

$$h = y - \sqrt{y}$$

Substituindo convenientemente as duas últimas expressões, vem que:

$$\alpha = (y - \sqrt{y})/d$$

c) Afirmei que:

$$\alpha = h/d$$

Demonstrei que:

$$h = 2(x - 1)?$$

Substituindo convenientemente as duas últimas expressões, vem que:

$$\alpha = [2(x - 1)?]/d$$

d) Afirmei que:

$$\alpha = h/d$$

Demonstrei que:

Leandro Bertoldo
Geometria Leandroniana

$$h = 2[(\sqrt{y}) - 1)]?$$

Substituindo convenientemente as duas últimas expressões, vem que:

$$\alpha = 2[(\sqrt{y}) - 1)]?/d$$

e) Sabe-se que:

$$d^2 = D^2 + h^2$$

e₁) Portanto, posso escrever que:

$$\alpha = (x^2 - x)/(\sqrt{D^2 + h^2})$$

e₂) Portanto, posso escrever que:

$$\alpha = (y - \sqrt{y})/(\sqrt{D^2 + h^2})$$

e₃) Portanto, posso escrever que:

$$\alpha = [2(x - 1)]?/(\sqrt{D^2 + h^2})$$

e₄) Portanto, posso escrever que:

$$\alpha = 2[(\sqrt{y}) - 1]?/(\sqrt{D^2 + h^2})$$

C – *Coeficiente Gama*

a) O coeficiente gama, proveniente de uma reta caracterizada por um par ordenado (x, y) é definido pelo número real γ tal que γ = cosθ. Logo, posso concluir que o coeficiente gama é igual ao quociente da base (D), inversa pela diagonal (d). Simbolicamente, o referido enunciado é expresso pela seguinte relação:

$$\gamma = D/d$$

Demonstrei que:

$$d = (\sqrt{D^2 + h^2})$$

Substituindo convenientemente as duas últimas expressões, vem que:

$$\gamma = D/(\sqrt{D^2 + h^2})$$

Logo, posso escrever que:

$$\gamma^2 = D^2/(D^2 + h^2)$$

Assim, vem que:

$$1/\gamma^2 = (D^2 + h^2)/D^2$$

Desse modo, resulta que:

$$1/\gamma^2 = 1 + (h^2/D^2)$$

Demonstrei que:

$$h^2 = (y - x)^2$$

Substituindo convenientemente as duas últimas expressões, vem que:

$$1/\gamma^2 = 1 + (y - x)^2/D^2$$

b) Sabe-se que:

$$1/\gamma^2 = 1 + (h^2/D^2)$$

Demonstrei que:

$$h^2 = (y - \sqrt{y})^2$$

Substituindo convenientemente as duas últimas expressões, vem que:

$$1/\gamma^2 = 1 + (y - \sqrt{y})^2/D^2$$

c) Sabe-se que:

$$1/\gamma^2 = 1 + (h^2/D^2)$$

Demonstrei que:

$$h^2 = [2(x - 1)?]^2$$

Substituindo convenientemente as duas últimas expressões, vem que:

$$1/\gamma^2 = 1 + [2(x - 1)?]^2/D^2$$

d) Sabe-se que:

$$1/\gamma^2 = 1 + (h^2/D^2)$$

Demonstrei que:

$$h^2 = \{[2(\sqrt{y}) - 1]?\}^2$$

Substituindo convenientemente as duas últimas expressões, vem que:

$$1/\gamma^2 = 1 + \{[2(\sqrt{y}) - 1]?\}^2/D^2$$

12 - Cálculo de Área Entre Duas Retas Consecutivas

Considere a equação elementar do segundo grau, representada simbolicamente por:

$$y = x^2$$

Considere também, os seguintes pares ordenados: (x_z, u_p) e (x_n, y_s)

Considere que no gráfico leandroniano, os referidos pares ordenados definem as seguintes retas:

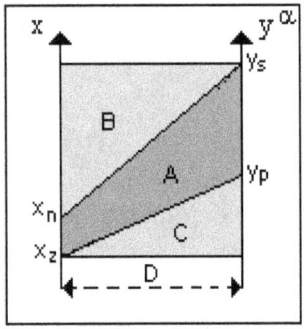

A área total T da última figura é igual à soma da área A, B e C. Simbolicamente, o referido enunciado é expresso por:

$$T = A + B + C$$

Porém, desejo apenas calcular a área (A) limitada pelas duas retas definidas pelos pares ordenados (a) e (b). Então, posso escrever que:

$$A = T - (B + C)$$

A área (B) é a de um triângulo retângulo; ou seja, a área (B) é igual à metade do valor da base (D) em produto com a altura ($y_s - x_n$). Simbolicamente, o referido enunciado é expresso por:

$$B = (D/2) \cdot (y_s - x_n)$$

A área (C), também é a de um triângulo retângulo; ou melhor, a área (C) é igual à metade do valor da base (D) em produto com a altura $(y_p - x_z)$. Simbolicamente, o referido enunciado é expresso por:

$$C = (D/2) \cdot (y_p - x_z)$$

A área total (T) é a área de um retângulo; ou seja, a área total (T) é igual ao valor da base (D) em produto com o valor do lado $(y_s - x_z)$. Simbolicamente, o referido enunciado é expresso por:

$$T = D \cdot (y_s - x_z)$$

Substituindo convenientemente as quatro últimas expressões, vem que:

$$A = [D \cdot (y_s - x_z)] - [D/2 \cdot (y_s - x_n)] + [D/2 \cdot (y_p - x_z)]$$

Portanto, posso escrever que:

$$A = D \cdot (y_s - x_z) - D/2 \cdot [(y_s - x_n) + (y_p - x_z)]$$

Então, vem que:

$$A = \{2 \cdot D \cdot (y_s - x_z) - D \cdot [(y_s - x_n) + (y_p - x_z)]\}/2$$

Assim resulta que:

$$A = D \cdot \{[2 \cdot (y_s - x_z) - [(y_s - x_n) + (y_p - x_z)]\}/2$$
$$A = D/2 \cdot \{[2 \cdot (y_s - x_z) - [(y_s - x_n) + (y_p - x_z)]\}$$

A referida expressão de Leandro é generalizada. Porém, se desejar calcular a área descrita pela equação elementar do segundo grau; basta saber que a altura da reta definida pelo par ordenado (x_z, y_p) é caracterizada por:

$$h_{(xz, yp)} = x^2_z - x_z$$

A altura da reta definida pelo par ordenado (x_n, y_s) é caracterizada por:

$$h_{(xn, ys)} = x^2_n - x_n$$

Logo, substituindo convenientemente as três últimas expressões, vem que:

$$A = D/2 \cdot \{[2 \cdot (y_s - x_z) - [(x^2_n - x_n) + (x^2_z - x_z)]]\}$$

Pela equação elementar do segundo grau, posso escrever que:

$$y_s = x^2_n$$

Assim, substituindo convenientemente as duas últimas expressões, vem que:

$$A = D/2 \cdot \{[2 \cdot (x^2_n - x_z)] - [(x^2_n - x_n) + (x^2_z - x_z)]\}$$

Demonstrei que:

$$h_{(xz, yp)} = y_p - \sqrt{y_p}$$

Evidentemente:

$$h_{(xn, ys)} = y_n - \sqrt{y_s}$$

Então, substituindo convenientemente as duas últimas expressões na equação generalizada de Leandro, vem que:

$$A = D/2 \cdot \{[2 \cdot (y_s - x_z)] - [(y_s - \sqrt{y_s}) + (y_p - \sqrt{y_p})]\}$$

Pela equação elementar do segundo grau, posso escrever que:

$$y_p = x_z^2$$

Ou seja: $\sqrt{y_p} = x_z$

Então, concluí-se que:

$$A = D/2 \cdot \{[2 \cdot (y_s - \sqrt{y_p})] - [(y_s - \sqrt{y_s}) + (y_p - \sqrt{y_p})]\}$$

Demonstrei que:

$$h_{(xz,\, yp)} = 2 \cdot [(\sqrt{y_p}) - 1]?$$

Afirmo, também, que:

$$h_{(xn,\, ys)} = 2 \cdot [(\sqrt{y_n}) - 1]?$$

Logo, substituindo convenientemente as três últimas expressões, vem que:

$$A = D/2 \cdot \{[2.(y_s - \sqrt{y_p})] - 2[(\sqrt{y_s}) - 1]? + (\sqrt{y_p} - 1)?]\}$$

Demonstrei que:

$$h_{(xz,\, yp)} = 2 \cdot (x_z - 1)?$$

Logicamente, posso escrever que:

$$h_{(xn,\, ys)} = 2 \cdot (x_n - 1)?$$

Demonstrei que:

$$A = D/2 \cdot \{[2 \cdot (x_n^2 - x_z)] - [h_{(xn,\, ys)} + h_{(xz,\, yp)}]\}$$

Substituindo convenientemente as três últimas expressões, resulta:

$$A = D/2 \cdot \{[2 \cdot (x^2_n - x_z)] - [2 \cdot (x_n - 1)? + 2 \cdot (x_n - 1)?]\}$$

Leandro Bertoldo
Geometria Leandroniana

CAPÍTULO V

1 - Função Linear do Segundo Grau

A função linear do segundo grau é a função caracterizada por:

$$y = b \cdot x^2$$

Onde b é um número real.

2 - Propriedades

a) Se na equação linear do segundo grau, o número real b, for igual a zero; então, posso escrever que:

y	=	B	.	x^2
0	=	0	.	0^2
0	=	0	.	1^2
0	=	0	.	2^2
0	=	0	.	3^2
0	=	0	.	4^2

O gráfico leandroniano que caracteriza os referidos pares ordenados é o seguinte:

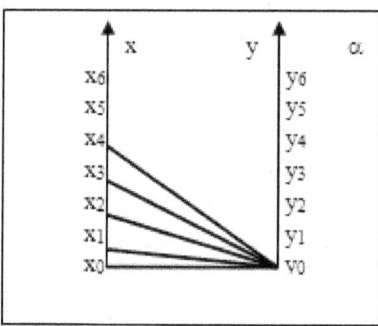

b) Se na equação linear do segundo grau, o número real b, for igual a um (b = 1); então, posso escrever que:

y	=	B	.	x^2
0	=	1	.	0^2
1	=	1	.	1^2
4	=	1	.	2^2
9	=	1	.	3^2
16	=	1	.	4^2

O gráfico leandroniano que caracteriza os referidos pares ordenados é o seguinte:

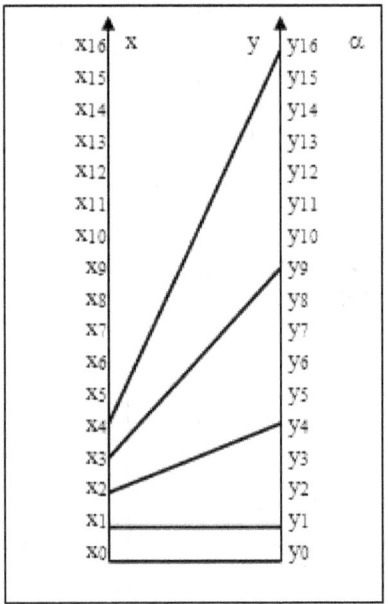

c) Se na equação linear do segundo grau, o número real b for igual a dois (b = 2); então, posso escrever que:

y	=	b	.	x^2
0	=	2	.	0^2
2	=	2	.	1^2
8	=	2	.	2^2
18	=	2	.	3^2
32	=	2	.	4^2

O gráfico leandroniano que caracteriza os referidos pares ordenados é o seguinte:

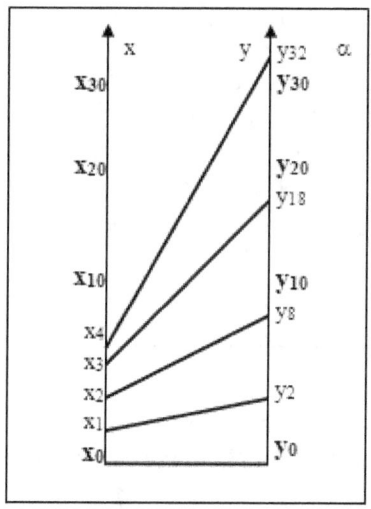

d) Se na equação linear do segundo grau, o número real b, for igual a três (b = 3); então, posso estabelecer os seguintes pares ordenados:

y	=	b	.	x^2
0	=	3	.	0^2
3	=	3	.	1^2
12	=	3	.	2^2
27	=	3	.	3^2
48	=	3	.	4^2

O gráfico leandroniano que caracteriza os referidos pares ordenados é o seguinte:

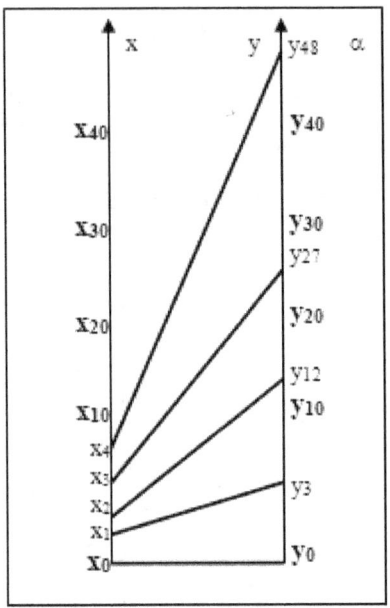

3 - Distância Entre um Pico Posterior por seu Pico Anterior

A função linear do segundo grau, representada simbolicamente pela seguinte igualdade:

$$y = b \cdot x^2$$

Permitiu traçar as retas do último gráfico; sendo que cada reta é caracterizada por um par ordenado (x, y). Evidentemente, a distância que separa um pico posterior de seu anterior é igual à diferença matemática existente entre os mesmos. Simbolicamente, o referido enunciado é expresso por:

$$R^{(xa,\ ya)}{}_{(xp,\ yp)} = y_p - y_a$$

Onde a letra (R) representa a distância que separa um pico do outro; onde a letra (y_a) representa o pico anterior e a letra (y_p), representa o pico posterior. Pode-se observar, em qualquer um dos gráficos anteriores, do presente capítulo, que a diferença entre R a partir do segundo e o seu anterior é uma constante, para cada valor de b.

$$R_2 - R_1 = R_3 - R_2 = R_4 - R_3 = R_n - R_{n-1} = r$$

Uma sucessão assim é denominada por progressão aritmética. Por exemplo, considere a seguinte expressão:

a) $y = 2 \cdot x^2$; logicamente, obtêm-se os seguintes pares ordenados: (x_0, y_0); (x_1, y_2); (x_2, y_8); (x_3, y_{18}) etc.
A distância entre o pico y_0 e y_2 é a seguinte: $R_1 = y_2 - y_0 = 2$
A distância entre o pico y_2 e y_8 é a seguinte: $R_2 = y_8 - y_2 = 6$
A distância entre o pico y_8 e y_{18} é a seguinte: $R_3 = y_{18} - y_8 = 10$

Obtém-se uma sucessão de progressão aritmética caracterizada por: $R_2 - R_1 = R_3 - R_2 = r$
Substituindo convenientemente os referidos valores, vem que: $6 - 2 = 10 - 6 = 4$

b) $y = 3 \cdot x^2$; através da referida expressão, obtêm-se os seguintes pares ordenados: (x_0, y_0); (x_1, y_3); (x_2, y_{12}); (x_3, y_{27}) etc.
A distância que separa o pico y_3 e y_0 é a seguinte: $R_1 = y_3 - y_0 = 3$
A distância que separa o pico y_{12} e y_3 é a seguinte: $R_2 = y_{12} - y_3 = 9$
A distância que separa o pico y_{27} e y_{12} é a seguinte: $R_3 = y_{27} - y_{12} = 15$

Obtém-se uma sucessão de progressão aritmética caracterizada por: $R_2 - R_1 = R_3 - R_2 = r$
Substituindo convenientemente os referidos valores, vem que: $9 - 3 = 15 - 9 = 6$

Então, vou supor que a seqüência $(R_1, R_2, R_3, ..., R_n)$ seja uma progressão aritmética de razão, r, nota-se que:

$$R_2 = R_1 + r$$
$$R_3 = R_2 + r$$

Substituindo convenientemente duas últimas expressões, vem que:

$$R_3 = R_1 + 2 \cdot r$$

Agora, considere o seguinte:

$$R_4 = R_3 + r$$

Substituindo convenientemente as duas últimas expressões, vem que:

$$R_4 = R_1 + 3 \cdot r$$

De forma generalizada, o termo de ordem n, isto é, R_n, é expressa por:

$$R_n = R_1 + (n - 1) \cdot r$$

Porém, pode-se facilmente verificar, no gráfico leandroniano que o valor de (n) da última expressão, corresponde ao valor de x. Portanto, posso escrever que:

$$n = x$$

Substituindo convenientemente as duas últimas expressões, vem que:

$$R_n = R_1 + (x - 1) \cdot r$$

4 - Cálculo do Valor de b na Equação Linear do Segundo Grau

Observando os gráficos anteriores do presente capítulo, posso concluir que uma equação linear do segundo grau ($y = b \cdot x^2$), representado no gráfico leandroniano, apresenta o número real "b", caracterizado pelo seguinte par ordenado:

$$b_n = (x_1 + y_n)$$

5 - Dedução Matemática do Número Real b.

a) Considere a equação linear do segundo grau caracterizada por: $y = b \cdot x^2$, onde $b = 1$, logicamente, tem-se os seguintes pares ordenados: (x_0, y_0); (x_1, y_1); (x_2, y_4); (x_3, y_9) etc.

A distância que separa o pico y_1 do pico y_0 é expressa por: $R_1 = y_1 - y_0 = 1$

A distância que separa o pico y_4 do pico y_1 é expressa por: $R_2 = y_4 - y_1 = 3$

A distância que separa o pico y_9 do pico y_4 é expressa por: $R_3 = y_9 - y_4 = 5$

Obtém-se uma razão de progressão aritmética caracterizada por: $R_2 - R_1 = R_3 - R_2 = r$

Portanto, vem que: $3 - 1 = 5 - 3 = 2$

Afirmo que o valor do número real "b" é igual ao valor da razão de progressão (r), inversa por dois. Simbolicamente, o referido enunciado é expresso por:

$$b = r/2$$

Portanto, resulta que:

$$b = 2/2 = 1$$

b) Considere a equação linear do segundo grau caracterizada por: $y = b \cdot x^2$, onde $b = 2$, logicamente, obtém-se os seguintes pares ordenados: (x_0, y_0); (x_1, y_2); (x_2, y_8); (x_3, y_{18}) etc.

A distância que separa o pico y_2 do pico y_0 é a seguinte: $R_1 = y_2 - y_0 = 2$

A distância que separa o pico y_8 do pico y_2 é a seguinte: $R_2 = y_8 - y_2 = 6$

A distância que separa o pico y_{18} do pico y_8 é a seguinte: $R_3 = y_{18} - y_8 = 10$

Obtém-se uma razão de progressão aritmética caracterizada por: $R_2 - R_1 = R_3 - R_2 = r$

Portanto, vem que: $6 - 2 = 10 - 6 = 4$

Agora, vou afirmar que o valor do número real "b" é igual ao valor da razão de progressão (r), inversa por dois. Simbolicamente, o referido enunciado é expresso por:

$$b = r/2$$

Portanto, resulta que:

$$b = 4/2 = 2$$

c) Considere a equação linear do segundo grau caracterizada por: $y = b \cdot x^2$, onde $b = 3$, evidentemente, obtém-se os seguintes pares ordenados: (x_0, y_0); (x_1, y_3); (x_2, y_{12}); (x_3, y_{27}) etc.

A distância que separa o pico y_3 do pico y_0 é a seguinte: $R_1 = y_3 - y_0 = 3$

A distância que separa o pico y_{12} do pico y_3 é a seguinte: $R_2 = y_{12} - y_3 = 9$

A distância que separa o pico y_{27} do pico y_{12} é a seguinte: $R_3 = y_{27} - y_{12} = 15$

Obtém-se uma razão de progressão aritmética caracterizada por: $R_2 - R_1 = R_3 - R_2 = r$

Portanto, vem que: $9 - 3 = 15 - 9 = 6$

Agora, vou afirmar que o valor do número real "b" é igual ao valor da razão de progressão (r), inversa por dois.

$$b = r/2$$

Portanto, resulta que:

$$b = 6/2 = 3$$

d) Considere a equação linear do segundo grau caracterizada por: $y = b \cdot x^2$, onde $b = 4$, evidentemente, obtém-se os seguintes pares ordenados: (x_0, y_0); (x_1, y_4); (x_2, y_{16}); (x_3, y_{36}); etc.

A distância que separa o pico y_4 do pico y_0 é a seguinte: $R_1 = y_4 - y_0 = 4$

A distância que separa o pico y_{16} do pico y_4 é a seguinte: $R_2 = y_{16} - y_4 = 12$

A distância que separa o pico y_{36} do pico y_{16} é a seguinte: $R_3 = y_{36} - y_{16} = 20$

Obtém-se a seguinte razão de progressão aritmética: $R_2 - R_1 = R_3 - R_2 = r$

Portanto, vem que: $12 - 4 = 20 - 12 = 8$

Agora, vou afirmar que o valor do número real "b" é igual ao valor da razão de progressão (r), inversa por dois.

$$b = r/2$$

Portanto, resulta que:

$$b = 8/2 = 4$$

E assim concluo este parágrafo.

6 - Dedução do Valor do Número Real b.

No parágrafo anterior, pode-se observar no item (a) que:

$$R_1 = y_1 - y_0 = 1$$

Que representa na realidade o valor do número real b:

$$b = 1$$

No parágrafo anterior, pode-se observar no item (b) que:

$$R_1 = y_2 - y_0 = 2$$

Que na realidade representa o valor do número real b:

$$b = 2$$

No parágrafo anterior, pode-se observar no item (c) que:

$$R_1 = y_3 - y_0 = 3$$

Tal resultado, na realidade, representa o valor do número real b:

$$b = 3$$

No parágrafo anterior, pode-se observar no item (d) que:

$$R_1 = y_4 - y_0 = 4$$

Tal resultado, na realidade, representa o valor do número real b:

$$b = 4$$

Então, genericamente, posso concluir que:

$$R_1 = b$$

7 - Equação Fundamental de Leandro

Demonstrei que:

$$R_n = R_1 + (x - 1) \cdot r$$

Demonstrei que:

$$r = 2 \cdot b$$

Demonstrei que:

$$R_1 = b$$

Igualando convenientemente as três últimas expressões, vem que:

$$R_n = b + (x - 1) \cdot 2 \cdot b$$

8 - Equação de Fusão

Demonstrei que o número real "b" é igual a metade do valor da razão de progressão aritmética (r). Simbolicamente, o referido enunciado é expresso pela seguinte relação:

$$b = r/2$$

Sabe-se que a equação linear do segundo grau é expressa por:

$$y = b \cdot x^2$$

Substituindo convenientemente as duas últimas expressões, vem que:

$$y = r \cdot x^2/2$$

9 - Equação Linear do Segundo Grau e a Equação Fundamental de Leandro

Demonstrei que:

$$R_n = b \cdot (2x - 1)$$

Posso escrever que:

$$y = b \cdot x^2$$

Logo, posso escrever que:

$$x^2 = y/b$$

Portanto, vem que:

$$x = \sqrt{(y/b)}$$

Então, substituindo convenientemente a última expressão na equação fundamental de Leandro, vem que:

$$R_n = b \cdot (2 \cdot \sqrt{(y/b)} - 1)$$

10 - Altura do Pico de uma Reta em Relação ao Vale da Mesma

Considere a equação linear do segundo grau, caracterizada simbolicamente por:

$$y = b \cdot x^2$$

Leandro Bertoldo
Geometria Leandroniana

Para efeito exemplar, considere os seguintes pares ordenados: (x_0, y_0); (x_1, y_2); (x_2, y_8); (x_3, y_{18}). O gráfico leandroniano que caracteriza os referidos pares ordenados, é o seguinte:

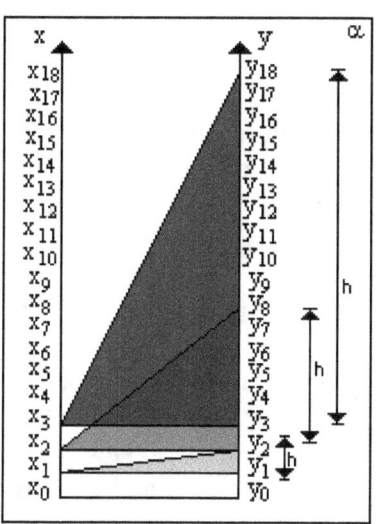

Observando a reta caracterizada pelo par ordenado (x_0, y_0), pode-se notar que a sua altura definida entre o vale x_0 e o pico y_0 é caracterizada pela diferença existente entre o pico y_0 pelo vale x_0. Simbolicamente, o referido enunciado é expresso pela seguinte igualdade:

$$h = y_0 - x_0$$

Portanto, conclui-se que:

$$h = 0$$

Considerando a reta definida pelo par ordenado (x_1, y_2), pode-se observar que a altura definida entre o vale x_1 e o pico y_2 caracterizam um triângulo retângulo de vértices (x_1, y_2, y_1). Tal triângulo apresenta uma altura caracterizada pela diferença existente entre o pico y_2 pelo pico y_1. O referido enunciado é expresso simbolicamente pela seguinte igualdade:

$$h = y_2 - y_1$$

Porém, sabe-se que $y_1 = x_1$, portanto, posso escrever que:

$$h = y_2 - x_1$$

Observe que os valores de y_2 e x_1, caracterizam os elementos do par ordenado (x_1, y_2) da reta em discussão. Sabe-se que $x_1 = 1$ e $y_2 = 2$. Logo, substituindo convenientemente os referidos valores, conclui-se que:

$$h = 2 - 1 = 1$$

Agora, analisando a reta definida pelo par ordenado (x_2, y_8), pode-se verificar que a altura da referida reta, definida entre o vale x_2 e o pico y_8, representam um triângulo retângulo de vértices (x_2, y_8, y_2). A altura de tal triângulo é igual à diferença existente entre o pico y_8 pelo pico y_2. Simbolicamente, o referido enunciado é expresso pela seguinte igualdade:

$$h = y_8 - y_2$$

Mas, sabe-se que $y_2 = x_2$, portanto, posso concluir que:

$$h = y_8 - x_2$$

Note que os valores y_8 e x_2, caracterizam o par ordenado (x_2, y_8) que define a reta no gráfico leandroniano. Sabe-se que $y_8 = 8$ e $x_2 = 2$; logo, substituindo convenientemente os referidos valores na última equação, vem que:

$$h = 8 - 2 = 6$$

Considere a reta representada no gráfico leandroniano pelo seguinte par ordenado (x_3, y_{18}). Tal reta apresenta uma altura definida entre o vale x_3 e o pico y_{18}, caracterizando um triângulo retângulo de vértices (x_3, y_{18}, y_3). A altura de tal triângulo é igual à diferença existente entre o pico y_{18} pelo pico y_3. Simbolicamente, o referido enunciado é expresso pela seguinte igualdade:

$$h = y_{18} - y_3$$

Porém, sabe-se que $y_3 = x_3$; portanto, posso escrever que:

$$h = y_{18} - x_3$$

Observe que os valores y_{18} e x_3, caracterizam os elementos do par ordenado (x_3, y_{18}) que define a reta no gráfico leandroniano. Sabe-se que $y_{18} = 18$ e $x_3 = 3$; portanto, substituindo convenientemente os referidos valores na última expressão, vem que:

$$h = 18 - 3 = 15$$

De um modo generalizado, posso afirmar que a altura (h) de uma reta no gráfico leandroniano, representada por uma par ordenado (x, y) é igual à diferença existente entre o pico y pelo valo x. Simbolicamente, o referido enunciado é expresso pela seguinte igualdade:

$$h_{(x, y)} = y - x$$

11 - Equação da Altura e a Equação Linear do Segundo Grau

Afirmei que a equação linear do segundo grau é expressa simbolicamente por:

$$y = b \cdot x^2$$

Demonstrei que a altura de uma reta representada no gráfico leandroniano é expressa pela seguinte equação:

$$h_{(x, y)} = y - x$$

Substituindo convenientemente as duas últimas expressões, vem que:

$$h_{(x, y)} = (b \cdot x^2) - x$$

Logicamente, posso escrever que:

$$h_{(x, y)} = [(b \cdot x) - 1] \cdot x$$

Evidentemente, posso escrever que:

$$x^2 = y/b$$

Assim vem que:

$$x = \sqrt{(y/b)}$$

Então, resulta que:

$$h_{(x, y)} = y - \sqrt{(y/b)}$$

12 - Equação de Leandro Para o Cálculo da Altura

Para realizar o cálculo da altura que cada reta apresenta no gráfico leandroniano, desenvolvi uma expressão matemática que denomino por "equação de Leandro". A referida equação é enunciada nos seguintes termos: a altura de uma reta definida por um par ordenado (x, y) através de uma equação linear do segundo grau, $(y = b \cdot x^2)$ é igual ao dobro de $(b \cdot x - 1)$ seguimental (?), inversa pelo número real b. Simbolicamente, o referido enunciado é expresso pela seguinte relação:

$$h = 2 \cdot (b \cdot x - 1)?/b$$

b e $x \neq 0$

Onde o símbolo ? representa a seguimental. Desse modo, a seguimental de um número qualquer é representado por:

$$P_n = n$$

De um modo mais geral, posso escrever que:

$$n? = (n-0) + (n-1) + (n-2) + \ldots + (n-n)$$

13 - Equação da Altura e Equação de Leandro

Afirmei que o cálculo da altura de uma reta, no gráfico leandroniano, representada por um par ordenado (x, y) é igual à diferença existente entre o pico y pelo vale x.

Simbolicamente, o referido enunciado é expresso pela seguinte igualdade:

$$h_{(x, y)} = y - x$$

Afirmei que a equação de Leandro para o cálculo da altura é expressa simbolicamente por:

$$h = 2 \cdot (b \cdot x - 1)?/b$$

Igualando convenientemente as duas últimas expressões, vem que:

$$h = y - x = 2 \cdot (b \cdot x - 1)?/b$$

14 - Exemplos Demonstrativos da Realidade da Equação de Leandro

a) Considere a equação linear do segundo grau, ($y = b \cdot x^2$), onde $b = 2$.

Y	=	B	.	x^2
0	=	2	.	0^2
2	=	2	.	1^2
8	=	2	.	2^2
18	=	2	.	3^2
32	=	2	.	4^2
50	=	2	.	5^2
72	=	2	.	6^2

Logicamente, tem-se os seguintes pares ordenados: (x_0, y_0); (x_1, y_2); (x_2, y_8); (x_3, y_{18}); (x_4, y_{32}); (x_5, y_{50}); (x_6, y_{72}). Para o cálculo da altura considere a seguinte expressão:

$$h = y - x$$

Portanto, posso escreve que:

$$h_{(x1, y2)} = y_2 - x_1 = 1$$

O mesmo resultado é obrigatório na equação de Leandro, portanto:

$$h_{(x, y)} = 2 \cdot (b \cdot x - 1)?/b$$

Assim, vem que:

$$h_{(x1, y2)} = 2 \cdot (2 \cdot 1 - 1)?/2$$
$$h_{(x1, y2)} = 2 \cdot (2 - 1)?/2$$
$$h_{(x1, y2)} = (2 - 1)?$$
$$h_{(x1, y2)} = 1?$$
$$h_{(x1, y2)} = (1 - 0) + (1 - 1)$$
$$h_{(x1, y2)} = 1 + 0 \therefore$$
$$h_{(x1, y2)} = 1$$

O que está de acordo com o resultado da equação anterior.
Agora, considere o par ordenado (x_2, y_8); então, posso escrever que:

$$h_{(x2, y8)} = y_8 - x_2 \therefore$$
$$h_{(x2, y8)} = 6$$

Evidentemente, o referido resultado é obrigatório na equação de Leandro; logo:

$$h_{(x2, y8)} = 2 \cdot (2 \cdot 2 - 1)?/2$$

Eliminando os termos em evidência, resulta que:

$$h_{(x2, y8)} = (4 - 1)?$$
$$h_{(x2, y8)} = 3?$$

$$h_{(x2, y8)} = (3 - 0) + (3 - 1) + (3 - 2) + (3 - 3)$$
$$h_{(x2, y8)} = 3 + 2 + 1 + 0 \therefore$$
$$h_{(x2, y8)} = 6$$

O que está perfeitamente de acordo com o resultado obtido pela equação anterior.
Agora considere o seguinte par ordenado (x_3, y_{18}); então, posso escrever que:

$$h_{(x3, y18)} = y_{18} - x_3$$
$$h_{(x3, y18)} = 15$$

Logicamente, o referido resultado é obrigatório na equação de Leandro; logo:

$$h_{(x3, y18)} = 2 \cdot (2 \cdot 3 - 1)?/2$$
$$h_{(x3, y18)} = (6 - 1)?$$
$$h_{(x3, y18)} = 5?$$

$$h_{(x3, y18)} = (5-0) + (5-1) + (5-2) + (5-3) + (5-4) + (5-5)$$
$$h_{(x3, y18)} = 5 + 4 + 3 + 2 + 1 + 0 \therefore$$
$$h_{(x3, y18)} = 15$$

O que se encontra perfeitamente de acordo com o resultado obtido pela equação anterior.

Agora considere o seguinte par ordenado (x_4, y_{32}); logo, posso escrever que:

$$h_{(x4, y32)} = y_{32} - x_4$$
$$h_{(x4, y32)} = 28$$

Tal resultado é obrigatório na equação de Leandro; logo, posso escrever que:

$$h_{(x4, y32)} = 2.(2.4 - 1)?/2$$
$$h_{(x4, y32)} = (8 - 1)?$$
$$h_{(x4, y32)} = 7 ?$$
$$h_{(x4, y32)} = (7-0) + (7-1) + (7-2) + (7-3) + (7-4) + (7-5) + (7-6) + (7-7)$$
$$h_{(x4, y32)} = 7 + 6 + 5 + 4 + 3 + 2 + 1 + 0 \therefore$$
$$h_{(x4, y32)} = 28$$

O referido resultado encontra-se em perfeito acordo com aquele obtido na equação anterior. Agora considere o seguinte par ordenado (x_5, y_{50}); então, posso escrever que:

$$h_{(x5, y50)} = y_{50} - x_5$$
$$h_{(x5, y50)} = 4$$

O referido resultado é obrigatório na equação de Leandro; logo, posso escrever que:

$$h_{(x5, y50)} = 2 \cdot (2 \cdot 5 - 1)?/2$$
$$h_{(x5, y50)} = (10 - 1)?$$
$$h_{(x5, y50)} = 9 ?$$

Leandro Bertoldo
Geometria Leandroniana

$$h_{(x5, y50)} = (9-0) + (9-1) + (9-2) + (9-3) + (9-4) + (9-5) + (9-6) + (9-7) + (9-8) + (9-9)$$
$$h_{(x5, y50)} = 9 + 8 + 7 + 6 + 5 + 4 + 3 + 2 + 1 + 0 \therefore$$
$$h_{(x5, y50)} = 45$$

Tal resultado encontra-se em perfeito acordo com o que foi obtido na equação anterior.

Agora considere o seguinte par ordenado (x_6, y_{72}); logo, posso escrever que:

$$h_{(x6, y72)} = y_{72} - x_6$$

$$h_{(x6, y72)} = 66$$

O referido resultado é obrigatório na equação de Leandro; logo posso escrever que:

$$h_{(x6, y72)} = 2 . (2 . 6 - 1)?/2$$
$$h_{(x6, y72)} = (12 - 1)?$$
$$h_{(x6, y72)} = 11 ?$$
$$h_{(x6, y72)} = (11-0) + (11-1) + (11-2) + (11-3) + (11-4) + (11-5) + (11-6) + (11-7) + (11-8) + (11-9) + (11-10) + (11-11)$$
$$h_{(x6, y72)} = 11 + 10 + 9 + 8 + 7 + 6 + 5 + 4 + 3 + 2 + 1 + 0 \therefore$$
$$h_{(x6, y72)} = 66$$

O que está perfeitamente de acordo com o resultado obtido pela equação anterior.

b) Considere a equação linear do segundo grau, $(y = b . x^2)$, onde o número real $b = 3$

Portanto, posso estabelecer a seguinte tabela:

y	=	b	.	x^2
0	=	3	.	0^2
3	=	3	.	1^2
12	=	3	.	2^2
27	=	3	.	3^2
48	=	3	.	4^2
75	=	3	.	5^2
108	=	3	.	6^2

Evidentemente, têm-se os seguintes pares ordenados: (x_0, y_0); (x_1, y_3); (x_2, y_{12}); (x_3, y_{27}); (x_4, y_{48}); (x_5, y_{75}); (x_6, y_{108}). Para calcular a altura, considere a seguinte expressão:

$$h_{(x, y)} = y - x$$

Portanto, posso escrever que:

$$h_{(x1, y3)} = (y_3 - x_1) \therefore$$
$$h_{(x1, y3)} = 2$$

O referido resultado é obrigatório na equação de Leandro, portanto:

$$h_{(x, y)} = 2 . (b . x - 1)?/b$$

Portanto, posso escrever que:

$$h_{(x1, y3)} = 2 . (3 . 1 - 1)?/3$$
$$h_{(x1, y3)} = 2 . (3 - 1)?/3$$
$$h_{(x1, y3)} = 2 . (2)?/3$$
$$h_{(x1, y3)} = 2/3 . [(2 - 0) + (2 - 1) + (2 - 2)]$$
$$h_{(x1, y3)} = 2/3 . [2 + 1 + 0]$$
$$h_{(x1, y3)} = 2/3 . [3]$$
$$h_{(x1, y3)} = 6/3 \therefore$$
$$h_{(x1, y3)} = 2$$

Leandro Bertoldo
Geometria Leandroniana

Tal resultado encontra-se em perfeito acordo com o que foi obtido pela equação anterior.

Agora, considere o seguinte par ordenado (x_2, y_{12}); logo, posso escrever que:

$$h_{(x2, y12)} = y_{12} - x_2 \therefore$$
$$h_{(x2, y12)} = 10$$

Tal resultado é obrigatório na equação de Leandro, logo, posso escrever que:

$$h_{(x2, y12)} = 2 \cdot (3 \cdot 2 - 1)?/3$$
$$h_{(x2, y12)} = 2 \cdot (6 - 1)?/3$$
$$h_{(x2, y12)} = 2 \cdot (5)?/3$$
$$h_{(x2, y12)} = 2/3 \cdot [(5-0) + (5-1) + (5-2) + (5-3) + (5-4) + (5-5)]$$
$$h_{(x2, y12)} = 2/3 \cdot [5 + 4 + 3 + 2 + 1 + 0]$$
$$h_{(x2, y12)} = 2 \cdot 15/3$$
$$h_{(x2, y12)} = 30/3 \therefore$$
$$h_{(x2, y12)} = 10$$

O que está perfeitamente de acordo com o resultado obtido pela equação anterior.

Agora, considere o seguinte par ordenado (x_3, y_{27}); logo, posso escrever que:

$$h_{(x3, y27)} = y_{27} - x_3 \therefore$$
$$h_{(x3, y27)} = 24$$

O referido resultado é obrigatório na equação de Leandro, assim, posso escrever que:

$$h_{(x3, y27)} = 2 \cdot (3 \cdot 3 - 1)?/3$$
$$h_{(x3, y27)} = 2/3 \cdot (9 - 1)?$$
$$h_{(x3, y27)} = 2/3 \cdot (8)?$$
$$h_{(x3, y27)} = 2/3 \cdot [(8-0) + (8-1) + (8-2) + (8-3) + (8-4) + (8-5) + (8-6) + (8-7) + (8-8)]$$

$$h_{(x3, y27)} = 2/3 \cdot [8 + 7 + 6 + 5 + 4 + 3 + 2 + 1 + 0]$$
$$h_{(x3, y27)} = 2/3 \cdot 36$$
$$h_{(x3, y27)} = 72/3 \therefore$$
$$h_{(x3, y27)} = 24$$

Tal resultado encontra-se em perfeito acordo com o que foi obtido pela equação anterior.

Agora, considere o seguinte par ordenado (x_4, y_{48}); assim, posso escrever que:

$$h_{(x4, y48)} = (y_{48} - x_4) \therefore$$
$$h_{(x4, y48)} = 44$$

Logicamente, o referido resultado é obrigatório na equação de Leandro, desse modo, posso escrever que:

$$h_{(x4, y48)} = 2 \cdot (3 \cdot 4 - 1)?/3$$
$$h_{(x4, y48)} = 2/3 \cdot (12 - 1)?$$
$$h_{(x4, y48)} = 2/3 \cdot (11)?$$
$$h_{(x4, y48)} = 2/3 \cdot [(11 - 0) + (11 - 1) + (11 - 2) + (11 - 3) + (11 - 4) + (11 - 5) + (11 - 6) + (11 - 7) + (11 - 8) + (11 - 9) + (11 - 10) + (11 - 11)]$$
$$h_{(x4, y48)} = 2/3 \cdot [11 + 10 + 9 + 8 + 7 + 6 + 5 + 4 + 3 + 2 + 1 + 0]$$
$$h_{(x4, y48)} = 2/3 \cdot 66$$
$$h_{(x4, y48)} = 132/3 \therefore$$
$$h_{(x4, y48)} = 44$$

O referido resultado encontra-se em perfeito acordo com o que foi obtido pela equação anterior.

Agora, considere o seguinte par ordenado (x_5, y_{75}); dessa forma, posso escrever que:

$$h_{(x5, y75)} = y_{75} - x_5 \therefore$$
$$h_{(x5, y75)} = 70$$

Leandro Bertoldo
Geometria Leandroniana

Evidentemente, tal resultado é obrigatório na equação de Leandro; portanto, posso escrever que:

$$h_{(x5, y75)} = 2/3 \cdot (3 \cdot 5 - 1)?$$
$$h_{(x5, y75)} = 2/3 \cdot (15 - 1)?$$
$$h_{(x5, y75)} = 2/3 \cdot (14)?$$
$$h_{(x5, y75)} = 2/3 \cdot [(14-0) + (14-1) + (14-2) + (14-3) + (14-4) + (14-5) + (14-6) + (14-7) + (14-8) + (14-9) + (14-10) + (14-11) + (14-12) + (14-13) + (14-14)]$$
$$h_{(x5, y75)} = 2/3 \cdot [14 + 13 + 12 + 11 + 10 + 9 + 8 + 7 + 6 + 5 + 4 + 3 + 2 + 1 + 0]$$
$$h_{(x5, y75)} = 2/3 \cdot (105)$$
$$h_{(x5, y75)} = 210/3 \therefore$$
$$h_{(x5, y75)} = 70$$

Tal resultado encontra-se em perfeito acordo com o que foi obtido pela equação anterior.

Agora, considere o seguinte par ordenado (x_6, y_{108}); logo, posso escrever que:

$$h_{(x6, y108)} = y_{108} - x_6 \therefore$$
$$h_{(x6, y108)} = 102$$

Tal resultado é obrigatório na equação de Leandro; dessa maneira, posso escrever que:

$$h_{(x6, y108)} = 2/3 \cdot (3 \cdot 6 - 1)?$$
$$h_{(x6, y108)} = 2/3 \cdot (18 - 1)?$$
$$h_{(x6, y108)} = 2/3 \cdot (17)?$$
$$h_{(x6, y108)} = 2/3 \cdot [(17-0) + (17-1) + (17-2) + (17-3) + (17-4) + (17-5) + (17-6) + (17-7) + (17-8) + (17-9) + (17-10) + (17-11) + (17-12) + (17-13) + (17-14) + (17-15) + (17-16) + (17-17)]$$
$$h_{(x6, y108)} = 2/3 \cdot [17 + 16 + 15 + 14 + 13 + 12 + 11 + 10 + 9 + 8 + 7 + 6 + 5 + 4 + 3 + 2 + 1 + 0]$$
$$h_{(x6, y108)} = 2 \cdot 153/3$$

$$h_{(x6, y108)} = 306/3 \therefore$$
$$h_{(x6, y108)} = 102$$

O referido resultado é igual ao que foi obtido pela equação anterior.

c) Considere a equação linear do segundo grau, $(y = b \cdot x^2)$, onde o número real b é igual a quatro (b = 4). Logo, posso estabelecer a seguinte tabela:

y	=	b	.	x^2
0	=	4	.	0^2
4	=	4	.	1^2
16	=	4	.	2^2
36	=	4	.	3^2
64	=	4	.	4^2
100	=	4	.	5^2
144	=	4	.	6^2

Logicamente, têm-se os seguintes pares ordenados: (x_0, y_0); (x_1, y_4); (x_2, y_{16}); (x_3, y_{36}); (x_4, y_{64}); (x_5, y_{100}); (x_6, y_{144}). Para calcular a altura, considere a seguinte expressão:

$$h_{(x, y)} = y - x$$

Assim, posso escrever que:

$$h_{(x1, y4)} = 4 - 1 \therefore$$
$$h_{(x1, y4)} = 3$$

Tal resultado é obrigatório na equação de Leandro, portanto:

$$h_{(x, y)} = 2 \cdot (b \cdot x - 1)?/b$$

Logo, posso escrever que:

$$h_{(x1, y4)} = 2 \cdot (4 \cdot 1 - 1)?/4$$
$$h_{(x1, y4)} = 2 \cdot (4 - 1)?/4$$
$$h_{(x1, y4)} = 2 \cdot (3)?/4$$
$$h_{(x1, y4)} = 2/4 \cdot (3 - 0) + (3 - 1) + (3 - 2) + (3 - 3)$$
$$h_{(x1, y4)} = 2/4 \cdot (3 + 2 + 1 + 0)$$
$$h_{(x1, y4)} = 2 \cdot 6/4$$
$$h_{(x1, y4)} = 12/4 \therefore$$
$$h_{(x1, y4)} = 3$$

Tal resultado encontra-se em perfeito acordo com o que foi obtido pela equação anterior.

Agora, considere o par ordenado (x_2, y_{16}); logo, posso escrever que:

$$h_{(x2, y16)} = 16 - 2 \therefore$$
$$h_{(x2, y16)} = 14$$

O referido resultado é obrigatório na equação de Leandro, logo, posso escrever que:

$$h_{(x2, y16)} = 2 \cdot (4 \cdot 2 - 1)?/4$$
$$h_{(x2, y16)} = 2 \cdot (8 - 1)?/4$$
$$h_{(x2, y16)} = 2 \cdot (7)?/4$$
$$h_{(x2, y16)} = 2/4 \cdot (7 - 0) + (7 - 1) + (7 - 2) + (7 - 3) + (7 - 4) + (7 - 5) + (7 - 6) + (7 - 7)$$
$$h_{(x2, y16)} = 2/4 \cdot (7 + 6 + 5 + 4 + 3 + 2 + 1 + 0)$$
$$h_{(x2, y16)} = 2 \cdot 28/4$$
$$h_{(x2, y16)} = 56/4 \therefore$$
$$h_{(x2, y16)} = 14$$

O referido resultado é idêntico ao que foi obtido pela equação anterior.

Agora, considere o par ordenado (x_3, y_{36}); assim, posso escrever que:

$$h_{(x3, y36)} = 36 - 3 \therefore$$

$$h_{(x3, y36)} = 33$$

O referido resultado é obrigatório na equação de Leandro, desse modo, posso escrever que:

$$h_{(x3, y36)} = 2 \cdot (4 \cdot 3 - 1)?/4$$
$$h_{(x3, y36)} = 2 \cdot (12 - 1)?/4$$
$$h_{(x3, y36)} = 2 \cdot (11)?/4$$
$$h_{(x3, y36)} = 2/4 \cdot (11 - 0) + (11 - 1) + (11 - 2) + (11 - 3) + (11 - 4) + (11 - 5) + (11 - 6) + (11 - 7) + (11 - 8) + (11 - 9) + (11 - 10) + (11 - 11)$$
$$h_{(x3, y36)} = 2/4 \cdot (11 + 10 + 9 + 8 + 7 + 6 + 5 + 4 + 3 + 2 + 1 + 0)$$
$$h_{(x3, y36)} = 2 \cdot 66/4$$
$$h_{(x3, y36)} = 132/4 \therefore$$
$$h_{(x3, y36)} = 33$$

Tal resultado é igual ao que foi obtido pela equação anterior.

Agora, considere o par ordenado (x_4, y_{64}); assim, posso escrever que:

$$h_{(x4, y64)} = 64 - 4 \therefore$$
$$h_{(x4, y64)} = 60$$

Tal resultado é obrigatório na equação de Leandro, portanto, posso escrever que:

$$h_{(x4, y64)} = 2/4 \cdot (4 \cdot 4 - 1)?$$
$$h_{(x4, y64)} = 2/4 \cdot (16 - 1)?$$
$$h_{(x4, y64)} = 2/4 \cdot (15)?$$
$$h_{(x4, y64)} = 2/4 \cdot (15 - 0) + (15 - 1) + (15 - 2) + (15 - 3) + (15 - 4) + (15 - 5) + (15 - 6) + (15 - 7) + (15 - 8) + (15 - 9) + (15 - 10) + (15 - 11) + (15 - 12) + (15 - 13) + (15 - 14) + (15 - 15)$$
$$h_{(x4, y64)} = 2/4 \cdot (15 + 14 + 13 + 12 + 11 + 10 + 9 + 8 + 7 + 6 + 5 + 4 + 3 + 2 + 1 + 0)$$
$$h_{(x4, y64)} = 2 \cdot 120/4$$
$$h_{(x4, y64)} = 240/4 \therefore$$

$$h_{(x4, y64)} = 60$$

Tal resultado está em perfeito acordo com o aquele que foi obtido pela equação anterior.

Agora, considere o par ordenado (x_5, y_{100}); logo, posso escrever que:

$$h_{(x5, y100)} = 100 - 5 \therefore$$
$$h_{(x5, y100)} = 95$$

Tal resultado é obrigatório na equação de Leandro; assim, posso escrever que:

$$h_{(x5, y100)} = 2/4 \cdot (4 \cdot 5 - 1)?$$
$$h_{(x5, y100)} = 2/4 \cdot (20 - 1)?$$
$$h_{(x5, y100)} = 2/4 \cdot (19)?$$
$$h_{(x5, y100)} = 2/4 \cdot (19-0) + (19-1) + (19-2) + (19-3) + (19-4) + (19-5) + (19-6) + (19-7) + (19-8) + (19-9) + (19-10) + (19-11) + (19-12) + (19-13) + (19-14) + (19-15) + (19-16) + (19-17) + (19-18) + (19-19)$$
$$h_{(x5, y100)} = 2/4 \cdot (19 + 18 + 17 + 16 + 15 + 14 + 13 + 12 + 11 + 10 + 9 + 8 + 7 + 6 + 5 + 4 + 3 + 2 + 1 + 0)$$
$$h_{(x5, y100)} = 2/4 \cdot 190$$
$$h_{(x5, y100)} = 380/4 \therefore$$
$$h_{(x5, y7100)} = 95$$

O referido resultado encontra-se em perfeito acordo com o que foi obtido pela equação anterior. Agora, considere o par ordenado (x_6, y_{144}); assim, posso escrever que:

$$h_{(x6, y144)} = 144 - 6 \therefore$$
$$h_{(x6, y144)} = 138$$

Tal resultado é obrigatório na equação de Leandro; assim, posso escrever que:

$h_{(x6, y144)} = 2/4 \cdot (4 \cdot 6 - 1)?$
$h_{(x6, y144)} = 2/4 \cdot (24 - 1)?$
$h_{(x6, y144)} = 2/4 \cdot (23)?$
$h_{(x6, y144)} = 2/4 \cdot (23 - 0) + (23 - 1) + (23 - 2) + (23 - 3) + (23 - 4) + (23 - 5) + (23 - 6) + (23 - 7) + (23 - 8) + (23 - 9) + (23 - 10) + (23 - 11) + (23 - 12) + (23 - 13) + (23 - 14) + (23 - 15) + (23 - 16) + (23 - 17) + (23 - 18) + (23 - 19) + (23 - 10) + (23 - 21) + (23 - 22) + (23 - 23)$
$h_{(x6, y144)} = 2/4 \cdot (23 + 22 + 21 + 20 + 19 + 18 + 17 + 16 + 15 + 14 + 13 + 12 + 11 + 10 + 9 + 8 + 7 + 6 + 5 + 4 + 3 + 2 + 1 + 0)$
$h_{(x6, y144)} = 2 \cdot 276/4$
$h_{(x6, y14)} = 552/4 \therefore$
$h_{(x6, y144)} = 138$

Tal resultado encontra-se em perfeito acordo com o que foi obtido pela equação anterior.

Assim, encerro o presente parágrafo, mostrando a perfeita concordância entre a equação da altura e a equação de Leandro.

15 - Relação Entre a Equação Linear do Segundo Grau e a Equação de Leandro

A equação linear do segundo grau é expressa simbolicamente pela seguinte igualdade:

$$y = b \cdot x^2$$

Porém, a equação de Leandro é expressa simbolicamente por:

$$h = 2/b \cdot (b \cdot x - 1)?$$

Logicamente, com relação à equação linear do segundo grau, posso escrever que:

$$y/x = b \cdot x$$

Substituindo convenientemente as duas últimas expressões, vem que:

$$h = 2/b \cdot (y/x - 1)?$$

A equação da altura é expressa por:

$$h = y - x$$

Igualando convenientemente as duas últimas expressões, vem que:

$$y - x = 2/b \cdot (y/x - 1)?$$

Pela equação linear do segundo grau, posso escrever que:

$$b = y/x^2$$

Logo, posso escrever que:

$$h = 2 \cdot x^2/y \cdot (y/x - 1)?$$

16 - Equação da Altura e Equação de Leandro e suas Variações

Demonstrei que:

$$h = y - x$$

Sabe-se que:

$$y = b \cdot x^2$$

Substituindo convenientemente as duas últimas expressões, vem que:

$$h = b \cdot x^2 - x$$

Igualando a referida expressão com a equação de Leandro, vem que:

$$b \cdot x^2 - x = 2/b \cdot (b \cdot x - 1)?$$

Logo, posso escrever que:

$$(b \cdot x^2 - x) \cdot b = 2 \cdot (b \cdot x - 1)?$$

Assim, vem que:

$$b^2 \cdot x^2 - b \cdot x = 2 \cdot (b \cdot x - 1)?$$

Logo, posso escrever que:

$$b \cdot x \cdot (b \cdot x - 1) = 2 \cdot (b \cdot x - 1)?$$

17 - Área Limitada por um Triângulo Retângulo

A equação linear do segundo grau permite traçar o seguinte gráfico leandroniano:

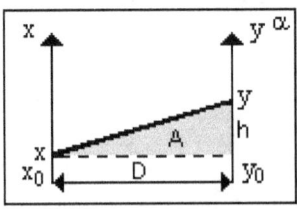

A área de tal triângulo retângulo é definida pela geometria plana como sendo igual à metade da base em produto com a altura. Simbolicamente, o referido enunciado é expresso pela seguinte igualdade:

$$A = D/2 \cdot h$$

Porém, demonstrei que:

$$h = y - \sqrt{(y/b)}$$

Substituindo convenientemente as duas últimas expressões, vem que:

$$A = D/2 \cdot [y - \sqrt{(y/b)}]$$

Também, demonstrei que:

$$h = 2/b \cdot (b \cdot x - 1)? \Rightarrow b, x \neq 0$$

Logicamente, posso escrever que:

$$A = D/2 \cdot 2/b \cdot (b \cdot x - 1)?$$

Então, vem que:

$$A = D/b \cdot (b \cdot x - 1)?$$

18 - Coeficiente na Equação Linear do Segundo Grau

Considere a equação linear do segundo grau, representada simbolicamente pela seguinte igualdade:

$$y = b \cdot x^2$$

Considere um par ordenado (x_γ, y_λ), definido pela equação linear do segundo grau. Logo, o gráfico leandroniano que define tal par ordenado, é o seguinte:

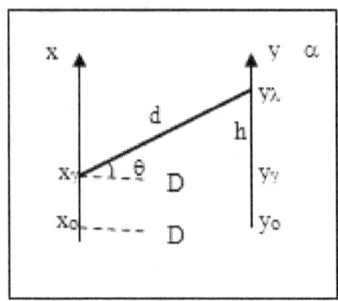

A – *Coeficiente Delta*

a) O coeficiente delta Δ é igual ao quociente da altura h, inversa pela base do gráfico leandroniano. Simbolicamente, o referido enunciado é expresso pela seguinte relação:

$$\Delta = h/D$$

Porém, sabe-se que:

$$h = (y - x)$$

Substituindo convenientemente as duas últimas expressões, vem que:

$$\Delta = (y - x)/D$$

Logicamente, posso escrever que:

$$\Delta \cdot D = y - x$$

Assim, vem que:

$$y = \Delta \cdot D + x$$

Pela equação linear do segundo grau, posso escrever que:

$$y = b \cdot x^2$$

Igualando convenientemente as duas últimas expressões, vem que:

$$b \cdot x^2 = \Delta \cdot D + x$$

Logo, posso escrever que:

$$b \cdot x^2 - x = \Delta \cdot D$$

No gráfico convencional de Leandro, onde $D = 1$, a última expressão se reduz à seguinte:

$$b \cdot x^2 - x = \Delta$$

b) Demonstrei que:

$$\Delta = h/D$$

Sabe-se que:

$$h = y - \sqrt{(y/b)}$$

Substituindo convenientemente as duas últimas expressões, vem que:

$$\Delta \cdot D = y - \sqrt{(y/b)}$$

c) O coeficiente delta é definido por:

$$\Delta = h/D$$

Demonstrei que:

$$h = 2/b \cdot (b \cdot x - 1)?$$

Substituindo convenientemente as duas últimas expressões, vem que:

$$\Delta \cdot D = 2/b \cdot (b \cdot x - 1)?$$

d) O coeficiente delta é definido por:

$$\Delta = h/D$$

Demonstrei que:

$$h = 2/b \cdot [(y/x) - 1)]?$$

Substituindo convenientemente as duas últimas expressões, vem que:

$$\Delta \cdot D = 2/b \cdot [(y/x) - 1)]?$$

B – *Coeficiente Alfa*

a) O coeficiente alfa é igual ao quociente da altura (h) inversa pela diagonal (d). Simbolicamente, o referido enunciado é expresso pela seguinte relação:

$$\alpha = h/d$$

Demonstrei que:

$$h = y - x$$

Substituindo convenientemente as duas últimas expressões, vem que:

$$\alpha = (y - x)/d$$

Demonstrei que:

$$y = b \cdot x^2$$

Substituindo convenientemente as duas últimas expressões, vem que:

$$\alpha = (b \cdot x^2 - x)/d$$

b) Afirmei que:

$$\alpha = h/d$$

Demonstrei que:

$$h = y - \sqrt{(y/b)}$$

Substituindo convenientemente as duas últimas expressões, vem que:

$$\alpha \cdot d = y - \sqrt{(y/b)}$$

c) Afirmei que:

$$\alpha = h/d$$

Demonstrei que:

$$h = 2/b \cdot (b \cdot x - 1)?$$

Substituindo convenientemente as duas últimas expressões, vem que:

$$\alpha \cdot d = 2/b \cdot (b \cdot x - 1)?$$

d) O coeficiente alfa é definido por:

$$\alpha = h/d$$

Demonstrei que:

$$h = 2/b \cdot [(y/x) - 1]?$$

Substituindo convenientemente as duas últimas expressões, vem que:

$$\alpha \cdot d = 2/b \cdot [(y/x) - 1]?$$

C – Coeficiente Gama

a) O coeficiente gama é igual ao quociente do valor da base (D), inversa pelo valor da diagonal (d). Simbolicamente, o referido enunciado e expresso pela seguinte relação:

$$\gamma = D/d$$

Logicamente, posso escrever que:

$$\gamma^2 = D^2/d^2$$

Demonstrei que:

$$d^2 = D^2 + h^2$$

Substituindo convenientemente as duas últimas expressões, vem que:

$$\gamma^2 = D^2/(D^2 + h^2)$$

Posso escrever que:

$$1/\gamma^2 = (D^2 + h^2)/D^2$$

Assim, resulta que:

$$1/\gamma^2 = 1 + (h^2/D^2)$$

Demonstrei que:

$$h^2 = (y - x)^2$$

Substituindo convenientemente as duas últimas expressões, vem que:

$$1/\gamma^2 = 1 + (y - x)^2/D^2$$

b) Sabe-se que:

$$1/\gamma^2 = 1 + (h^2/D^2)$$

Demonstrei que:

$$h^2 = [(y - \sqrt{(y/b)}]^2$$

Então, vem:

$$1/\gamma^2 = 1 + [(y - \sqrt{y/b})^2]/D^2$$

c) Demonstrei que:

$$1/\gamma^2 = 1 - (h^2/D^2)$$

Afirmei que:

$$h^2 = [2/b \cdot (b \cdot x - 1)?]^2$$

Leandro Bertoldo
Geometria Leandroniana

Substituindo convenientemente as duas últimas expressões, vem que:

$$1/\gamma^2 = 1 - [2/b \cdot (b \cdot x - 1)?]^2 \cdot 1/D^2$$

Leandro Bertoldo
Geometria Leandroniana

CAPÍTULO VI

1 - Função do Segundo Grau

A função do segundo grau é a função caracterizada, simbolicamente, pela seguinte igualdade:

$$y = c + b \cdot x^2$$

Onde "b" e "c" são números reais.

2 - Propriedades

A – Se na equação do segundo grau $b = 0$ e $c = 1$; então, posso escrever que:

$$y = 1 + 0 \cdot x^2$$

Tabelando, vem que:

y	=	1	+	0	.	x^2
1	=	1	+	0	.	0^2
1	=	1	+	0	.	1^2
1	=	1	+	0	.	2^2
1	=	1	+	0	.	3^2
1	=	1	+	0	.	4^2

Assim, no gráfico leandroniano, obtém-se a seguinte figura:

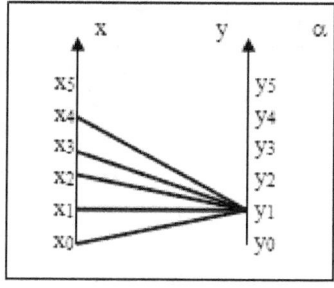

A₁ − Se na equação $y = c + b \cdot x^2$, $b = 0$ e $c = 2$; então, posso escrever que:

y	=	2	+	0	.	x^2
2	=	2	+	0	.	0^2
2	=	2	+	0	.	1^2
2	=	2	+	0	.	2^2
2	=	2	+	0	.	3^2
2	=	2	+	0	.	4^2

No gráfico leandroniano, obtém-se a seguinte figura:

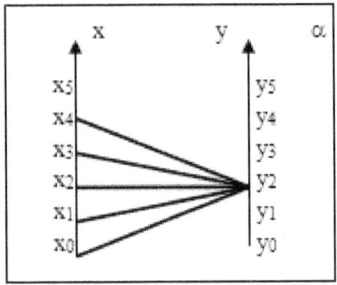

A₂ − Se na equação $y = c + b \cdot x^2$, $b = 0$ e $c = 3$; então, posso escrever que:

y	=	3	+	0	.	x^2
3	=	3	+	0	.	0^2
3	=	3	+	0	.	1^2
3	=	3	+	0	.	2^2
3	=	3	+	0	.	3^2
3	=	3	+	0	.	4^2

No gráfico leandroniano, obtém-se a seguinte figura:

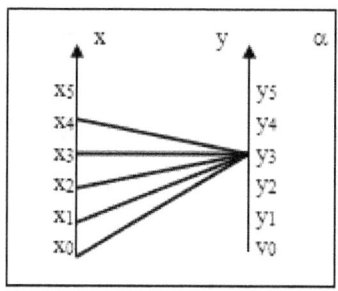

B – Se na equação do segundo grau, b = 1 e c = 1; então, posso escrever que:

y	=	1	+	1	.	x^2
1	=	1	+	1	.	0^2
2	=	1	+	1	.	1^2
5	=	1	+	1	.	2^2
10	=	1	+	1	.	3^2
17	=	1	+	1	.	4^2

No gráfico leandroniano, obtém-se a seguinte figura:

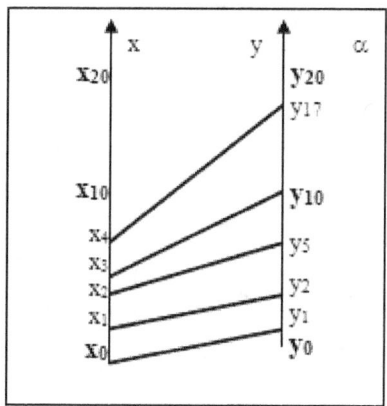

B$_1$ – Se na equação y = c + b . x^2, b = 1 e c = 2; então, posso escrever que:

y	=	2	+	1	.	x^2
2	=	2	+	1	.	0^2
3	=	2	+	1	.	1^2
6	=	2	+	1	.	2^2
11	=	2	+	1	.	3^2
18	=	2	+	1	.	4^2

No gráfico leandroniano, obtém-se a seguinte figura:

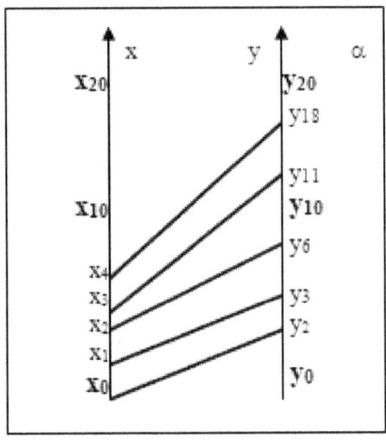

B_2 – Se na equação $y = c + b \cdot x^2$, $b = 1$ e $c = 3$; então, posso escrever que:

y	=	3	+	1	.	x^2
3	=	3	+	1	.	0^2
4	=	3	+	1	.	1^2
7	=	3	+	1	.	2^2
12	=	3	+	1	.	3^2
19	=	3	+	1	.	4^2

No gráfico leandroniano, obtém-se a seguinte figura:

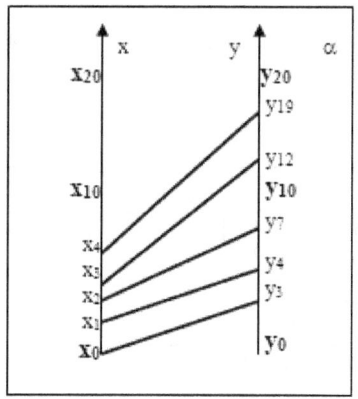

C – Se na equação do segundo grau, b = 2 e c = 1; então, posso escrever que:

y	=	1	+	2	.	x^2
1	=	1	+	2	.	0^2
3	=	1	+	2	.	1^2
9	=	1	+	2	.	2^2
19	=	1	+	2	.	3^2
33	=	1	+	2	.	4^2

No gráfico leandroniano, obtém-se a seguinte figura:

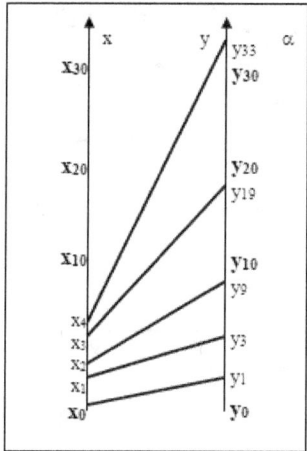

C_1 – Se na equação $y = c + b \cdot x^2$, $b = 2$ e $c = 2$; então, posso escrever que:

y	=	2	+	2	.	x^2
2	=	2	+	2	.	0^2
4	=	2	+	2	.	1^2
10	=	2	+	2	.	2^2
20	=	2	+	2	.	3^2
34	=	2	+	2	.	4^2

No gráfico leandroniano, obtém-se a seguinte figura:

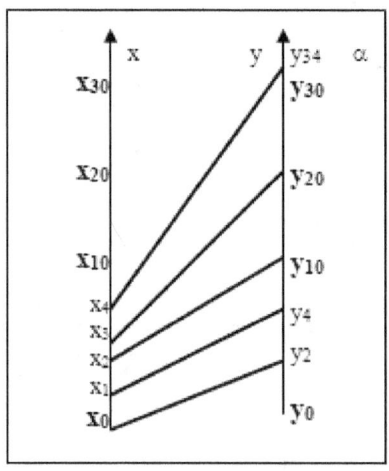

C_2 – Se na equação $y = c + b \cdot x^2$, $b = 2$ e $c = 3$; então, posso escrever que:

y	=	3	+	2	.	x^2
3	=	3	+	2	.	0^2
5	=	3	+	2	.	1^2
11	=	3	+	2	.	2^2

| 21 | = | 3 | + | 2 | . | 3^2 |
| 35 | = | 3 | + | 2 | . | 4^2 |

No gráfico leandroniano, obtém-se a seguinte figura:

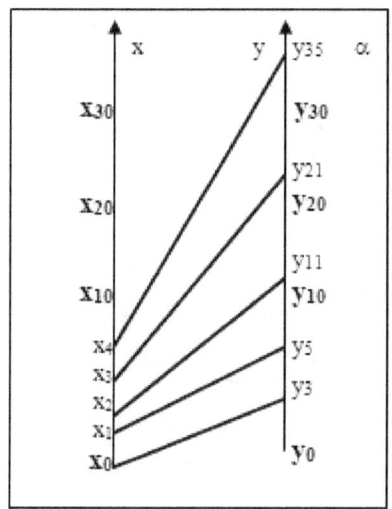

D – Se na equação do segundo grau, b = 3 e c = 1; então, posso escrever que:

y	=	1	+	3	.	x^2
1	=	1	+	3	.	0^2
4	=	1	+	3	.	1^2
13	=	1	+	3	.	2^2
28	=	1	+	3	.	3^2
49	=	1	+	3	.	4^2

No gráfico leandroniano, obtém-se a seguinte figura:

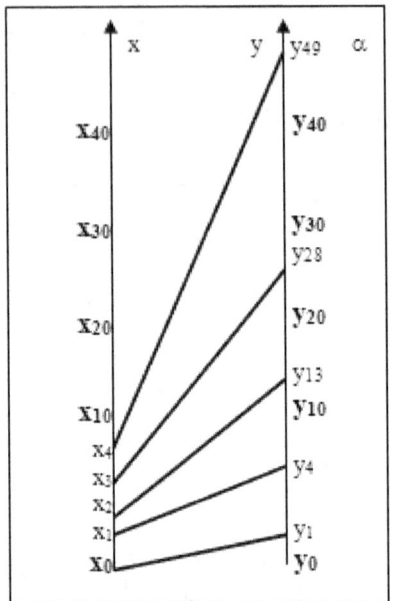

D₁ – Se na equação $y = c + b \cdot x^2$, $b = 3$ e $c = 2$; então, posso escrever que:

y	=	2	+	3	.	x^2
2	=	2	+	3	.	0^2
5	=	2	+	3	.	1^2
14	=	2	+	3	.	2^2
29	=	2	+	3	.	3^2
50	=	2	+	3	.	4^2

No gráfico leandroniano, obtém-se a seguinte figura:

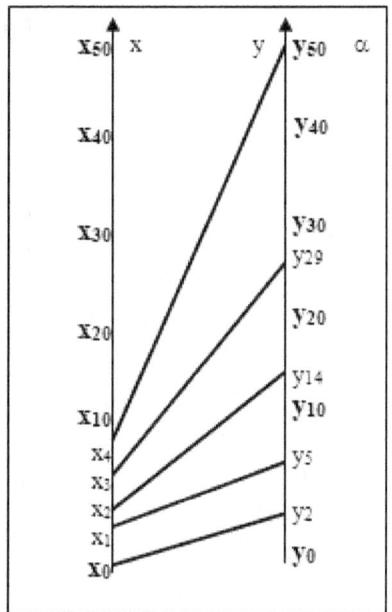

D$_2$ – Se na equação $y = c + b \cdot x^2$, $b = 3$ e $c = 3$; então, posso escrever que:

y	=	3	+	3	.	x^2
3	=	3	+	3	.	0^2
6	=	3	+	3	.	1^2
15	=	3	+	3	.	2^2
30	=	3	+	3	.	3^2
51	=	3	+	3	.	4^2

No gráfico leandroniano, obtém-se a seguinte figura:

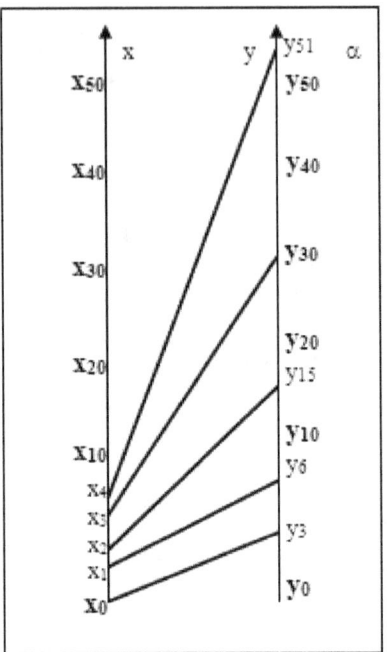

Após a apresentação dos gráficos anteriores, passo a deduzir a seguinte propriedade: uma equação do segundo grau ($y = c + b \cdot x^2$), representada no gráfico leandroniano, apresenta o número real (c), caracterizado pela seguinte igualdade:

$$c_n = (x_o, y_n)$$

Uma outra propriedade versa sobre o cálculo do valor do número (b). Tal propriedade implica que o número real b é igual ao valor do pico y_m do ar ordenado (x_1, y_m) pela diferença do valor do pico y_n do par ordenado (x_0, y_n). Simbolicamente, o referido enunciado é expresso pela seguinte equação:

$$b^{(x1,\ ym)}{}_{(x0,\ yn)} = y_m - y_n$$

3 - Distância Entre um Pico Posterior por seu Pico Anterior

A equação do segundo grau, representada simbolicamente pela seguinte expressão: $y = c + b \cdot x^2$, permitiu traçar os gráficos leandronianos do último parágrafo; sendo que cada reta é caracterizada por um par ordenado (x, y). Logicamente, a distância que separa um pico posterior de seu anterior é igual à diferença matemática existente entre os mesmos. O referido enunciado é expresso simbolicamente por:

$$R^{(x_a, y_a)}{}_{(x_p, y_p)} = y_p - y_a$$

Onde a letra (R) caracteriza a distância que separa um pico do outro; onde a letra (y_a) representa o pico anterior; e, a letra (y_p), representa o pico posterior. Pode-se verificar, em qualquer um dos gráficos anteriores, do presente capítulo, que a diferença entre R a partir do segundo, e o seu anterior é uma constante para cada valor do número real b.

$$R_2 - R_1 = R_3 - R_2 = R_4 - R_3 = \ldots = R_n - R_{n-1} = r$$

Uma sucessão assim é conhecida por progressão aritmética. Então, supondo que a seqüência (R_1, R_2, R_3, ..., R_n) seja uma progressão aritmética de razão r, nota-se que:

$$R_2 = R_1 + r$$
$$R_3 + R_2 + r$$

Substituindo convenientemente as duas últimas expressões, vem que:

$$R_3 = R_1 + 2 \cdot r$$

Agora, considere o seguinte:

$$R_4 = R_3 + r$$

Substituindo convenientemente as duas últimas expressões, vem que:

$$R_4 = R_1 + 3 \cdot r$$

De forma generalizada, o termo de ordem n, isto é, R_n, é expressa por:

$$R_n = R_1 + (n - 1) \cdot r$$

Porém, pode-se verificar facilmente, no gráfico leandroniano que o valor de (n) da última expressão, corresponde ao valor de x. Portanto, posso escrever que:

$$n = x$$

Substituindo convenientemente as duas últimas expressões, vem que:

$$R_n = R_1 + (x - 1) \cdot r$$

4 - Número Real b.

Para caracterizar o número real b, vou apresentar os seguintes exemplos:
a) Considere a equação do segundo grau, $y = c + b \cdot x^2$, onde $b = 1$ e $c = 1$. Então, têm-se, os seguintes pares ordenados: (x_0, y_1); (x_1, y_2); (x_2, y_5); (x_3, y_{10}) etc.

A distância que separa o pico y_2 do pico y_1 é expressa por: $R_1 = y_2 - y_1 = 1$

A distância que separa o pico y_5 do pico y_2 é expressa por: $R_2 = y_5 - y_2 = 3$

A distância que separa o pico y_{10} do pico y_5 é expressa por: $R_3 = y_{10} - y_5 = 5$

A razão de progressão aritmética é expressa por: $r = R_2 - R_1 = R_3 - R_2$

Portanto, vem que:

$$3 - 1 = 5 - 3 = 2$$

Fundamentado no último resultado posso afirmar que o valor do número real b é igual à metade do valor da razão de progressão aritmética. Simbolicamente, o referido enunciado é expresso por:

$$b_1 = r_2/2$$

a₁) Considere a equação do segundo grau, $y = c + b \cdot x^2$, onde $b = 1$ e $c = 2$. Então, têm-se, os seguintes pares ordenados: (x_0, y_2); (x_1, y_3); (x_2, y_6); (x_3, y_{11}) etc.

A distância que separa o pico y_3 do pico y_2 é expressa por: $R_1 = y_3 - y_2$

A distância que separa o pico y_6 do pico y_3 é expressa por: $R_3 = y_6 - y_3$

A distância que separa o pico y_{11} do pico y_6 é expressa por: $R_5 = y_{11} - y_6$

A razão de progressão aritmética é expressa por: $r_2 = R_3 - R_1 = R_5 - R_3$

O último resultado permite concluir que o número real b é igual à metade do valor da razão de progressão aritmética. Simbolicamente, o referido enunciado é expresso por:

$$b_1 = r_2/2$$

a₂) Considere a equação do segundo grau, $y = c + b \cdot x^2$, onde $b = 1$ e $c = 3$. Então, têm-se, os seguintes pares ordenados: (x_0, y_3); (x_1, y_4); (x_2, y_7); (x_3, y_{12}) etc.

A distância que separa o pico y_4 do pico y_3 é expressa por: $R_1 = y_4 - y_3$

A distância que separa o pico y_7 do pico y_4 é expressa por: $R_3 = y_7 - y_4$

A distância que separa o pico y_{12} do pico y_7 é expressa por: $R_5 = y_{12} - y_7$

A razão de progressão aritmética é expressa por: $r_2 = R_3 - R_1 = R_5 - R_3$

O referido resultado permite concluir que o número real b é igual à metade do valor da razão de progressão aritmética. Simbolicamente, o referido enunciado é expresso por:

$$b_1 = r_2/2$$

Observe que nos casos (a), (a_1) e (a_2) os valores de R_1, R_3 e R_5, são absolutamente idênticos, embora o número real "c" da equação seja modificado em cada caso.

Chamo a atenção para mostrar que o valor o número real (b) é caracterizado por R_1; o que está em perfeito acordo com a propriedade dos gráficos leandronianos.

b) Considere a equação do segundo grau, $y = c + b \cdot x^2$, onde b = 2 e c = 1. Então, têm-se, os seguintes pares ordenados: (x_0, y_1); (x_1, y_3); (x_2, y_9); (x_3, y_{19}) etc.

A distância que separa o pico y_3 do pico y_1 é expressa por: $R_2 = y_3 - y_1$

A distância que separa o pico y_9 do pico y_3 é expressa por: $R_6 = y_9 - y_3$

A distância que separa o pico y_{19} do pico y_9 é expressa por: $R_{10} = y_{19} - y_9$

A razão de progressão aritmética é expressa por: $r_4 = R_6 - R_2 = R_{10} - R_6$

Tal resultado implica que o valor do número real b é igual à metade do valor da razão de progressão aritmética. O referido enunciado é expresso simbolicamente por:

$$b_2 = r_4/2$$

b_1) Considere a equação do segundo grau, $y = c + b \cdot x^2$, onde b = 2 e c = 2. Então, têm-se, os seguintes pares ordenados: (x_0, y_2); (x_1, y_4); (x_2, y_{10}); (x_3, y_{20}) etc.

A distância que separa o pico y_4 do pico y_2 é expressa por:
$R_2 = y_4 - y_2$

A distância que separa o pico y_{10} do pico y_4 é expressa por:
$R_6 = y_{10} - y_4$

A distância que separa o pico y_{20} do pico y_{10} é expressa por:
$R_{10} = y_{20} - y_{10}$

A razão de progressão aritmética é expressa por: $r_4 = R_6 - R_2 = R_{10} - R_6$

Tal resultado implica que o valor do número real b é igual à metade do valor da razão de progressão aritmética. Simbolicamente, o referido enunciado é expresso por:

$$b_2 = r_4/2$$

b$_2$) Considere a equação do segundo grau, $y = c + b \cdot x^2$, onde $b = 2$ e $c = 3$. Então, têm-se os seguintes pares ordenados: (x_0, y_3); (x_1, y_5); (x_2, y_{11}); (x_3, y_{21}) etc.

A distância que separa o pico y_5 do pico y_3 é expressa por:
$R_2 = y_5 - y_3$

A distância que separa o pico y_{11} do pico y_5 é expressa por:
$R_6 = y_{11} - y_5$

A distância que separa o pico y_{21} do pico y_{11} é expressa por:
$R_{10} = y_{21} - y_{11}$

A razão de progressão aritmética é expressa por: $r_4 = R_6 - R_2 = R_{10} - R_6$

O referido resultado implica que o valor do número real b é igual à metade do valor da razão de progressão aritmética. O referido enunciado é expresso simbolicamente por:

$$b_2 = r_4/2$$

Note que nos casos (b), (b$_1$) e (b$_2$) os valores de R_2, R_6 e R_{10}, são absolutamente iguais em cada caso, embora o número real "c" da equação, fosse diferente. Chamo, ainda, a atenção para o fato de que o número real (b) é representado sempre por R_2; o que se encontra em perfeito acordo com as propriedades dos gráficos leandronianos.

c) Considere a equação do segundo grau, $y = c + b \cdot x^2$, onde $b = 3$ e $c = 1$. Então, têm-se, os seguintes pares ordenados: (x_0, y_1); (x_1, y_4); (x_2, y_{13}); (x_3, y_{28}) etc.

A distância que separa o pico y_4 do pico y_1 é expressa por:
$R_3 = y_4 - y_1$

A distância que separa o pico y_{13} do pico y_4 é expressa por:
$R_9 = y_{13} - y_4$

A distância que separa o pico y_{28} do pico y_{13} é expressa por:
$R_{15} = y_{28} - y_{13}$

A razão de progressão aritmética é expressa por: $r_6 = R_9 - R_3 = R_{15} - R_9$

O referido resultado implica que o número real b é igual à metade do valor da razão de progressão aritmética. Simbolicamente, o referido enunciado é expresso por:

$$b_3 = r_6/2$$

c_1) Considere a equação do segundo grau, $y = c + b \cdot x^2$, onde $b = 3$ e $c = 2$. Então, têm-se os seguintes pares ordenados: (x_0, y_2); (x_1, y_5); (x_2, y_{14}); (x_3, y_{29}) etc.

A distância que separa o pico y_5 do pico y_2 é expressa por:
$R_3 = y_5 - y_2$

A distância que separa o pico y_{14} do pico y_5 é expressa por:
$R_9 = y_{14} - y_5$

A distância que separa o pico y_{29} do pico y_{14} é expressa por:
$R_{15} = y_{29} - y_{14}$

A razão de progressão aritmética é expressa por: $r_6 = R_9 - R_3 = R_{15} - R_9$

Tal resultado implica que o valor do número real b é igual à metade do valor da razão de progressão aritmética. Simbolicamente, o referido enunciado é expresso pela seguinte relação:

$$b_3 = r_6/2$$

c_2) Considere a equação do segundo grau, $y = c + b \cdot x^2$, onde $b = 3$ e $c = 3$. Então, têm-se os seguintes pares ordenados: (x_0, y_3); (x_1, y_6); (x_2, y_{15}); (x_3, y_{30}) etc.

A distância que separa o pico y_6 do pico y_3 é expressa por:
$R_3 = y_6 - y_3$

A distância que separa o pico y_{15} do pico y_6 é expressa por:
$R_9 = y_{15} - y_6$

A distância que separa o pico y_{30} do pico y_{15} é expressa por:
$R_{15} = y_{30} - y_{15}$

A razão de progressão aritmética é expressa por: $r_6 = R_9 - R_3 = R_{15} - R_9$

O referido resultado implica que o valor do número real b é igual à metade do valor da razão de progressão aritmética. Tal enunciado é expresso simbolicamente pela seguinte relação:

$$b_3 = r_6/2$$

Note que nos casos (c), (c_1) e (c_2) os valores de R_3, R_9 e R_{15}, são absolutamente iguais em cada caso, embora o número real "c", fosse diferente. Chamo, ainda, a atenção para o fato de que o número real (b) é representado, sempre por R_3; o que se encontra em perfeito acordo com as propriedades dos gráficos leandronianos.

5 - Equação de Fusão Leandroniana

Demonstrei que o número real (b) é igual à metade do valor da razão de progressão aritmética (r). Simbolicamente, o referido enunciado é expresso pela seguinte relação matemática:

$$b = r/2$$

Demonstrei que:

$$R_n = R_1 + (x - 1) \cdot r$$

Demonstrei que:

$$R_1 = b$$

Substituindo convenientemente as três últimas expressões, vem que:

$$R_n = b + (x - 1) \cdot 2 \cdot b$$

Então, posso escrever que:

$$R_n = b + 2 \cdot b \cdot x - 2 \cdot b$$

Portanto, vem que:

$$R_n = 2 \cdot b \cdot x - b$$

Logo, posso escrever que:

$$R_n = b \cdot (2x - 1)$$

Tal equação de Leandro implica que o valor de R_n depende apenas do número real b e da variável x.

6 - Relação de Equações

Demonstrei que:

$$b = r/2$$

Sabe-se que a equação do segundo grau é expressa por:

$$y = c + b \cdot x^2$$

Substituindo convenientemente as duas últimas expressões, vem que:

$$y = c + (r \cdot x^2)/l^2$$

7 - Equação do Segundo Grau e a Equação de Leandro

Demonstrei que:

$$R_n = b \cdot (2x - 1)$$

Sabe-se que:

$$y = c + b \cdot x^2$$

Logo, posso escrever que:

$$y - c = b \cdot x^2$$

Assim, vem que:

$$(y - c)/b = x^2$$

Portanto, vem que:

$$x = \sqrt{[(y - c)/b]}$$

Então, substituindo tal expressão na equação de Leandro, resulta que:

$$R_n = b \cdot \{2 \cdot \sqrt{(y - c)/b]} - 1\}$$

8 - Altura Entre um Pico por seu Vale

Considere a equação do segundo grau, caracterizada simbolicamente pela seguinte igualdade:

$$y = c + b \cdot x^2$$

Para efeito de exemplo, considere $b = 2$ e $c = 4$; então, obtém-se a seguinte tabela:

y	=	c	+	b	.	x^2
4	=	4	+	2	.	0^2
6	=	4	+	2	.	1^2
12	=	4	+	2	.	2^2
22	=	4	+	2	.	3^2
36	=	4	+	2	.	4^2

Logicamente, têm-se os seguintes pares ordenados: (x_0, y_4); (x_1, y_6); (x_2, y_{12}); (x_3, y_{22}) etc.

O gráfico leandroniano que caracteriza alguns de tais pares ordenados é seguinte:

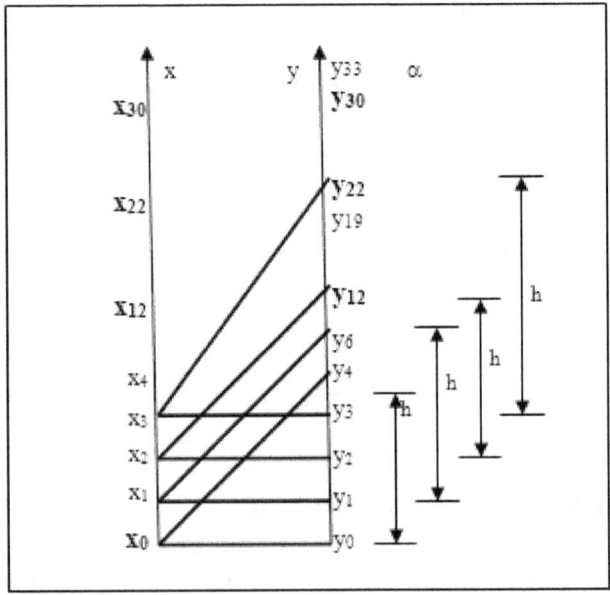

Leandro Bertoldo
Geometria Leandroniana

Observando a reta caracterizada pelo par ordenado (x_0, y_4), pode-se notar que a altura definida entre o vale x_0 e o pico y_4 caracterizam um triângulo retângulo de vértices (x_0, y_4, y_0). Tal triângulo apresenta uma altura caracterizada pela diferença existente entre o pico y_4 e o vale x_0. O referido enunciado é expresso simbolicamente por:

$$h_4 = y_4 - x_0$$

Observe que os valores y_4 e x_0, representam o par ordenado (x_0, y_4).

Agora, observe a reta definida pelo par ordenado (x_1, y_6), pode-se verificar que a altura definida entre o vale x_1 e o pico y_6 caracterizam um triângulo retângulo de vértices (x_1, y_6, y_1). O referido triângulo apresenta uma altura caracterizada pela diferença existente entre o pico y_6 e o vale x_1. Simbolicamente, o referido enunciado é expresso por:

$$h_5 = y_6 - x_1$$

Note que os valores y_6 e x_1, representam o par ordenado (x_1, y_6).

Considere a reta definida pelo par ordenado (x_2, y_{12}). Tal reta apresenta uma altura definida entre o vale x_2 e o pico y_2, caracterizando um triângulo retângulo de vértices (x_2, y_{12}, y_2). A altura do referido triângulo é igual à diferença existente entre o pico y_{12} e o vale x_2. O referido enunciado é expresso simbolicamente por:

$$h_{10} = y_{12} - x_2$$

Observe que os valores y_{12} e x_2, representam o par ordenado (x_2, y_{12}).

Novamente considere um novo par ordenado (x_3, y_{22}), que define uma reta no gráfico leandroniano. Tal reta apresenta uma altura definida entre o vale x_3 e o pico y_{22}, representando um triângulo retângulo de vértices (x_3, y_{22}, y_3). A altura do referido triângulo é igual à diferença existente entre o pico y_{22} e o vale x_3. Simbolicamente, o referido enunciado é expresso por:

$$h_{19} = y_{22} - x_3$$

Note que os valores y_{22} e x_2, representam o par ordenado (x_3, y_{22}).

De uma forma generalizada, posso afirmar que a altura (h) de uma reta no gráfico leandroniano representada por um par ordenado (x, y) é igual à diferença existente entre o pico y pelo vale x. Simbolicamente, o referido enunciado é expresso pela seguinte igualdade:

$$h_{(x, y)} = y - x$$

9 - Equação da Altura e a Equação do Segundo Grau

Afirmei que a equação do segundo grau é expressa simbolicamente pela seguinte igualdade:

$$y = c + b \cdot x^2$$

Demonstrei que a altura de uma reta representada no gráfico leandroniano é expressa simbolicamente pela seguinte igualdade:

$$h_{(x, y)} = y - x$$

Substituindo convenientemente as duas últimas expressões, vem que:

$$h_{(x, y)} = c + b \cdot x^2 - x$$

Logicamente, posso escrever que:

$$h_{(x, y)} = c + x \cdot (b \cdot x - 1)$$

10 - Equação da Altura e a Equação de Leandro

Demonstrei que:

$$R_n = 2 \cdot b \cdot x - b$$

Então, posso escrever que:

$$(R_n + b)/2 = b \cdot x$$

Porém, demonstrei que:

$$h_{(x, y)} = c + x \cdot (b \cdot x - 1)$$

Substituindo convenientemente as duas últimas expressões, vem que:

$$h_{(x, y)} = c + x \cdot [(R_n + b)/2 - 1]$$

11 - Equação de Leandro para o Cálculo da Altura

Para realizar o cálculo da altura que cada reta apresenta no gráfico leandroniano, eu desenvolvi uma expressão matemática que tenho chamado de "Equação de Leandro". A referida equação é enunciada nos seguintes termos: a altura de uma reta definida por um par ordenado (x, y) através de uma equação do segundo grau, (y = c + b . x^2) é igual ao valor do número real (c) somado com o dobro de (b . x – 1) seguimental (?), inversa pelo número real b. Simbolicamente, o referido enunciado é expresso pela seguinte igualdade:

$$h_{(x, y)} = c + [2 \cdot (b \cdot x - 1)?]/b$$

Onde o símbolo (?), representa a seguimental. Desse modo, a seguimental de um número qualquer é representada por:

$P_n = n?$

De uma forma mais geral, posso escrever que:

$n? = (n - 0) + (n - 1) + (n - 2) + (n - 3) + \ldots + (n - n)$

12 - Equação de Leandro e a Equação da Altura

Afirmei que a altura de uma reta, no gráfico leandroniano, representada por um par ordenado (x, y) é igual à diferença existente entre o pico y pelo vale x. Simbolicamente, o referido enunciado é expresso pela seguinte igualdade:

$$h_{(x, y)} = y - x$$

Afirmei que a equação de Leandro par ao cálculo da altura é expressa simbolicamente pela seguinte igualdade:

$$h_{(x, y)} = c + [2 \cdot (b \cdot x - 1)?]/b$$

Igualando convenientemente as duas últimas expressões, resulta que:

$$y - x = c + [2 \cdot (b \cdot x - 1)?]/b$$

13 - Equação da Altura de Leandro e a Equação da Fusão de Leandro

Demonstrei que:

$$h = c + [2 \cdot (b \cdot x - 1)?]/b$$

Logo, posso escrever que:

a) $$b = c + [2 \cdot (b \cdot x - 1)?]/h$$

Demonstrei que:

$$R_n = b \cdot (2 \cdot x - 1)$$

Logo, posso escrever que:

b) $$b = R_n/(2 \cdot x - 1)$$

Igualando convenientemente as expressões (a) e (b), vem que:

$$R_n/(2 \cdot x - 1) = c + [2 \cdot (b \cdot x - 1)?]/h$$

14 - Equação de Leandro e a Equação do Segundo Grau

Demonstrei que a equação de Leandro é expressa simbolicamente por:

a) $$h = c + [2 \cdot (b \cdot x - 1)?]/b$$

Sabe-se que a equação do segundo grau é expressa por:

$$y = c + b \cdot x^2$$

Evidentemente, posso escrever que:

b) $$(y - c)/x = b \cdot x$$

Substituindo convenientemente as expressões (a) e (b), vem que:

$$h = c + \{[(2/b) \cdot [(y - c)/x] - 1\}?$$

Leandro Bertoldo
Geometria Leandroniana

15 - Exemplos Demonstrativos da Realidade da Equação de Leandro

a) Considere a equação do segundo grau, $y = c + b \cdot x^2$, onde $b = 2$ e $c = 1$.

y	=	c	+	b	.	x^2
1	=	1	+	2	.	0^2
3	=	1	+	2	.	1^2
9	=	1	+	2	.	2^2
19	=	1	+	2	.	3^2

Evidentemente, têm-se os seguintes pares ordenados: (x_0, y_1); (x_1, y_3); (x_2, y_9); (x_3, y_{19}).

Para calcular a altura, considere a seguinte expressão:

$$h_{(x, y)} = y - x$$

Assim, posso escrever que:

$$h_{(x1, y3)} = y_3 - x_1 = 2$$

Tal resultado é obrigatório na equação de Leandro, portanto:

$$h_{(x, y)} = c + [2 \cdot (b \cdot x - 1)]?/b$$

Assim, vem que:

$h_{(x1, y3)} = 1 + 2 \cdot (2 \cdot 1 - 1)?/2$
$h_{(x1, y3)} = 1 + (1)?$
$h_{(x1, y3)} = 1 + (1 - 0) + (1 - 1)$
$h_{(x1, y3)} = 1 + 1 + 0$
$h_{(x1, y3)} = 2$

O referido resultado encontra-se em perfeito acordo com o da equação anterior.

Leandro Bertoldo
Geometria Leandroniana

Agora, considere o seguinte par ordenado (x_2, y_9); então, posso escrever que:

$$h_{(x2, y9)} = y_9 - x_2 \therefore$$
$$h_{(x2, y9)} = 7$$

Evidentemente, o referido resultado é obrigatório na equação de Leandro, logo:

$h_{(x2, y9)} = 1 + 2 . (2 . 2 - 1)?/2$
$h_{(x2, y9)} = 1 + (3)?$
$h_{(x2, y9)} = 1 + (3 - 0) + (3 - 1) + (3 - 2) + (3 - 3)$
$h_{(x2, y9)} = 1 + 3 + 2 + 1 + 0$
$h_{(x2, y9)} = 7$

O que se encontra em perfeito acordo com o resultado obtido pela equação anterior.

Agora, considere o seguinte par ordenado (x_3, y_{19}); então, posso escrever que:

$$h_{(x3, y19)} = y_{19} - x_3 \therefore$$
$$h_{(x3, y19)} = 16$$

Logicamente, tal resultado é obrigatório na equação de Leandro, logo:

$h_{(x3, y19)} = 1 + 2 . (2 . 3 - 1)?/2$
$h_{(x3, y19)} = 1 + (5)?$
$h_{(x3, y19)} = 1 + (5 - 0) + (5 - 1) + (5 - 2) + (5 - 3) + (5 - 4) + (5 - 5)$
$h_{(x3, y19)} = 1 + 5 + 4 + 3 + 2 + 1 + 0$
$h_{(x3, y19)} = 16$

O que se encontra perfeitamente de acordo com o resultado obtido pela equação anterior.

a_1) Considere a equação do segundo grau, $y = c + b . x^2$, onde $b = 2$ e $c = 2$. Portanto, posso estabelecer a seguinte tabela:

y	=	c	+	b	.	x^2
2	=	2	+	2	.	0^2
4	=	2	+	2	.	1^2
10	=	2	+	2	.	2^2
20	=	2	+	2	.	3^2

Logicamente, têm-se os seguintes pares ordenados: (x_0, y_2); (x_1, y_4); (x_2, y_{10}); (x_3, y_{20}).

Para calcular a altura, considere a seguinte expressão:

$$h_{(x, y)} = y - x$$

Logo, posso escrever que:

$$h_{(x1, y4)} = y_4 - x_1 \therefore$$
$$h_{(x1, y4)} = 3$$

Tal resultado é obrigatório na equação de Leandro, portanto:

$$h_{(x, y)} = c + [2 \cdot (b \cdot x - 1)]/b$$

Portanto, posso escrever que:

$h_{(x1, y4)} = 2 + 2 \cdot (2 \cdot 1 - 1)?/2$
$h_{(x1, y4)} = 2 + (1)?$
$h_{(x1, y4)} = 2 + (1 - 0) + (1 - 1)$
$h_{(x1, y4)} = 2 + 1 + 0$
$h_{(x1, y4)} = 3$

Tal resultado encontra-se em perfeito acordo com o que foi obtido pela equação anterior.

Agora, considere o seguinte par ordenado (x_2, y_{10}); então, posso escrever que:

$$h_{(x2, y10)} = y_{10} - x_2 \therefore$$

$$h_{(x2, y10)} = 8$$

Evidentemente, tal referido resultado é obrigatório na equação de Leandro, portanto:

$h_{(x2, y10)} = 2 + 2 \cdot (2 \cdot 2 - 1)?/2$
$h_{(x2, y10)} = 2 + (3)?$
$h_{(x2, y10)} = 2 + (3 - 0) + (3 - 1) + (3 - 2) + (3 - 3)$
$h_{(x2, y10)} = 2 + 3 + 2 + 1 + 0$
$h_{(x2, y10)} = 8$

O referido resultado encontra-se em perfeito acordo com o que foi obtido pela equação anterior. Agora, considere o seguinte par ordenado (x_3, y_{20}); logo posso escrever que:

$$h_{(x3, y20)} = y_{20} - x_3 \therefore$$
$$h_{(x3, y20)} = 17$$

Tal resultado é obrigatório na equação de Leandro, portanto, vem que:

$h_{(x3, y20)} = 2 + 2 \cdot (2 \cdot 3 - 1)?/2$
$h_{(x3, y20)} = 2 + (5)?$
$h_{(x3, y20)} = 2 + (5 - 0) + (5 - 1) + (5 - 2) + (5 - 3) + (5 - 4) + (5 - 5)$
$h_{(x3, y20)} = 2 + 5 + 4 + 3 + 2 + 1 + 0 \therefore$
$h_{(x3, y20)} = 17$

O referido resultado é idêntico ao que foi obtido pela equação anterior.

b) Considere a equação do segundo grau, $y = c + b \cdot x^2$, onde $b = 3$ e $c = 1$.

y	=	c	+	b	.	x^2
1	=	1	+	3	.	0^2
4	=	1	+	3	.	1^2
13	=	1	+	3	.	2^2
28	=	1	+	3	.	3^2

Leandro Bertoldo
Geometria Leandroniana

Assim, têm-se os seguintes pares ordenados: (x_0, y_1); (x_1, y_4); (x_2, y_{13}); (x_3, y_{28})

Para calcular a altura, considere a seguinte equação:

$$h_{(x, y)} = y - x$$

Desse modo, posso escrever que:

$$h_{(x1, y4)} = y_4 - x_1 \therefore$$
$$h_{(x1, y4)} = 3$$

Tal resultado é obrigatório na equação de Leandro, logo vem que:

$$h_{(x, y)} = c + [2 \cdot (b \cdot x - 1)]?/b$$

Portanto:

$h_{(x1, y4)} = 1 + 2 \cdot (3 \cdot 1 - 1)?/3$
$h_{(x1, y4)} = 1 + 2 \cdot (2)?/3$
$h_{(x1, y4)} = 1 + 2 \cdot [(2 - 0) + (2 - 1) + (2 - 2)]/3$
$h_{(x1, y4)} = 1 + 2 \cdot (2 + 1 + 0)/3$
$h_{(x1, y4)} = 1 + 2 \cdot 3/3$
$h_{(x1, y4)} = 1 + 6/3$
$h_{(x1, y4)} = 1 + 2 \therefore$
$h_{(x1, y4)} = 3$

O que está perfeitamente de acordo com o resultado obtido pela equação anterior.

Agora, considere o seguinte par ordenado (x_2, y_{13}); logo, posso escrever que:

$$h_{(x2, y13)} = y_{13} - x_2 \therefore$$
$$h_{(x2, y13)} = 11$$

Leandro Bertoldo
Geometria Leandroniana

O referido resultado é obrigatório na equação de Leandro, assim, posso escrever que:

$h_{(x2, y13)} = 1 + 2 \cdot (3 \cdot 2 - 1)?/3$
$h_{(x2, y13)} = 1 + 2 \cdot (5)?/3$
$h_{(x2, y13)} = 1 + 2 \cdot [(5-0) + (5-1) + (5-2) + (5-3) + (5-4) + (5-5)]/3$
$h_{(x2, y13)} = 1 + 2 \cdot (5 + 4 + 3 + 2 + 1 + 0)/3$
$h_{(x2, y13)} = 1 + 2 \cdot 15/3$
$h_{(x2, y13)} = 1 + 30/3$
$h_{(x2, y13)} = 1 + 10 \therefore$
$h_{(x2, y13)} = 11$

O referido resultado encontra-se em perfeito acordo com o que foi obtido pela equação anterior. Agora, considere o seguinte par ordenado (x_3, y_{28}); assim, posso escrever que:

$$h_{(x3, y28)} = y_{28} - x_3 \therefore$$
$$h_{(x3, y28)} = 25$$

Logicamente, o referido resultado é obrigatório na equação de Leandro, logo, posso escrever que:

$h_{(x3, y28)} = 1 + 2 \cdot (3 \cdot 3 - 1)?/3$
$h_{(x3, y28)} = 1 + 2 \cdot (8)?/3$
$h_{(x3, y28)} = 1 + 2 \cdot [(8-0) + (8-1) + (8-2) + (8-3) + (8-4) + (8-5) + (8-6) + (8-7) + (8-8)]/3$
$h_{(x3, y28)} = 1 + 2 \cdot (8 + 7 + 6 + 5 + 4 + 3 + 2 + 1 + 0)/3$
$h_{(x3, y28)} = 1 + 2 \cdot 36/3$
$h_{(x3, y28)} = 1 + 2 \cdot 12$
$h_{(x3, y28)} = 1 + 24 \therefore$
$h_{(x3, y28)} = 25$

O referido resultado encontra-se em perfeito acordo com o que foi obtido pela equação anterior.

b_1) Considere a equação do segundo grau, $y = c + b \cdot x^2$, onde $b = 3$ e $c = 2$.

y	=	c	+	b	.	x^2
2	=	2	+	3	.	0^2
5	=	2	+	3	.	1^2
14	=	2	+	3	.	2^2
29	=	2	+	3	.	3^2

Desse modo, têm-se os seguintes pares ordenados: (x_0, y_2); (x_1, y_5); (x_2, y_{14}); (x_3, y_{29})

Para calcular a altura, considere a seguinte expressão:

$$h_{(x,y)} = y - x$$

Dessa maneira, posso escrever que:

$$h_{(x1, y5)} = y_5 - x_1 \therefore$$
$$h_{(x1, y5)} = 4$$

Evidentemente, tal resultado é obrigatório na equação de Leandro, portanto, posso escrever que:

$$h_{(x,y)} = c + [2 \cdot (b \cdot x - 1)]?/b$$

Então, vem que:

$h_{(x1, y5)} = 2 + 2 \cdot (3 \cdot 1 - 1)?/3$
$h_{(x1, y5)} = 2 + 2 \cdot (2)?/3$
$h_{(x1, y5)} = 2 + 2 \cdot [(2-0) + (2-1) + (2-2)]/3$
$h_{(x1, y5)} = 2 + 2 \cdot (2 + 1 + 0)/3$
$h_{(x1, y5)} = 2 + 2 \cdot 3/3$
$h_{(x1, y5)} = 2 + 6/3$
$h_{(x1, y5)} = 2 + 2 \therefore$
$h_{(x1, y5)} = 4$

Leandro Bertoldo
Geometria Leandroniana

Tal resultado encontra-se em perfeito acordo com o que foi obtido pela equação anterior.

Agora, considere o seguinte par ordenado (x_2, y_{14}); logo, posso escrever que:

$$h_{(x2, y14)} = y_{14} - x_2 \therefore$$
$$h_{(x2, y14)} = 12$$

Tal resultado é obrigatório na equação de Leandro, desse modo, posso escrever que:

$h_{(x2, y14)} = 2 + 2 \cdot (3 \cdot 2 - 1)?/3$
$h_{(x2, y14)} = 2 + 2 \cdot (5)?/3$
$h_{(x2, y14)} = 2 + 2/3 \cdot [(5 - 0) + (5 - 1) + (5 - 2) + (5 - 3) + (5 - 4) + (5 - 5)]$
$h_{(x2, y14)} = 2 + 2 \cdot (5 + 4 + 3 + 2 + 1 + 0)/3$
$h_{(x2, y14)} = 2 + 2 \cdot 15/3$
$h_{(x2, y14)} = 2 + 30/3$
$h_{(x2, y14)} = 2 + 10 \therefore$
$h_{(x2, y14)} = 12$

O referido resultado é igual ao que foi obtido pela equação anterior.

Agora, considere o seguinte par ordenado (x_3, y_{29}); logo posso escrever que:

$$h_{(x3, y29)} = y_{29} - x_3 \therefore$$
$$h_{(x3, y29)} = 26$$

Tal resultado é obrigatório na equação de Leandro, portanto, vem que:

$h_{(x3, y29)} = 2 + 2 \cdot (3 \cdot 3 - 1)?/3$
$h_{(x3, y29)} = 2 + 2 \cdot (8)?/3$
$h_{(x3, y29)} = 2 + 2/3 \cdot [(8 - 0) + (8 - 1) + (8 - 2) + (8 - 3) + (8 - 4) + (8 - 5) + (8 - 6) + (8 - 7) + (8 - 8)]$

$h_{(x3, y29)} = 2 + 2/3 \cdot (8 + 7 + 6 + 5 + 4 + 3 + 2 + 1 + 0)$
$h_{(x3, y29)} = 2 + 2 \cdot 36/3$
$h_{(x3, y29)} = 2 + 72/3$
$h_{(x3, y29)} = 2 + 24 \therefore$
$h_{(x3, y29)} = 26$

O referido resultado encontra-se em perfeito acordo com o que foi obtido pela equação anterior.

16- A Equação Limitada por um Triângulo Retângulo

A equação do segundo grau, $y = c + b \cdot x^2$, permite traçar o seguinte gráfico leandroniano:

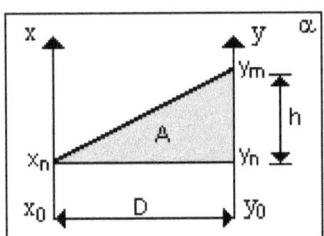

A referida figura rachurada é um triângulo retângulo, cuja área é definida na geometria plana como sendo igual à metade da base (D) em produto com a altura (h). O referido enunciado é expresso simbolicamente pela seguinte igualdade:

a) $\qquad A = D \cdot h/2$

Porém, demonstrei que:

$$h = (y - x)$$

Substituindo convenientemente as duas últimas expressões, vem que:

$$A = D/2 \cdot (y - x)$$

Demonstrei que:

$$h = c + [2 \cdot (b \cdot x - 1)]?/b$$

Substituindo convenientemente a referida expressão na equação (a); vem que:

$$A = D/2 \cdot \{c + [2 \cdot (b \cdot x - 1)?]/b\}$$

Portanto, posso escrever que:

$$A = D \cdot [c/2 + (b \cdot x - 1)?/b]$$

17 - Coeficientes na Equação do Segundo Grau

Considere a equação do segundo grau, representada simbolicamente pela seguinte igualdade:

$$y = c + b \cdot x^2$$

Considere um par ordenado (x_n, y_m), definido pela equação do segundo grau. Desse modo, o gráfico leandroniano que define o referido par ordenado, é o seguinte:

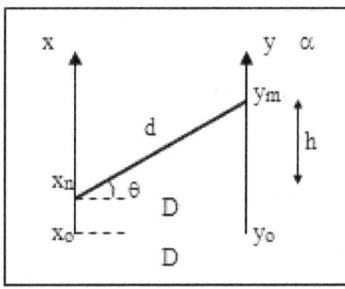

A – *Coeficiente Delta*

a) O coeficiente delta Δ é igual ao quociente da altura h, inversa pela base D do gráfico leandroniano. Simbolicamente, o referido enunciado é expresso pela seguinte relação:

$$\Delta = h/D$$

Porém, sabe-se que:

$$h = y - x$$

Substituindo convenientemente as duas últimas expressões, vem que:

$$\Delta = (y - x)/D$$

Logicamente, posso escrever que:

$$\Delta \cdot D = y - x$$

Assim, vem que:

$$y = \Delta \cdot D + x$$

Pela equação linear do segundo grau, posso escrever que:

$$y = c + b \cdot x^2$$

Igualando convenientemente as duas últimas expressões, vem que:

$$c + b \cdot x^2 = \Delta \cdot D + x$$

Logo, posso escrever que:

$$b \cdot x^2 - x = \Delta \cdot D - c$$

No gráfico convencional de Leandro, onde $D = 1$, a última expressão se reduz à seguinte:

$$b \cdot x^2 - x = \Delta - c$$

b) Demonstrei que:

$$\Delta = h/D$$

Afirmei que:

$$h = y - \sqrt{[(y - c)/b]}$$

Substituindo convenientemente as duas últimas expressões, vem que:

$$\Delta \cdot D = y - \sqrt{[(y - c)/b]}$$

c) O coeficiente delta é definido por:

$$\Delta = h/D$$

Demonstrei que:

$$h = c + 2/b \cdot (b \cdot x - 1)?$$

Substituindo convenientemente as duas últimas expressões, vem que:

$$\Delta \cdot D = c + 2/b \cdot (b \cdot x - 1)?$$

d) O coeficiente delta é caracterizado por:

$$\Delta \cdot D = h$$

Demonstrei que:

$$h = c + 2/b \cdot \{[(y-c)/x] - 1\}?$$

Igualando convenientemente as duas últimas expressões, vem que:

$$\Delta \cdot D = c + 2/b \cdot \{[(y-c)/x] - 1\}?$$

B – *Coeficiente Alfa*

a) O coeficiente alfa é definido como sendo igual ao quociente da altura (h), inversa pela diagonal (d). O referido enunciado é expresso simbolicamente pela seguinte relação:

$$\alpha = h/d$$

Demonstrei que:

$$h = y - x$$

Substituindo convenientemente as duas últimas expressões, vem que:

$$\alpha = (y - x)/d$$

Demonstrei que:

$$y = c + b \cdot x^2$$

Substituindo convenientemente as duas últimas expressões, vem que:

$$\alpha = (c + b \cdot x^2 - x)/d$$

Portanto, posso escrever que:

$$\alpha \cdot d - c = b \cdot x^2 - x$$

b) Afirmei que:

$$\alpha = h/d$$

Demonstrei que:

$$h = y - \sqrt{[(y-c)/b]}$$

Substituindo convenientemente as duas últimas expressões, vem que:

$$\alpha \cdot d = y - \sqrt{[(y-c)/b]}$$

c) Afirmei que:

$$\alpha = h/d$$

Demonstrei que:

$$h = c + 2/b \cdot (b \cdot x - 1)?$$

Substituindo convenientemente as duas últimas expressões, vem que:

$$\alpha \cdot d = c + 2/b \cdot (b \cdot x - 1)?$$

d) O coeficiente alfa é definido por:

$$\alpha = h/d$$

Demonstrei que:

$$h = c + 2/b \cdot \{[(y-c)/x] - 1\}?$$

Substituindo convenientemente as duas últimas expressões, vem que:

$$\alpha \cdot d = c + 2/b \cdot \{[(y-c)/x] - 1\}?$$

C – *Coeficiente Gama*

a) O coeficiente gama é definido como sendo igual ao quociente do valor da base (D), inversa pelo valor da diagonal (d). Simbolicamente, o referido enunciado e expresso pela seguinte relação:

$$\gamma = D/d$$

Logicamente, posso escrever que:

$$\gamma^2 = D^2/d^2$$

Sabe-se que:

$$d^2 = D^2 + h^2$$

Substituindo convenientemente as duas últimas expressões, vem que:

$$\gamma^2 = D^2/(D^2 + h^2)$$

Evidentemente, posso escrever que:

$$1/\gamma^2 = (D^2 + h^2)/D^2$$

Assim, resulta que:

$$1/\gamma^2 = 1 + h^2/D^2$$

Demonstrei que:

$$h^2 = (y - x)^2$$

Substituindo convenientemente as duas últimas expressões, vem que:

$$1/\gamma^2 = 1 + (y - x)^2/D^2$$

b) Sabe-se que:

$$1/\gamma^2 = 1 + (h^2/D^2)$$

Demonstrei que:

$$h^2 = [c + 2/b . (b . x - 1)?]^2$$

Substituindo convenientemente as duas últimas expressões, vem que:

$$1/\gamma^2 = 1/D^2 . [c + 2/b . (b . x - 1)?]^2$$

c) Demonstrei que:

$$1/\gamma^2 = 1 + (h^2/D^2)$$

Sabe-se que:

$$h^2 = \{c + 2/b . [(y - c)/x - 1]?\}^2$$

Substituindo convenientemente as duas últimas expressões, vem que:

$$1/\gamma^2 = 1 + 1/D^2 . \{c + 2/b . [(y - c)/x - 1]?\}^2$$

Leandro Bertoldo
Geometria Leandroniana

CAPÍTULO VII

1 - Função do Terceiro Grau Elementar

A função do terceiro grau elementar é a função caracterizada, simbolicamente, pela seguinte igualdade:
$$y = x^3$$

Tal função permite estabelecer a seguinte tabela:

y	=	x^3
0	=	0^3
1	=	1^3
8	=	2^3
27	=	3^3
64	=	4^3
125	=	5^3
216	=	6^3
343	=	7^3

Então, têm-se os seguintes pares ordenados que são invariáveis: (x_0, y_0); (x_1, y_1); (x_2, y_8); (x_3, y_{27}); (x_4, y_{64}); (x_5, y_{125}); (x_6, y_{216}); (x_7, y_{343}). Logo posso estabelecer o seguinte gráfico leandroniano:

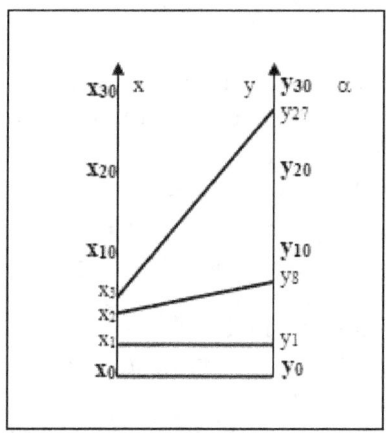

2 - Distância Entre um Pico Posterior por seu Anterior

A função elementar do terceiro grau, $y = x^3$, permitiu traçar as diagonais no gráfico leandroniano do parágrafo anterior. Sendo que tal gráfico apresenta os seguintes pares ordenados: (x_0, y_0); (x_1, y_1); (x_2, y_8); (x_3, y_{27}). Evidentemente, a distância que separa um pico posterior do anterior é igual à diferença matemática existente entre os mesmos. Simbolicamente, posso escrever que:

$$R^{(x_a, y_a)}{}_{(x_p, y_p)} = y_p - y_a$$

Onde a letra R representa a distância que separa um pico do outro; a letra y_p representa o pico posterior e a letra y_a, representa o pico anterior. Então, com relação ao gráfico leandroniano do parágrafo anterior, posso afirmar que:

$$R^{(x_0, y_0)}{}_{(x_1, y_1)} = y_1 - y_0 = 1$$

Realmente, no gráfico, pode-se observar que a distância que separa as referidas retas uma da outra é de apenas uma unidade. Novamente, posso escrever que:

$$R^{(x_1, y_1)}{}_{(x_2, y_8)} = y_8 - y_1 = 7$$

Observando o último gráfico do parágrafo anterior, pode-se verificar que a distância que separa as referidas retas uma da outra é de sete unidades. Considere, novamente, a distância existente entre as retas (x_2, y_8) e (x_3, y_{27}); então, posso escrever que:

$$R^{(x_2, y_8)}{}_{(x_3, y_{27})} = y_{27} - y_8 = 19$$

Analisando, novamente, o último gráfico leandroniano do parágrafo anterior, pode-se observar claramente que a distância que separa a reta (x_2, y_8) e (x_3, y_{27}), é de dezenove unidades.

Agora, considerando a distância existente entre as retas (x_3, y_{27}) da reta (x_4, y_{64}), posso escrever que:

$$R^{(x3, y27)}{}_{(x4, y64)} = y_{64} - y_{27} = 37$$

Agora, considere a distância existente entre as retas (x_4, y_{64}) da reta (x_5, y_{125}), então, posso escrever que:

$$R^{(x4, y64)}{}_{(x5, y125)} = y_{125} - y_{64} = 61$$

Agora, considere a distância existente entre as retas (x_5, y_{125}) da reta (x_6, y_{216}), então, posso escrever que:

$$R^{(x5, y125)}{}_{(x6, y216)} = y_{216} - y_{125} = 91$$

Agora, considere a distância existente entre as retas (x_6, y_{216}) da reta (x_7, y_{343}), então, posso escrever que:

$$R^{(x6, y216)}{}_{(x7, y343)} = y_{343} - y_{216} = 127$$

Agora, considere a seguinte sucessão:

$$(R_1, R_7, R_{19}, R_{37}, R_{61}, R_{91}, R_{127})$$

Observe, agora, a diferença entre cada elemento, a partir do segundo e o seu anterior:

$S_1 = R_7 - R_1 = 6$
$S_2 = R_{19} - R_7 = 12$
$S_3 = R_{37} - R_{19} = 18$
$S_4 = R_{61} - R_{37} = 24$
$S_5 = R_{91} - R_{61} = 30$
$S_6 = R_{127} - R_{91} = 36$

Agora, considere a nova sucessão: 6, 12, 18, 24, 30, 36, observe que a diferença entre cada elemento a partir do segundo e o seu anterior é sempre seis (06).

$$12 - 6 = 18 - 12 = 24 - 18 = 30 - 24 = 36 - 30 = 6$$

Uma sucessão assim de terceira ordem é denominada por progressão aritmética. Desse modo, se a sucessão:

$$S_1, S_2, S_3, S_4, S_6, S_6$$

é uma progressão aritmética, tem-se que:

$$S_2 - S_1 = S_3 - S_2 = S_4 - S_3 = S_5 - S_4 = S_6 - S_5 = r$$

Vou supor que a seqüência (S_1, S_2, S_3, ..., S_n) seja uma progressão aritmética de razão r. Nota-se que:

$$S_2 = S_1 + r$$
$$S_3 = S_2 + r$$

Substituindo convenientemente as duas últimas expressões, vem que:

$$S_3 = S_1 + r + r$$

Ou seja:

$$S_3 = S_1 + 2 \cdot r$$

Considere agora o seguinte:

$$S_4 = S_3 + r$$

Substituindo convenientemente as duas últimas expressões, vem que:

$$S_4 = S_1 + 2 \cdot r + r$$

Ou seja:

$$S_4 = S_1 + 3 \cdot r$$

Leandro Bertoldo
Geometria Leandroniana

De modo generalizado, o termo de ordem n, isto é, S_n, é expresso por:

$$S_n = S_1 + (n-1) \cdot r$$

Porém, pode-se verificar facilmente que para a equação elementar do terceiro grau, S_1 é igual a seis ($S_1 = 6$) e r, também é igual a seis (r = 6). Substituindo convenientemente tais dados na última expressão, vem que:

$$S_n = 6 + (n-1) \cdot 6$$

Logo, posso escrever que:

$$S_n = 6 + 6 \cdot n - 6$$

Assim, resulta que:

$$S_n = 6 \cdot n$$

Para deduzir uma nova expressão matemática, considere a seguinte tabela:

$R_7 = R_1 + S_1$
$R_{19} = R_7 + S_2$
$R_{37} = R_{19} + S_3$
$R_{61} = R_{37} + S_4$
$R_{91} = R_{61} + S_5$
$R_{127} = R_{91} + S_6$

Então, posso escrever as seguintes equações:

$$R_7 = R_1 + S_1$$
$$R_{19} = R_7 + S_2$$

Substituindo convenientemente as duas últimas expressões, vem que:

$$R_{19} = R_1 + S_1 + S_2$$

Posso, também, escrever que:

$$R_{37} = R_{19} + S_3$$

Substituindo convenientemente as duas últimas expressões, vem que:

$$R_{37} = R_1 + S_1 + S_2 + S_3$$

Agora, escrevendo que:

$$R_{61} = R_{37} + S_4$$

Então, substituindo convenientemente as duas últimas expressões, vem que:

$$R_{61} = R_1 + S_1 + S_2 + S_3 + S_4$$

Generalizando a referida conclusão, tem-se que:

$$R_m = R_1 + S_1 + S_2 + S_3 + S_4 + \ldots + S_n$$

Porém, demonstrei que:

$$S_n = n \cdot 6$$

Então, substituindo convenientemente as duas últimas expressões, vem que:

$$R_m = R_1 + 1 \cdot 6 + 2 \cdot 6 + 3 \cdot 6 + 4 \cdot 6 + \ldots + n \cdot 6$$

Evidentemente, posso escrever que:

$$R_m = R_1 + 6 \cdot (1 + 2 + 3 + 4 + \ldots + n)$$

Porém, sabe-se pela matemática que a soma de n termos de uma progressão aritmética finita é obtida multiplicando-se a média aritmética dos extremos pelo número de termos.
Ou seja:

$$1 + 2 + 3 + 4 + \ldots + n = n \cdot (1 + n)/2$$

Ou melhor:

$$1 + 2 + 3 + 4 + \ldots + n = n + n^2/2$$

Desse modo, posso escrever que:

$$R_m = R_1 + 6 \cdot (n + n^2)/2$$

Ou seja:

$$R_m = R_1 + 6 \cdot n + 6n^2/2$$

Logicamente, posso escrever que:

$$R_m = R_1 + 6 \cdot n \cdot (1 + n)/2$$
$$R_m = R_1 + 3 \cdot (1 + n)$$

Posso, escrever, ainda que:

$$R_m = R_1 + 3 \cdot (n + n^2)$$

Onde a letra n, caracteriza o valor de $(x - 1)$, representante do pico superior. Ou seja, o par ordenado (x_1, y_1) representa o pico superior a par ordenado (x_0, y_0), que representa o pico inferior. Então, substituindo convenientemente tal resultado na última expressão, vem que:

$$R_m = R_1 + 3 \cdot [(x-1) + (x-1)^2]$$

Então, posso escrever que:

$$R_m = R_1 + 3 \cdot (x-1) + 3 \cdot (x-1)^2$$
$$R_m = R_1 + 3x - 3 + 3 \cdot (x^2 - 2x + 1)$$
$$R_m = R_1 + 3x - 3 + 3x^2 - 6x + 3$$
$$R_m = R_1 + 3x^2 - 3x$$

Logo, posso escrever que:

$$R_m = R_1 + 3 \cdot (x^2 - x)$$

A referida equação do segundo grau caracteriza a expressão definitiva que Leandro estabeleceu. Tal expressão permite calcular a distância que separa um pico posterior de seu anterior, quando os pares ordenados estiverem distribuídos em sua seqüência natural, deduzidos unicamente pela equação elementar do terceiro grau, caracterizada simbolicamente por: $y = x^3$.

3 - Equação Elementar do Terceiro Grau e a Equação Definitiva de Leandro

Demonstrei no parágrafo anterior que:

$$R_m = R_1 + 3 \cdot (x^2 - x)$$

Sabe-se que a equação elementar do terceiro grau é expressa por:

$$y = x^3$$

Logicamente, posso escrever que:

Leandro Bertoldo
Geometria Leandroniana

$$x = \sqrt[3]{y}$$

Evidentemente, posso escrever que:

$$x^2 = \sqrt[3]{y} \cdot \sqrt[3]{y}$$

Portanto, vem que:

$$x^2 = \sqrt[3]{y^2}$$

Então, considerando tais expressões, posso escrever que:

$$R_m = R_1 + 3 \cdot (\sqrt[3]{y^2} - \sqrt[3]{y})$$

4 - Altura do Pico de uma Reta em Referência ao Vale da Mesma

Considere a equação elementar do terceiro grau, representada simbolicamente pela seguinte igualdade:

$$y = x^3$$

Tal equação permite obter exclusivamente os seguintes pares ordenados: (x_0, y_0); (x_1, y_1); (x_2, y_8); (x_3, y_{27}); (x_4, y_{64}); (x_5, y_{125}); (x_6, y_{216}); (x_7, y_{343}) etc. O gráfico leandroniano que caracteriza alguns dos referidos pares ordenados é o seguinte:

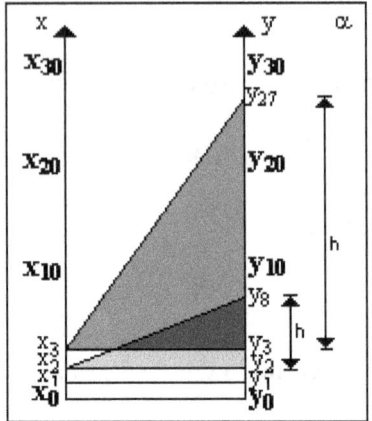

Observando a reta caracterizada pelo par ordenado (x_0, y_0), pode-se observar que a sua altura definida entre o vale x_0 e o pico y_0 é caracterizada pela diferença existente entre o pico y_0 pelo vale x_0. Simbolicamente, o referido enunciado é expresso pela seguinte igualdade:

$$h = y_0 - x_0 \therefore$$
$$h = 0$$

Considerando a reta caracterizada pelo par ordenado (x_1, y_1), pode-se verificar que sua altura definida entre o vale x_1 e o pico y_1 é caracterizada pela diferença existente entre o pico y_1 pelo vale x_1. O referido enunciado é expresso simbolicamente pela seguinte igualdade:

$$h = y_1 - x_1 \therefore$$
$$h = 0$$

Agora, considere uma nova reta definida pelo par ordenado (x_2, y_8), pode-se observar que a altura (h) definida entre o vale x_2 e o pico y_8, representa um triângulo retângulo de vértices (x_2, y_8, y_2). Tal triângulo apresenta uma altura caracterizada pela diferença matemática existente entre o pico y_8 pelo pico y_2. Simbolicamente, o referido enunciado é expresso pela seguinte igualdade:

$$h = y_8 - y_2$$

Porém, observa-se, facilmente, que ($y_8 = x_2$); portanto, posso escrever que:

$$h = y_8 - x_2 \therefore$$
$$h = 6$$

Note que os valores y_8 e x_2, são os elementos que caracterizam o par ordenado (x_2, y_8) da reta considerada.

Agora, analisando a reta caracterizada pelo par ordenado (x_3, y_{27}), pode-se verificar que a altura da referida reta, definida entre o vale x_3 e o pico y_{27}, caracterizam um triângulo retângulo de vértices (x_3, y_{27}, y_3). A altura de tal triângulo é igual à diferença existente entre o pico y_{27} pelo pico y_3. Simbolicamente, o referido enunciado é expresso pela seguinte igualdade:

$$h = y_{27} - y_3$$

Porém, sabe-se que $x_3 = y_3$, portanto, posso escrever que:

$$h = y_{27} - x_3$$

Observe que os valores y_{27} e x_3, caracterizam o par ordenado (x_3, y_{27}). Sabe-se que $y_{27} = 27$ e $x_3 = 3$; logo, substituindo convenientemente os referidos valores na última expressão vem que:

$$h = 27 - 3$$
$$h = 24$$

De um modo generalizado, posso afirmar que a altura (h) de uma reta no gráfico leandroniano, representada por um par ordenado (x, y) é igual à diferença existente entre o pico (y) pelo vale (x).

Simbolicamente, o referido enunciado é expresso pela seguinte igualdade:

$$h_{(x, y)} = y - x$$

5 - Equação da Altura e a Equação Elementar do Terceiro Grau

Digo que a equação elementar do terceiro grau é expressa simbolicamente pela seguinte igualdade:

$$y = x^3$$

Demonstrei que a altura de uma reta representada no gráfico leandroniano é expressa pela seguinte igualdade:

$$h_{(x, y)} = y - x$$

Substituindo convenientemente as duas últimas expressões, vem que:

$$h_{(x, y)} = x^3 - x$$

Logicamente, posso escrever que:

$$x = \sqrt[3]{y}$$

Sabendo que:

$$h_{(x, y)} = y - x$$

Então, posso escrever que:

$$h_{(x, y)} = y - \sqrt[3]{y}$$

Leandro Bertoldo
Geometria Leandroniana

6 - Equação de Leandro para o Cálculo da Altura

A equação elementar do terceiro grau, $y = x^3$, permite estabelecer a existência dos seguintes pares ordenados: (x_0, y_0); (x_1, y_1); (x_2, y_8); (x_3, y_{27}); (x_4, y_{64}); (x_5, y_{125}); (x_6, y_{216}); (x_7, y_{343}) etc. Tais pares ordenados, representados no gráfico leandroniano, apresentam, respectivamente as seguintes alturas:

a) $h_{(x0, y0)} = y_0 - x_0 = 0$
b) $h_{(x1, y1)} = y_1 - x_1 = 0$
c) $h_{(x2, y8)} = y_8 - x_2 = 6$
d) $h_{(x3, y27)} = y_{27} - x_3 = 24$
e) $h_{(x4, y64)} = y_{64} - x_4 = 60$
f) $h_{(x5, y125)} = y_{125} - x_5 = 120$
g) $h_{(x6, y216)} = y_{216} - x_6 = 210$
h) $h_{(x7, y343)} = y_{343} - x_7 = 336$

Para efetuar o cálculo da altura de cada reta no gráfico leandroniano, desenvolvi uma expressão matemática que denomino por "equação de Leandro". Sendo que a referida equação é enunciada nos seguintes termos: "a altura de uma reta definida por um par ordenado (x, y) no gráfico leandroniano é igual ao dobro (2) do valor de (x – 1) em produto com x seguimental (?)". Simbolicamente, o referido enunciado é expresso pela seguinte igualdade:

$$h_{(x, y)} = 2 \cdot (x - 1) \cdot (x?)$$

Onde o símbolo (?) representa a operação seguimental. Desse modo a seguimental de um número qualquer é representada por:

$$P_n = n?$$

De uma forma mais geral, posso escrever que:

$$P_n = (n - 0) + (n - 1) + (n - 2) + \ldots + (n - n)$$

Na realidade a seguimental nada mais é do que a simbolização da fórmula com a qual costuma calcular a soma dos n termos de uma progressão aritmética finita. Tal soma é obtida multiplicando-se a média aritmética dos extremos pelo número de termos. Portanto, posso escrever que:

$$x? = x \cdot (x + 1)/2$$

Então, substituindo convenientemente tal resultado na equação de Leandro, vem que:

$$h_{(x, y)} = 2 \cdot (x - 1) \cdot x \cdot (x + 1)/2$$

Eliminando os termos em evidência vem que:

$$h_{(x, y)} = x \cdot (x + 1) \cdot (x - 1)$$

Evidentemente o produto de $(x + 1)$ por $(x - 1)$ é caracterizado por:

$$\begin{array}{r} (x + 1) \\ (x - 1) \\ \hline x^2 + x \\ - x - 1 \\ \hline x^2 - 1 \end{array}$$

Logo, substituindo o referido resultado na última equação, vem que:

$$h_{(x, y)} = x \cdot (x^2 - 1)$$

Portanto, vem que:

Leandro Bertoldo
Geometria Leandroniana

$$h_{(x, y)} = x^3 - x$$

A referida equação, também, pode ser deduzida da seguinte maneira: Demonstrei que a equação fundamental da altura é expressa por ($h = y - x$). Demonstrei que a equação elementar do terceiro grau é expressa por: $y = x^3$; logo substituindo convenientemente as duas últimas expressões, vem que: $h = x^3 - x$. Desse modo, demonstrei a realidade de ambas equações.

7 - Relação Existente Entre a Equação de Leandro com as Outras

a) Demonstrei que a equação elementar do terceiro grau é expressa pela seguinte igualdade:

$$y = x^3$$

Evidentemente, posso escrever que:

$$x = \sqrt[3]{y}$$

Porém, afirmei que:

$$h_{(x, y)} = 2 \cdot (x - 1) \cdot (x?)$$

Substituindo convenientemente as duas últimas expressões, vem que:

$$h_{(x, y)} = 2 \cdot (\sqrt[3]{y} - 1) \cdot (\sqrt[3]{y})?$$

b) Demonstrei que:

$$h_{(x, y)} = x^3 - x$$

Afirmei que:

$$h_{(x, y)} = 2 \cdot (x - 1) \cdot (x?)$$

Igualando convenientemente as duas últimas expressões, vem que:

$$x^3 - x = 2 \cdot (x - 1) \cdot (x?)$$

c) Demonstrei que:

$$h_{(x, y)} = y - \sqrt[3]{y}$$

Afirmei que:

$$h_{(x, y)} = 2 \cdot (x - 1) \cdot (x?)$$

Igualando convenientemente as duas últimas expressões, vem que:

$$y - \sqrt[3]{y} = 2 \cdot (x - 1) \cdot (x?)$$

8 - Equação Parcelada da Altura

Uma outra equação que permite efetuar o cálculo da altura de uma reta representada no gráfico leandroniano é caracterizada pela seguinte expressão matemática:

$h_{(x, y)} = 6 \cdot \{1 + [6 + 5 \cdot (n - 0) + (n - 0)^2/2] + [6 + 5 \cdot (n - 1) + (n - 1)^2/2] + [6 + 5 \cdot (n - 2) + (n - 2)^2/2] + \ldots + [6 + 5 \cdot (n - n) + (n - n)^2/2]\}$

Onde $n = (x - 3)$ e $x \geq 3$.

Para efeito de exemplo, considere a altura (h), caracterizada pelo par ordenado (x_7, y_{343}). Então, posso escrever que:

$$h = y_{343} - x_7 = 336$$

Aplicando a equação parcelada, posso afirmar que:

$$n = x_7 - 3 = 4$$

Então, vem que:

$h = 6 \cdot \{[1 + [6 + 5 \cdot (4 - 0) + (4 - 0)^2/2] + [6 + 5 \cdot (4 - 1) + (4 - 1)^2/2] + [6 + 5 \cdot (4 - 2) + (4 - 2)^2/2] + [6 + 5 \cdot (4 - 3) + (4 - 3)^2/2] + [6 + 5 \cdot (4 - 4) + (4 - 4)^2/2]\}$

Assim, vem que:

$h = 6 \cdot \{1 + [(6 + 5 \cdot 4 + 16)/2] + [(6 + 5 \cdot 3 + 9)/2] + [(6 + 5 \cdot 2 + 4)/2] + [(6 + 5 \cdot 1 + 1)/2] + [(6 + 5 \cdot 0 + 0)/2]\}$

Concluindo, vem que:

$$h = 6 \cdot \{1 + [42/2] + [30/2] + [20/2] + [12/2] + [6/2]\}$$

Logo, resulta que:

$$h = 6 \cdot \{1 + 21 + 15 + 10 + 6 + 3\}$$

$$h = 6 \cdot \{56\}$$

Portanto, resulta que:

$$h = 336$$

Tal resultado está em perfeito acordo com o que foi obtido pela equação anterior.

Leandro Bertoldo
Geometria Leandroniana

9 - Área Limitada por um Triângulo

Considere a equação elementar do terceiro grau $y = x^3$, que define um par ordenado (x_n, y_m), que no gráfico leandroniano define a seguinte reta:

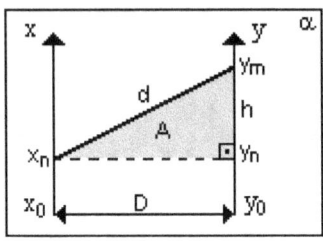

No gráfico leandroniano, observa-se perfeitamente que o par ordenado (x_n, y_m), define uma reta que no gráfico caracteriza um triângulo retângulo de vértices (x_n, y_m, y_n).

A área (A) de tal triângulo é definida em geometria plana como sendo igual à metade da base (D) em produto com a altura (h). Simbolicamente, o referido enunciado é expresso pela seguinte igualdade:

I) $\qquad\qquad\qquad A = (D/2) \cdot h$

Porém, demonstrei que:

$$h_{(x, y)} = y - \sqrt[3]{y}$$

Substituindo convenientemente as duas últimas expressões, vem que:

II) $\qquad\qquad\qquad A = D/2 \cdot (y - \sqrt[3]{y})$

Demonstrei, também que:

$$h = x^3 - x$$

Substituindo convenientemente a referida expressão com a equação (I); vem que:

III) $\qquad A = D/2 \cdot (x^3 - x)$

Demonstrei que:

$$h = 2 \cdot (x - 1) \cdot (x?)$$

Substituindo convenientemente a referida expressão com a equação (I); vem que:

$$A = (D/2) \cdot 2 \cdot (x - 1) \cdot (x?)$$

Assim, resulta que:

IV) $\qquad A = D \cdot (x - 1) \cdot (x?)$

Demonstrei que:

$$h = 2 \cdot (\sqrt[3]{y} - 1) \cdot (\sqrt[3]{y})?$$

Então, substituindo convenientemente a referida expressão com a equação (I), resulta que:

$$A = D/2 \cdot 2 \cdot (\sqrt[3]{y} - 1) \cdot (\sqrt[3]{y})?$$

Assim, resulta que:

V) $\qquad A = D \cdot (\sqrt[3]{y} - 1) \cdot (\sqrt[3]{y})?$

Demonstrei que:

$$h = y - x$$

Substituindo convenientemente a referida expressão na equação (I), vem que:

VI) $$A = (D/2) \cdot (y - x)$$

Posso afirmar por intermédio do teorema de Pitágoras que o quadrado da diagonal (d) é igual ao quadrado da base (D) somado com o quadrado da altura (h). Simbolicamente, o referido enunciado é expresso pela seguinte igualdade:

$$d^2 = D^2 + h^2$$

Portanto, posso escrever que:

$$h^2 = d^2 - D^2$$

Assim, resulta que:

$$h = \sqrt{(d^2 - D^2)}$$

Substituindo convenientemente a referida expressão na equação (I), vem que:

VII) $$A = (D/2) \cdot \sqrt{(d^2 - D^2)}$$

Logicamente, também, posso escrever que:

$$D^2 = d^2 - h^2$$

Assim, resulta que:

$$D = \sqrt{(d^2 - h^2)}$$

Substituindo convenientemente a referida equação com a expressão (I), vem que:

Leandro Bertoldo
Geometria Leandroniana

VIII) $\qquad A = \sqrt{(d^2 - h^2)}/2 \cdot h$

Substituindo convenientemente a referida expressão com a equação $h = \sqrt{(d^2 - D^2)}$, vem que:

$$A = \tfrac{1}{2} \cdot [\sqrt{(d^2 - h^2)}] \cdot [\sqrt{(d^2 - D^2)}]$$

Portanto, resulta que:

IX) $\qquad A = \tfrac{1}{2} \cdot \sqrt{[(d^2 - h^2) \cdot (d^2 - D^2)]}$

10 - Os Coeficiente na Equação Elementar do Terceiro Grau

Considere a equação elementar do terceiro grau representada simbolicamente pela seguinte igualdade:

$$y = x^3$$

Considere, também, um par ordenado qualquer definido pela referida equação:

$$(x_n, y_m)$$

No gráfico leandroniano o referido par ordenado caracteriza a seguinte reta:

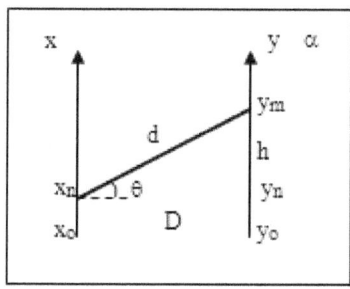

A – *Coeficiente Delta*

a) O coeficiente delta é definido como sendo igual ao quociente da altura (h), inversa pela base D. O referido enunciado é expresso simbolicamente pela seguinte relação:

$$\Delta = h/D$$

Porém, sabe-se que:

$$h = y - x$$

Substituindo convenientemente as duas últimas expressões, vem que:

$$\Delta = (y - x)/D$$

Evidentemente, posso escrever que:

$$y - x = \Delta \cdot D$$

Assim, resulta que:

$$y = \Delta \cdot D + x$$

A referida expressão é denominada por "equação da reta leandroniano em declive delta". Pela equação elementar do terceiro grau, posso escrever que:

$$y = x^3$$

Igualando convenientemente as duas últimas expressões, vem que:

$$x^3 = D \cdot \Delta + x$$

Desse modo, posso escrever que:

$$x^3 - x = \Delta \cdot D$$

No gráfico convencional de Leandro, onde $D = 1$, a última expressão se reduz à seguinte:

$$x^3 - x = \Delta$$

b) Sabe-se que:

$$\Delta = h/D$$

Demonstrei que:

$$h = y - \sqrt[3]{y}$$

Substituindo convenientemente as duas últimas expressões, vem que:

$$\Delta = (y - \sqrt[3]{y})/D$$

c) O coeficiente delta é definido por:

$$\Delta = h/D$$

Demonstrei que:

$$h = 2 \cdot (x - 1) \cdot (x?)$$

Substituindo convenientemente as duas últimas expressões, vem que:

$$\Delta = [2 \cdot (x - 1) \cdot (x?)]/D$$

Leandro Bertoldo
Geometria Leandroniana

d) O coeficiente delta é caracterizado por:

$$\Delta = h/D$$

Demonstrei que:

$$h = 2 \cdot (\sqrt[3]{y} - 1) \cdot (\sqrt[3]{y})?$$

Substituindo convenientemente as duas últimas expressões, vem que:

$$\Delta = [2 \cdot (\sqrt[3]{y} - 1) \cdot (\sqrt[3]{y})?]/D$$

B – *Coeficiente Alfa*

a) O coeficiente alfa é definido como sendo igual ao quociente da altura, inversa pela diagonal. Simbolicamente, o referido enunciado é expresso pela seguinte relação:

$$\alpha = h/d$$

Porém, demonstrei que:

$$h = y - x$$

Substituindo convenientemente as duas últimas expressões, vem que:

$$\alpha = (y - x)/d$$

Demonstrei que:

$$h = (x^3 - x)$$

Evidentemente, posso escrever que:

Leandro Bertoldo
Geometria Leandroniana

$$\alpha = (x^3 - x)/d$$

b) Afirmei que:

$$\alpha = h/d$$

Demonstrei que:

$$h = y - \sqrt[3]{y}$$

Substituindo convenientemente as duas últimas expressões, vem que:

$$\alpha = (y - \sqrt[3]{y})/d$$

c) Afirmei que:

$$\alpha = h/d$$

Demonstrei que:

$$h = 2 \cdot (x - 1) \cdot (x?)$$

Substituindo convenientemente as duas últimas expressões, vem que:

$$\alpha = [2 \cdot (x - 1) \cdot (x?)]/d$$

d) Afirmei que:

$$\alpha = h/d$$

Demonstrei que:

$$h = 2 \cdot (\sqrt[3]{y} - 1) \cdot (\sqrt[3]{y})?$$

Substituindo convenientemente as duas últimas expressões, vem que:

$$\alpha = (2/D) \cdot (\sqrt[3]{y} - 1) \cdot (\sqrt[3]{y})?$$

e) Sabe-se que:

$$d^2 = D^2 + h^2$$

e₁) Portanto, posso escrever que:

$$\alpha = (x^2 - x)/\sqrt{(D^2 + h^2)}$$

e₂) Portanto, posso escrever que:

$$\alpha = (y - \sqrt[3]{y})/\sqrt{(D^2 + h^2)}$$

e₃) Portanto, posso escrever que:

$$\alpha = 2 \cdot (x - 1) \cdot (b?)/\sqrt{(D^2 + h^2)}$$

e₄) Portanto, posso escrever que:

$$\alpha = 2 \cdot (\sqrt[3]{y} - 1) \cdot (\sqrt[3]{y})?/\sqrt{(D^2 + h^2)}$$

C – *Coeficiente Gama*

a) O coeficiente gama é definido como sendo igual ao quociente da base, inversa pelo comprimento da diagonal. Simbolicamente, o referido enunciado e expresso pela seguinte relação:

$$\gamma = D/d$$

Demonstrei que:

$$d = \sqrt{(D^2 + h^2)}$$

Leandro Bertoldo
Geometria Leandroniana

Substituindo convenientemente as duas últimas expressões, vem que:

$$\gamma = D/\sqrt{(D^2 + h^2)}$$

Logo, posso escrever que:

$$\gamma^2 = D^2/(D^2 + h^2)$$

Assim, vem que:

$$1/\gamma^2 = (D^2 + h^2)/D^2$$

Desse modo, resulta que:

$$1/\gamma^2 = 1 + (h^2/D^2)$$

Demonstrei que:

$$h^2 = (y - x)^2$$

Substituindo convenientemente as duas últimas expressões, vem que:

$$1/\gamma^2 = 1 + (y - x)^2/D^2$$

b) Sabe-se que:

$$1/\gamma^2 = 1 + (h^2/D^2)$$

Demonstrei que:

$$h^2 = (y - \sqrt[3]{y})^2$$

Substituindo convenientemente as duas últimas expressões, vem que:

$$1/\gamma^2 = 1 + (y - \sqrt[3]{y})^2/D^2$$

c) Sabe-se que:

$$1/\gamma^2 = 1 + (h^2/D^2)$$

Demonstrei que:

$$h^2 = [2 \cdot (x - 1) \cdot (x?)]^2$$

Substituindo convenientemente as duas últimas expressões, vem que:

$$1/\gamma^2 = 1 + [2 \cdot (x - 1) \cdot (x?)]^2/D^2$$

d) Sabe-se que:

$$1/\gamma^2 = 1 + (h^2/D^2)$$

Demonstrei que:

$$h^2 = \{2 \cdot [\sqrt[3]{(y - 1)} \cdot (\sqrt[3]{y})]?\}^2$$

Substituindo convenientemente as duas últimas expressões, vem que:

$$1/\gamma^2 = 1 + \{[2 \cdot \sqrt[3]{(y - 1)} \cdot (\sqrt[3]{y})?]\}^2/D^2$$

CAPÍTULO VIII

1 - Função Linear do Terceiro Grau

A função linear do terceiro grau é caracterizada, simbolicamente, pela seguinte igualdade:

$$y = b \cdot x^3$$

2 - Propriedades

a) Se na equação linear do terceiro grau, o número real b, for igual a zero (b = 0); então, posso escrever que:

y	=	B	.	x^3
0	=	0	.	0^3
0	=	0	.	1^3
0	=	0	.	2^3
0	=	0	.	3^3

O gráfico leandroniano que caracteriza os referidos pares ordenados é o seguinte:

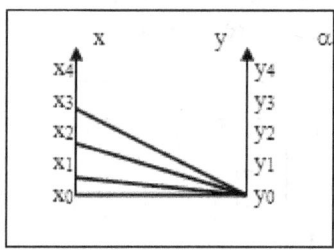

b) Se na equação linear do terceiro grau, o número real b, for igual a um (b = 1), então, posso escrever que:

y	=	b	.	x^3
0	=	1	.	0^3
1	=	1	.	1^3
8	=	1	.	2^3
27	=	1	.	3^3

O gráfico leandroniano que caracteriza os referidos pares ordenados é o seguinte:

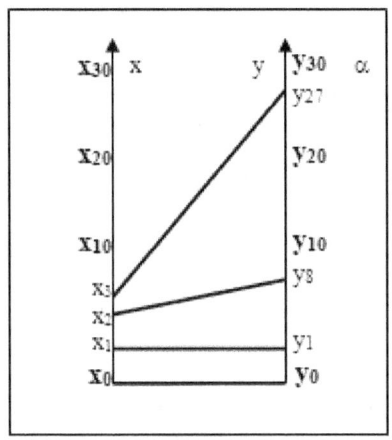

c) Se na equação linear do terceiro grau, o número real b for igual a dois (b = 2); então, posso escrever que:

y	=	b	.	x^3
0	=	2	.	0^3
2	=	2	.	1^3
16	=	2	.	2^3
54	=	2	.	3^3

O gráfico leandroniano que caracteriza os referidos pares ordenados é o seguinte:

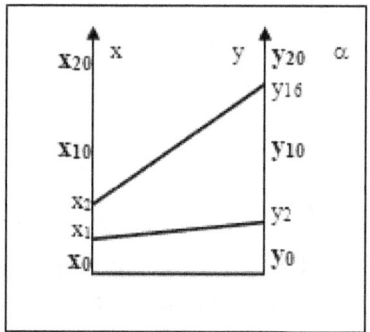

d) Se na equação linear do terceiro grau, o número real b for igual a três (b = 3); então, posso estabelecer os seguintes pares ordenados:

y	=	b	.	x^3
0	=	3	.	0^3
3	=	3	.	1^3
24	=	3	.	2^3
81	=	3	.	3^3

O gráfico leandroniano que caracteriza os referidos pares ordenados é o seguinte:

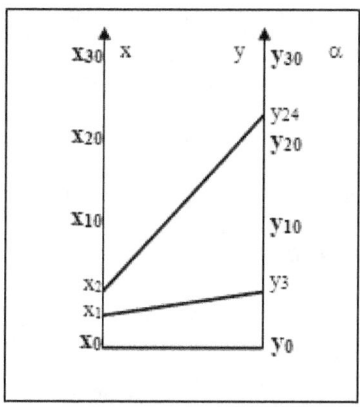

3 - Distância Entre um Pico Posterior por seu Anterior

A função linear do terceiro grau é representada simbolicamente pela seguinte igualdade:

$$y = b \cdot x^3$$

Tal equação permitiu traçar as retas do último gráfico, sendo que cada reta é caracterizada por um par ordenado (x, y). Logicamente, a distância que separa um pico posterior de seu anterior é igual à diferença matemática existente entre os mesmos. Simbolicamente, o referido enunciado é expresso pela seguinte igualdade:

$$R^{(x_a,\ y_a)}{}_{(x_p, y_p)} = y_p - y_a$$

Onde a letra (R) representa a distância que separa um pico qualquer de seu anterior; onde a letra (y_a) representa o pico anterior e a letra (y_p) representa o pico posterior. Para efeito de estudo, considere os seguintes exemplos:

a) Considere a equação linear do terceiro grau, $y = b \cdot x^3$, onde $b = 2$. Então, obtém-se os seguintes pares ordenados: (x_0, y_0); (x_1, y_2); (x_2, y_{16}); (x_3, y_{54}) etc. A distância que separa o pico y_2 do pico y_0, é a seguinte:

$$R_2 = y_2 - y_0 = 2$$

A distância que separa o pico y_{16} do pico y_2, é a seguinte:

$$R_{14} = y_{16} - y_2 = 14$$

A distância que separa o pico y_{54} do pico y_{16}, é a seguinte:

$$R_{38} = y_{54} - y_{16} = 38$$

Os resultados R_2, R_{14} e R_{38}, podem ser obtidos pela equação definitiva de Leandro, com apenas uma pequena modificação. Tal equação seria a seguinte:

$$R_m = b \cdot [R_1 + 3 \cdot (x^2 - x)]$$
$$x \neq 1$$

Logo, aplicando a equação, vêm que:

$R_m^{(x1, y2)}{}_{(x2, y16)} = 2 \cdot [1 + 3 \cdot (2^2 - 2)]$
$R_m^{(x1, y2)}{}_{(x2, y16)} = 2 \cdot [1 + 3 \cdot (4 - 2)]$
$R_m^{(x1, y2)}{}_{(x2, y16)} = 2 \cdot [1 + 3 \cdot (2)]$
$R_m^{(x1, y2)}{}_{(x2, y16)} = 2 \cdot (1 + 6)$
$R_m^{(x1, y2)}{}_{(x2, y16)} = 2 \cdot 7$
$R_m^{(x1, y2)}{}_{(x2, y16)} = 14$

No outro exemplo, vem que:

$R_m^{(x2, y16)}{}_{(x3, y54)} = 2 \cdot [1 + 3 \cdot (3^2 - 3)]$
$R_m^{(x2, y16)}{}_{(x3, y54)} = 2 \cdot [1 + 3 \cdot (9 - 3)]$
$R_m^{(x2, y16)}{}_{(x3, y54)} = 2 \cdot [1 + 3 \cdot (6)]$
$R_m^{(x2, y16)}{}_{(x3, y54)} = 2 \cdot (1 + 18)$
$R_m^{(x2, y16)}{}_{(x3, y54)} = 2 \cdot (19)$
$R_m^{(x2, y16)}{}_{(x3, y54)} = 38$

b) Agora, considere a equação linear do terceiro grau, $y = b \cdot x^3$, onde $b = 3$. Logicamente, têm-se os seguintes pares ordenados: (x_0, y_0); (x_1, y_3); (x_2, y_{24}); (x_3, y_{81}) etc. Então, baseado na equação:

$$R^{(xa, ya)}{}_{(xp, yp)} = y_p - y_a$$

Posso escrever que:

$R^{(x0, y0)}{}_{(x1, y3)} = y_3 - y_0 = 3$
$R^{(x1, y3)}{}_{(x2, y24)} = y_{24} - y_3 = 21$
$R^{(x2, y24)}{}_{(x3, y81)} = y_{81} - y_{24} = 57$

Leandro Bertoldo
Geometria Leandroniana

Agora, aplicando a equação definitiva de Leandro, vem que:

$R_m^{(x1, y3)}{}_{(x2, y24)} = 3 \cdot [1 + 3 \cdot (2^2 - 2)]$
$R_m^{(x1, y3)}{}_{(x2, y24)} = 3 \cdot [1 + 3 \cdot (4 - 2)]$
$R_m^{(x1, y3)}{}_{(x2, y24)} = 3 \cdot [(1 + (3 \cdot 2)]$
$R_m^{(x1, y3)}{}_{(x2, y24)} = 3 \cdot (1 + 6)$
$R_m^{(x1, y3)}{}_{(x2, y24)} = 3 \cdot 7$
$R_m^{(x1, y3)}{}_{(x2, y24)} = 21$

O que representa o mesmo resultado obtido pela equação anterior. No outro exemplo, vem que:

$R_m^{(x2, y24)}{}_{(x3, y81)} = 3 \cdot [1 + 3 \cdot (3^2 - 3)]$
$R_m^{(x2, y24)}{}_{(x3, y81)} = 3 \cdot [1 + 3 \cdot (9 - 3)]$
$R_m^{(x2, y24)}{}_{(x3, y81)} = 3 \cdot [1 + 3 \cdot (6)]$
$R_m^{(x2, y24)}{}_{(x3, y81)} = 3 \cdot (1 + 18)$
$R_m^{(x2, y24)}{}_{(x3, y81)} = 3 \cdot (19)$
$R_m^{(x2, y24)}{}_{(x3, y81)} = 57$

Tal resultado está em perfeito acordo com o que foi obtido pela equação anterior.

c) Agora, considere a equação linear do terceiro grau, $y = b \cdot x^3$, onde $b = 4$. Evidentemente, têm-se os seguintes pares ordenados: (x_0, y_0); (x_1, y_4); (x_2, y_{32}); (x_3, y_{108}) etc. Então, baseado na equação:

$$R^{(xa, ya)}{}_{(xp, yp)} = y_p - y_a$$

Posso escrever que:

$R^{(x0, y0)}{}_{(x1, y4)} = y_4 - y_0 = 4$
$R^{(x1, y4)}{}_{(x2, y32)} = y_{32} - y_4 = 28$
$R^{(x2, y32)}{}_{(x3, y108)} = y_{108} - y_{32} = 76$

Agora, aplicando a equação definitiva de Leandro, vem que:

Leandro Bertoldo
Geometria Leandroniana

$R_m{}^{(x1, y4)}{}_{(x2, y32)} = 4 \cdot [1 + 3 \cdot (2^2 - 2)]$
$R_m{}^{(x1, y4)}{}_{(x2, y32)} = 4 \cdot [1 + 3 \cdot 2]$
$R_m{}^{(x1, y4)}{}_{(x2, y32)} = 4 \cdot (7)$
$R_m{}^{(x1, y4)}{}_{(x2, y32)} = 28$

O referido resultado é idêntico ao que foi obtido pela equação anterior, no mesmo caso. Considerando o outro exemplo, vem que:

$R_m{}^{(x2, y32)}{}_{(x3, y108)} = 4 \cdot [1 + 3 \cdot (3^2 - 3)]$
$R_m{}^{(x2, y32)}{}_{(x3, y108)} = 4 \cdot [1 + 3 \cdot (9 - 3)]$
$R_m{}^{(x2, y32)}{}_{(x3, y108)} = 4 \cdot [1 + 3 \cdot (6)]$
$R_m{}^{(x2, y32)}{}_{(x3, y108)} = 4 \cdot (1 + 18)$
$R_m{}^{(x2, y32)}{}_{(x3, y108)} = 4 \cdot (19)$
$R_m{}^{(x2, y32)}{}_{(x3, y108)} = 76$

Tal resultado encontra-se em perfeito acordo com o que foi obtido pela equação anterior.

4 - Cálculo do Valor de b na Equação Linear do Terceiro Grau.

Observando os gráficos anteriores do presente capítulo, posso concluir que uma equação linear do terceiro grau ($y = b \cdot x^3$), representada no gráfico leandroniano, apresenta o número real "b", caracterizado genericamente pelo seguinte par ordenado:

$$b = (x_1, y_b)$$

Uma outra propriedade sobre o valor do número real (b), implica que o mesmo é igual ao valor do pico y_m do par ordenado (x_1, y_m), pela diferença do valor do pico y_n, do par ordenado (x_0, y_0). Simbolicamente, o referido enunciado é expresso por:

$$b^{(xo, yo)}{}_{(x1, ym)} = y_m - y_o$$

Isto equivale à seguinte igualdade:

$$b^{(x_0, y_0)}{}_{(x_1, y_m)} = y_m$$

5 - Dedução Matemática do Número Real b

a) Considere a equação linear do terceiro grau, representada simbolicamente pela seguinte igualdade:

$$y = b \cdot x^3$$

Onde $b = 1$; logicamente, obtêm-se os seguintes pares ordenados: (x_0, y_0); (x_1, y_1); (x_2, y_8); (x_3, y_{27}); (x_4, y_{64}); (x_5, y_{125}). As distâncias que separam um pico posterior de seu anterior são as seguintes:

$$R^{(x_1, y_1)}{}_{(x_0, y_0)} = y_1 - y_0 = 1$$
$$R^{(x_2, y_8)}{}_{(x_1, y_1)} = y_8 - y_1 = 7$$
$$R^{(x_3, y_{27})}{}_{(x_2, y_8)} = y_{27} - y_8 = 19$$
$$R^{(x_4, y_{64})}{}_{(x_3, y_{27})} = y_{64} - y_{27} = 37$$
$$R^{(x_5, y_{125})}{}_{(x_4, y_{64})} = y_{125} - y_{64} = 61$$

As diferenças dos valores entre os picos posteriores por seus anteriores são representadas por:

$$S^{(y_8 - y_1)}{}_{(y_1 - y_0)} = R_7^{(x_2, y_8)}{}_{(x_1, y_1)} - R_1^{(x_1, y_1)}{}_{(x_0, y_0)} = 6$$
$$S^{(y_{27} - y_8)}{}_{(y_8 - y_1)} = R_{19}^{(x_3, y_{27})}{}_{(x_2, y_8)} - R_7^{(x_2, y_8)}{}_{(x_1, y_1)} = 12$$
$$S^{(y_{64} - y_{27})}{}_{(y_{27} - y_8)} = R_{37}^{(x_4, y_{64})}{}_{(x_3, y_{27})} - R_{19}^{(x_3, y_{27})}{}_{(x_2, y_8)} = 18$$
$$S^{(y_{125} - y_{64})}{}_{(y_{64} - y_{27})} = R_{61}^{(x_5, y_{125})}{}_{(x_4, y_{64})} - R_{37}^{(x_4, y_{64})}{}_{(x_3, y_{27})} = 24$$

Então, obtém-se uma razão de progressão aritmética caracterizada por:

$$s = S_{12}^{(y_{27} - y_8)}{}_{(y_8 - y_1)} - S_6^{(y_8 - y_1)}{}_{(y_1 - y_0)} = S_{18}^{(y_{64} - y_{27})}{}_{(y_{27} - y_8)} - S_{12}^{(y_{27} - y_8)}{}_{(y_8 - y_1)} = S_{24}^{(y_{125} - y_{64})}{}_{(y_{64} - y_{27})} - S_{18}^{(y_{64} - y_{27})}{}_{(y_{27} - y_8)} = 6$$

Desse modo, posso afirmar que o valor do número real "b" é igual ao valor da razão de progressão (s), inversa por seis (6). Simbolicamente, o referido enunciado é expresso pela seguinte relação:

$$b = s/6$$

Portanto, resulta que:

$$b = 6/6 = 1$$

b) Considere a equação linear do terceiro grau, caracterizada simbolicamente por: $y = b \cdot x^3$. Onde $b = 2$; evidentemente, obtêm-se os seguintes pares ordenados: (x_0, y_0); (x_1, y_2); (x_2, y_{16}); (x_3, y_{54}); (x_4, y_{128}); (x_5, y_{250}) etc. A distância que separam um pico posterior de seu anterior, em cada caso, é representada simbolicamente por:

$$R^{(x1,\, y2)}{}_{(xo,\, yo)} = y_2 - y_0 = 2$$
$$R^{(x2,\, y16)}{}_{(x1,\, y2)} = y_{16} - y_2 = 14$$
$$R^{(x3,\, y54)}{}_{(x2,\, y16)} = y_{54} - y_{16} = 38$$
$$R^{(x4,\, y128)}{}_{(x3,\, y54)} = y_{128} - y_{54} = 74$$
$$R^{(x5,\, y250)}{}_{(x4,\, y128)} = y_{250} - y_{128} = 122$$

As diferenças dos valores entre os picos posteriores por seus correspondentes picos anteriores são representados simbolicamente por:

$$S^{(y16-y2)}{}_{(y2-yo)} = R_{14}{}^{(x2,\, y16)}{}_{(x1,\, y2)} - R_2{}^{(x1,\, y2)}{}_{(xo,\, yo)} = 12$$
$$S^{(y54-y16)}{}_{(y16-y2)} = R_{38}{}^{(x3,\, y54)}{}_{(x2,\, y16)} - R_{14}{}^{(x2,\, y16)}{}_{(x1,\, y2)} = 24$$
$$S^{(y128-y54)}{}_{(y54-y16)} = R_{74}{}^{(x4,\, y128)}{}_{(x3,\, y54)} - R_{38}{}^{(x3,\, y54)}{}_{(x2,\, y16)} = 36$$
$$S^{(y250-y128)}{}_{(y128-y54)} = R_{122}{}^{(x5,\, y250)}{}_{(x4,\, y128)} - R_{74}{}^{(x4,\, y128)}{}_{(x3,\, y54)} = 48$$

Logo, obtém-se uma razão de progressão aritmética representada por:

$$s = S_{24}{}^{(y54-y16)}{}_{(y16-y2)} - S_{12}{}^{(y16-y2)}{}_{(y2-y0)} = S_{36}{}^{(y128-y54)}{}_{(y54-y16)} -$$
$$S_{24}{}^{(y54-y16)}{}_{(y16-y2)} = S_{48}{}^{(y250-y128)}{}_{(y128-y54)} - S_{36}{}^{(y128-y54)}{}_{(y54-y16)} = 12$$

Leandro Bertoldo
Geometria Leandroniana

Portanto, de acordo com a regra inicial, posso afirmar que o valor do número real "b" é igual ao valor da razão de progressão (s), inversa por seis (6). Simbolicamente, o referido enunciado é expresso pela seguinte relação:

$$b = s/6$$

Portanto, posso escrever que:

$$b = 12/6 = 2$$

c) Considere a equação linear do terceiro grau, $y = b \cdot x^3$. Onde $b = 3$; portanto, obtém-se os seguintes pares ordenados: (x_0, y_0); (x_1, y_3); (x_2, y_{24}); (x_3, y_{81}); (x_4, y_{192}); (x_5, y_{375}). A distância que separam um pico posterior de seu anterior, em cada caso, é representada simbolicamente por:

$$R^{(x1, y3)}{}_{(xo, yo)} = y_3 - y_0 = 3$$
$$R^{(x2, y24)}{}_{(x1, y3)} = y_{24} - y_3 = 21$$
$$R^{(x3, y81)}{}_{(x2, y24)} = y_{81} - y_{24} = 57$$
$$R^{(x4, y192)}{}_{(x3, y81)} = y_{192} - y_{81} = 111$$
$$R^{(x5, y375)}{}_{(x4, y192)} = y_{375} - y_{192} = 183$$

As diferenças dos valores entre os picos posteriores por seus correspondentes picos anteriores são representados simbolicamente por:

$$S^{(y24 - y3)}{}_{(y3 - yo)} = R_{21}{}^{(x2, y24)}{}_{(x1, y3)} - R_3{}^{(x1, y3)}{}_{(xo, yo)} = 18$$
$$S^{(y81 - y24)}{}_{(y24 - y3)} = R_{57}{}^{(x3, y81)}{}_{(x2, y24)} - R_{21}{}^{(x2, y24)}{}_{(x1, y3)} = 36$$
$$S^{(y192 - y81)}{}_{(y81 - y24)} = R_{111}{}^{(x4, y192)}{}_{(x3, y81)} - R_{57}{}^{(x3, y81)}{}_{(x2, y24)} = 54$$
$$S^{(y375 - y192)}{}_{(y192 - y81)} = R_{183}{}^{(x5, y375)}{}_{(x4, y192)} - R_{111}{}^{(x4, y192)}{}_{(x3, y81)} = 72$$

Desse modo, obtém-se uma razão de progressão aritmética caracterizada por:

$$s = S_{36}^{(y81-y24)}{}_{(y24-y3)} - S_{18}^{(y24-y3)}{}_{(y3-yo)} = S_{54}^{(y192-y81)}{}_{(y81-y24)} -$$
$$S_{36}^{(y81-y24)}{}_{(y24-y3)} = S_{72}^{(y375-y192)}{}_{(y192-y81)} - S_{54}^{(y192-y81)}{}_{(y81-y24)} = 18$$

Logo, posso afirmar que o valor do número real "b" é igual ao valor da razão de progressão (s), inversa por seis (6). Simbolicamente, o referido enunciado é expresso por:

$$b = s/6$$

Logo, conclui-se que:

$$b = 18/6 = 3$$

Com os referidos exemplos, termino o presente parágrafo.

6 - Dedução do Valor da Razão de Progressão Aritmética

No exemplo (a) do parágrafo anterior demonstrei que:

$$S^{(y8-y1)}{}_{(y1-y0)} = R_7^{(x2,y8)}{}_{(x1,y1)} - R_1^{(x1,y1)}{}_{(x0,y0)} = 6$$

Na realidade, tal resultado caracteriza o valor da razão de progressão (s), que no referido exemplo é igual a seis (6). No exemplo (b) do parágrafo anterior demonstrei que:

$$S^{(y16-y2)}{}_{(y2-y0)} = R_{14}^{(x2,y16)}{}_{(x1,y2)} - R_2^{(x1,y2)}{}_{(x0,y0)} = 12$$

Na verdade, tal resultado caracteriza o valor da razão de progressão (s), que no referido exemplo é igual a doze (12). No exemplo (c) do parágrafo anterior demonstrei que:

$$S^{(y24-y3)}{}_{(y3-y0)} = R_{21}^{(x2,y24)}{}_{(x1,y3)} - R_3^{(x1,y3)}{}_{(x0,y0)} = 18$$

Na realidade, tal resultado caracteriza o valor da razão de progressão (s), que no referido exemplo é igual a dezoito (18). Generalizado as referidas observações para qualquer caso, vem que:

Leandro Bertoldo
Geometria Leandroniana

$$s = S^{[y(b.8)-yb]}{}_{(yb-y0)} = R_{(b.7)}{}^{[x2, y(b.8)]}{}_{(x1, yb)} - R_b{}^{(x1, yb)}{}_{(x0, y0)} = b.6$$

Tal equação é denominada por equação de progressão aritmética de Leandro (P.A.L.)

7 - Fusão da Equação Fundamental de Leandro

A equação definitiva de Leandro é expressa por:

$$R_m = b . [R_1 + 3 . (x^2 - x)]$$

Porém, demonstrei que:

$$b = s/6$$

Substituindo convenientemente as duas últimas expressões, vem que:

$$R_m = s/6 . [R_1 + 3 . (x^2 - x)]$$

8 - Fusão da Equação do Terceiro Grau

Demonstrei que o número real (b) é igual à sexta parte do valor da razão de progressão aritmética (s). Simbolicamente, o referido enunciado é expresso pela seguinte relação;

$$b = s/6$$

Sabe-se que a equação linear do terceiro grau é expressa por:

$$y = b . x^3$$

Substituindo convenientemente as duas últimas expressões, vem que:

$$y = s \cdot x^3/6$$

9 - Equação Linear do Terceiro Grau e a Equação Definitiva de Leandro

Demonstrei que:

$$R_m = b \cdot [R_1 + 3 \cdot (x^2 - x)]$$

Sabe-se que:

$$y = b \cdot x^3$$

Portanto, posso escrever que:

$$x^3 = y/b$$

Logo, resulta que:

$$x = \sqrt[3]{(y/b)}$$

Então, substituindo convenientemente a referida expressão na equação definitiva de Leandro, resulta que:

$$R_m = b \cdot \{R_1 + 3 \cdot [(\sqrt[3]{(y^2/b^2)}) - 3\sqrt{(y/b)}]\}$$

10 - Altura do Pico de uma Reta em Relação ao Vale da Mesma

Considere a equação linear do terceiro grau, apresentada simbolicamente pela seguinte igualdade:

$$y = b \cdot x^3$$

Para efeito de exemplo, considere os seguintes pares ordenados: (x_0, y_0); (x_1, y_2); (x_2, y_{16}).

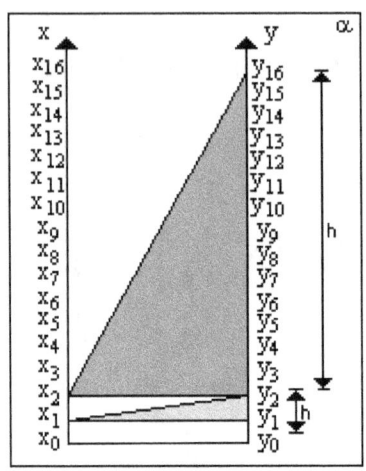

Observando a reta caracterizada pelo par ordenado (x_0, y_0), pode-se notar que a sua altura definida entre o vale x_0 e o pico y_0 é caracterizada pela diferença matemática existente entre o pico y_0, pelo vale x_0. Simbolicamente, o referido enunciado é expresso pela seguinte igualdade:

$$h = y_0 - x_0 = 0$$

Considerando a reta definida pelo par ordenado (x_1, y_2); pode-se observar que a altura definida entre o vale x_1 e o pico y_2 caracterizam um triângulo retângulo de vértices, (x_1, y_2, y_1). Tal triângulo apresenta uma altura caracterizada pela diferença existente entre o pico y_2 pelo pico y_1. O referido enunciado é expresso simbolicamente pela seguinte igualdade:

$$h = y_2 - y_1$$

Porém, sabe-se que $y_1 = x_1$, portanto, posso escrever que:

$$h = y_2 - x_1$$

Observe que os valores y_2 e x_1, caracterizam os elementos do par ordenado (x_1, y_2) da reta em discussão. Sabe-se que $x_1 = 1$ e $y_2 = 2$. Logo, substituindo os referidos valores na última expressão, vem que:

$$h = 2 - 1 = 1$$

Agora analisando a reta definida pelo par ordenado (x_2, y_{16}); pode-se verificar que a altura da referida reta, definida entre o vale x_2 e o pico y_{16}, representam um triângulo retângulo de vértices, (x_2, y_{16}, y_2). A altura de tal triângulo é igual à diferença matemática existente entre o pico y_{16} pelo pico y_2. Simbolicamente, o referido enunciado é expresso pela seguinte igualdade:

$$h = y_{16} - y_2$$

Porém, sabe-se que $y_2 = x_2$, portanto, posso escrever que:

$$h = y_{16} - x_2$$

Note que os valores y_{16} e x_2, na última expressão, caracterizam o par ordenado (x_2, y_{16}) que define a reta no gráfico leandroniano. Sabe-se que $x_{16} = 16$ e $y_2 = 2$; logo, substituindo convenientemente os referidos valores na última equação, vem que:

$$h = 16 - 2 = 14$$

11 - Equação da Altura e a Equação Linear do Terceiro Grau

Afirmei que a equação linear do terceiro grau é expressa simbolicamente pela seguinte igualdade:

$$y = b \cdot x^3$$

Leandro Bertoldo
Geometria Leandroniana

Demonstrei que a altura de uma reta representada no gráfico leandroniano é caracterizada pela seguinte expressão:

$$h_{(x, y)} = y - x$$

Substituindo convenientemente as duas últimas expressões, vem que:

$$h_{(x, y)} = b \cdot x^3 - x$$

Evidentemente, posso escrever que:

$$h_{(x, y)} = (b \cdot x^2 - 1) \cdot x$$

Também, posso escrever que:

$$x = \sqrt[3]{(y/b)}$$

Portanto, posso escrever que:

$$h_{(x, y)} = y - \sqrt[3]{(y/b)}$$

12 - Equação de Leandro Para o Cálculo da Altura

Para realizar o cálculo da altura que cada reta apresenta no gráfico leandroniano, procurei desenvolver uma expressão matemática que chamo por "equação de Leandro".

A referida equação é enunciada nos seguintes termos: a altura de uma reta definida por um par ordenado (x, y) através de uma equação linear do terceiro grau, $(y = b \cdot x^3)$ é igual ao dobro do valor do número real (b) em produto com (x – 1), multiplicados pela seguimental (x?) e adicionados com (b – 1) . x. Simbolicamente, o referido enunciado é expresso pela seguinte igualdade:

$$h_{(x, y)} = 2 \cdot b \cdot (x - 1) \cdot (x?) + (b - 1) \cdot x$$

Onde o símbolo ? representa a seguimental de x. Logo, a seguimental de um número qualquer é representada por:

$$P_n = n?$$

De uma forma mais geral, posso escrever que:

$$n? = (n - 0) + (n - 1) + (n - 2) + \ldots + (n - n)$$

13 - Demonstração Regressiva da Equação de Leandro

Sabe-se que a equação de Leandro é expressa por:

$$h_{(x, y)} = 2 \cdot b \cdot (x - 1) \cdot (x?) + (b - 1) \cdot x$$

Porém, afirmei no capítulo anterior que:

$$x? = x \cdot (x + 1)/2$$

Substituindo convenientemente as duas últimas expressões, vem que:

$$h_{(x, y)} = [2 \cdot b \cdot (x - 1) \cdot x \cdot (x + 1)]/2 + (bx - x)$$

Eliminando os termos em evidência, resulta que:

$$h_{(x, y)} = b \cdot x \cdot (x - 1) \cdot (x + 1) + (bx - x)$$

Evidentemente o produto de $(x - 1)$ por $(x + 1)$ é caracterizado por:

$$\begin{array}{r} (x-1) \\ (x+1) \\ \hline x^2 - x \\ +x - 1 \\ \hline x^2 - 1 \end{array}$$

Logo, substituindo convenientemente o referido resultado na última equação, vem que:

$$h_{(x, y)} = b \cdot x \cdot (x^2 - 1) + (bx - x)$$

Assim, vem que:

$$h_{(x, y)} = bx^3 - bx + bx - x$$

Portanto, resulta que:

$$h_{(x, y)} = bx^3 - x$$

O referido resultado final é idêntico à equação obtida em parágrafos anteriores do presente capítulo.

14 - Equação da Altura e a Equação de Leandro

Afirmei que o cálculo da altura de uma reta no gráfico leandroniano, representada por um par ordenado (x, y) é igual à diferença existente entre o pico y pelo vale x. Simbolicamente, o referido enunciado é expresso pela seguinte igualdade:

$$h_{(x, y)} = y - x$$

Afirmei que a equação de Leandro para o cálculo da altura é expressa simbolicamente pela seguinte igualdade:

$$h_{(x, y)} = 2 \cdot b \cdot (x - 1) \cdot (x?) + x \cdot (b - 1)$$

Igualando convenientemente as duas últimas expressões, vem que:

$$h = y - x = 2 \cdot b \cdot (x - 1) \cdot (x?) + x \cdot (b - 1)$$

15 - Relação Entre a Equação Linear do Terceiro Grau e a Equação de Leandro

A equação linear do terceiro grau é expressa, simbolicamente, pela seguinte expressão:

$$y = b \cdot x^3$$

Porém, a equação de Leandro é expressa simbolicamente por:

$$h = 2 \cdot b \cdot (x - 1) \cdot (x?) + x \cdot (b - 1)$$

Logicamente, posso escrever que:

$$h = 2 \cdot (bx - b) \cdot (x?) + (bx - x)$$

Evidentemente, posso escrever que:

$$y/x^2 = b \cdot x$$

Substituindo convenientemente as duas últimas expressões, vem que:

$$h = 2 \cdot [(y/x^2) - b] \cdot (x?) + [(y/x^2) - x]$$

Como $x = y/(b \cdot x^2)$, então, posso escrever que:

Leandro Bertoldo
Geometria Leandroniana

$$h = 2 \cdot [(y/x^2) - b] \cdot [(y/b) \cdot x^2]? + [(y/x^2) - x]$$

Pela equação linear do terceiro grau, posso escrever que:

$$b = y/x^3$$

Sabendo que:

$$h = 2 \cdot b \cdot (x - 1) \cdot (x?) + x \cdot (b - 1)$$

Substituindo convenientemente as duas últimas expressões, vem que:

$$h = [(2 \cdot y)/x^3] \cdot (x - 1) \cdot (x?) + x \cdot [(y/x^3) - 1]$$

16 - Equação da Altura e Equação de Leandro e suas Variações

Demonstrei que:

$$b \cdot x^3 - x = 2 \cdot b \cdot (x - 1) \cdot (x?) + (b \cdot x - x)$$

Então, posso escrever que:

$$b \cdot x^3 - x - b \cdot x + x = 2 \cdot b \cdot (x - 1) \cdot (x?)$$

Assim, resulta que:

$$b \cdot x \cdot (x^2 - 1) = 2 \cdot b \cdot (x - 1) \cdot (x?)$$

Logicamente, posso escrever que:

$$[b \cdot x \cdot (x^2 - 1)]/2 \cdot b = (x - 1) \cdot (x?)$$

Desse modo vem que:

Leandro Bertoldo
Geometria Leandroniana

$$x/2 \cdot (x^2 - 1) = (x - 1) \cdot (x?)$$

Porém, posso escrever que:

$$x/2 \cdot (x^2 - 1)/(x - 1) = (x?)$$

Eliminando os termos em evidência, resulta que:

$$x \cdot (x - 1)/2 = x?$$

17 - Área Limitada de um Triângulo Retângulo

A equação linear do terceiro grau permite traçar o seguinte gráfico leandroniano:

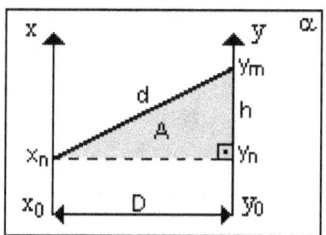

A área de tal triângulo retângulo é definida pela geometria plana como sendo igual à metade da base em produto com a altura. Simbolicamente, o referido enunciado é expresso pela seguinte igualdade:

(**I**) $\hspace{4cm} A = D/2 \cdot h$

Porém, demonstrei que:

$$h = y - x$$

Substituindo convenientemente as duas últimas expressões, vem que:

$$A = D/2 \cdot (y - x)$$

Demonstrei que:

$$h = b \cdot x^3 - x$$

Substituindo convenientemente a referida expressão na equação (I), vem que:

$$A = D/2 \cdot (b \cdot x^3 - x)$$

Demonstrei que:

$$h = 2 \cdot b \cdot (x - 1) \cdot (x?) + x \cdot (b - 1)$$

Substituindo convenientemente a referida expressão na equação (I), vem que:

$$A \cdot D/2 \cdot 2 \cdot b \cdot (x - 1) \cdot (x?) + x \cdot (b - 1)$$

Eliminando os termos em evidência, resulta que:

$$A = D \cdot b \cdot (x - 1) \cdot (x?) + x \cdot (b - 1)$$

18 - Coeficiente na Equação Linear do Terceiro Grau

Considere a equação linear do terceiro grau, representada simbolicamente pela seguinte igualdade:

$$y = b \cdot x^3$$

Considere um par ordenado genérico (x_n, y_m), definido pela última equação. O gráfico leandroniano que define tal par ordenado é o seguinte:

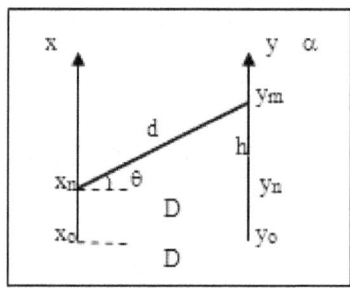

A – *Coeficiente Delta*

a) O coeficiente delta é definido como sendo igual ao quociente da altura (h), inversa pela base do gráfico leandroniano. Simbolicamente, o referido enunciado é expresso pela seguinte relação:

$$\Delta = h/D$$

Porém, demonstrei que:

$$h = y - x$$

Substituindo convenientemente as duas últimas expressões, vem que:

$$\Delta = (y - x)/D$$

Evidentemente, posso escrever que:

$$\Delta \cdot D = y - x$$

Assim, vem que:

$$y = \Delta \cdot D + x$$

Pela equação linear do terceiro grau, posso escrever que:

$$y = b \cdot x^3$$

Igualando convenientemente as duas últimas expressões, vem que:

$$\Delta \cdot D + x = b \cdot x^3$$

Logo, posso escrever que:

$$\Delta \cdot D = b \cdot x^3 - x$$

No gráfico convencional de Leandro, onde $D = 1$, a última expressão se reduz à seguinte:

$$\Delta = b \cdot x^3 - x$$

b) Demonstrei que:

$$\Delta = h/D$$

Sabe-se que:

$$h = y - \sqrt[3]{(y/b)}$$

Substituindo convenientemente as duas últimas expressões, vem que:

$$\Delta \cdot D = y - \sqrt[3]{(y/b)}$$

c) O coeficiente delta é definido por:

$$\Delta = h/D$$

Demonstrei que:

Leandro Bertoldo
Geometria Leandroniana

$$h = 2 \cdot b \cdot (x-1) \cdot (x?) + x \cdot (b-1)$$

Substituindo convenientemente as duas últimas expressões, vem que:

$$\Delta \cdot D = 2 \cdot b \cdot (x-1) \cdot (x?) + x \cdot (b-1)$$

d) O coeficiente delta é definido por:

$$\Delta = h/D$$

Demonstrei que:

$$h = 2 \cdot [(y/x^2) - b] \cdot (x?) + [(y/x^2) - x]$$

Substituindo convenientemente as duas últimas expressões, vem que:

$$\Delta \cdot D = 2 \cdot [(y/x^2) - b] \cdot (x?) + [(y/x^2) - x]$$

B – *Coeficiente Alfa*

a) O coeficiente alfa é igual ao quociente da altura (h) inversa pela diagonal (d). Simbolicamente, o referido enunciado é expresso pela seguinte relação:

$$\alpha = h/d$$

Demonstrei que:

$$h = y - x$$

Substituindo convenientemente as duas últimas expressões, vem que:

$$\alpha = (y - x)/d$$

Afirmei que:

$$y = b \cdot x^3$$

Substituindo convenientemente as duas últimas expressões, vem que:

$$\alpha = (b \cdot x^3 - x)/d$$

b) Afirmei que:

$$\alpha = h/d$$

Demonstrei que:

$$h = y - \sqrt[3]{(y/b)}$$

Substituindo convenientemente as duas últimas expressões, vem que:

$$\alpha \cdot d = y - \sqrt[3]{(y/b)}$$

c) Afirmei que:

$$\alpha = h/d$$

Demonstrei que:

$$h = 2 \cdot b \cdot (x - 1) \cdot (x?) + x \cdot (b - 1)$$

Substituindo convenientemente as duas últimas expressões, vem que:

$$\alpha \cdot d = 2 \cdot b \cdot (x - 1) \cdot (x?) + x \cdot (b - 1)$$

d) O coeficiente alfa é definido por:

$$\alpha = h/d$$

Demonstrei que:

$$h = 2 \cdot [(y/x^2) - b] \cdot (x?) + [(y/x^2) - x]$$

Substituindo convenientemente as duas últimas expressões, vem que:

$$\alpha \cdot d = 2 \cdot [(y/x^2) - b] \cdot (x?) + [(y/x^2) - x)]$$

C – *Coeficiente Gama*

a) O coeficiente gama é igual ao quociente do valor da base (D), inversa pelo valor da diagonal (d). Simbolicamente, o referido enunciado é expresso pela seguinte relação:

$$\gamma = D/d$$

Logicamente, posso escrever que:

$$\gamma^2 = D^2/d^2$$

Demonstrei que:

$$d^2 = D^2 + h^2$$

Substituindo convenientemente as duas últimas expressões, vem que:

$$\gamma^2 = D^2/(D^2 + h^2)$$

Posso escrever que:

$$1/\gamma^2 = (D^2 + h^2)/D^2$$

Assim, resulta que:

$$1/\gamma^2 = 1 + (h^2/D^2)$$

Demonstrei que:

$$h^2 = (y - x)^2$$

Substituindo convenientemente as duas últimas expressões, vem que:

$$1/\gamma^2 = 1 + (y - x)^2/D^2$$

Sabe-se que:

$$y = b \cdot x^3$$

Substituindo convenientemente as duas últimas expressões, vem que:

$$1/\gamma^2 = 1 + [(b \cdot x^3 - x^2)]/D^2$$

b) Sabe-se que:

$$1/\gamma^2 = 1 + (h^2/D^2)$$

Demonstrei que:

$$h^2 = [(y - \sqrt[3]{(y/b)}]^2$$

Substituindo convenientemente as duas últimas expressões, vem que:

Leandro Bertoldo
Geometria Leandroniana

$$1/\gamma^2 = 1 + [y - \sqrt[3]{(y/b)}]^2/D^2$$

c) Demonstrei que:

$$1/\gamma^2 = 1 - (h^2/D^2)$$

Afirmei que:

$$h^2 = [2 \cdot b \cdot (x - 1) \cdot (x?) + x \cdot (b - 1)]^2$$

Substituindo convenientemente as duas últimas expressões, vem que:

$$1/\gamma^2 = 1 + 1/D^2 \cdot [2 \cdot b \cdot (x - 1) \cdot (x?) + x \cdot (b - 1)]^2$$

d) Demonstrei que:

$$1/\gamma^2 = 1 + (h^2/D^2)$$

Sabe-se que:

$$h^2 = \{2 \cdot [(y/x^2) - b] \cdot (x?) + [(y/x^2) - x]\}^2$$

Substituindo convenientemente as duas últimas expressões, vem que:

$$1/\gamma^2 = 1 - 1/D^2 \cdot \{2 \cdot [(y/x^2) - b] \cdot (x?) + [(y/x^2) - x]\}^2$$

Leandro Bertoldo
Geometria Leandroniana

CAPÍTULO IX

1 - Equação do Terceiro Grau

A função do terceiro grau é a função caracterizada, simbolicamente, pela seguinte igualdade:

$$y = c + b \cdot x^3$$

Onde "b" e "c" são números reais.

2 - Propriedades

A - Se na equação do terceiro grau $b = 0$ e $c = 1$, então, posso escrever que:

$$y = 1 + 0 \cdot x^3$$

Tabelando, vem que:

y	=	1	+	0	.	x^3
1	=	1	+	0	.	0^3
1	=	1	+	0	.	1^3
1	=	1	+	0	.	2^3
1	=	1	+	0	.	3^3
1	=	1	+	0	.	4^3

Assim, no gráfico leandroniano, obtém-se a seguinte figura:

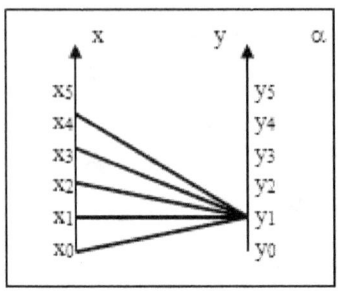

A₁ – Se na equação $y = c + b \cdot x^3$, $b = 0$ e $c = 2$; então, posso escrever que:

y	=	2	+	0	.	x^3
2	=	2	+	0	.	0^2
2	=	2	+	0	.	1^3
2	=	2	+	0	.	2^3
2	=	2	+	0	.	3^3
2	=	2	+	0	.	4^3

No gráfico leandroniano, obtém-se a seguinte figura:

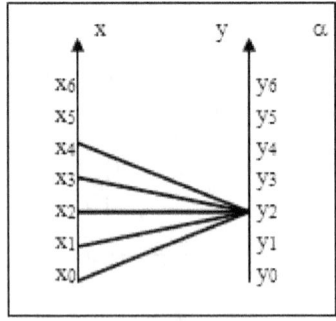

A₂ – Se na equação $y = c + b \cdot x^3$, $b = 0$ e $c = 3$; então, posso escrever que:

y	=	3	+	0	.	x^3
3	=	3	+	0	.	0^3
3	=	3	+	0	.	1^3
3	=	3	+	0	.	2^3
3	=	3	+	0	.	3^3
3	=	3	+	0	.	4^3

No gráfico leandroniano, obtém-se a seguinte figura:

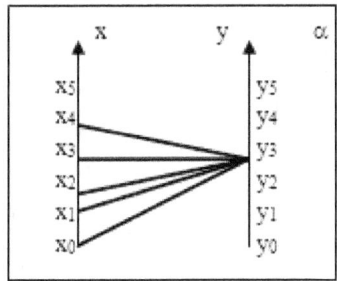

B – Se na equação do terceiro grau, b = 1 e c = 1; então, posso escrever que:

y	=	1	+	1	.	x^3
1	=	1	+	1	.	0^3
2	=	1	+	1	.	1^3
9	=	1	+	1	.	2^3
28	=	1	+	1	.	3^3
65	=	1	+	1	.	4^3

No gráfico leandroniano, obtém-se a seguinte figura:

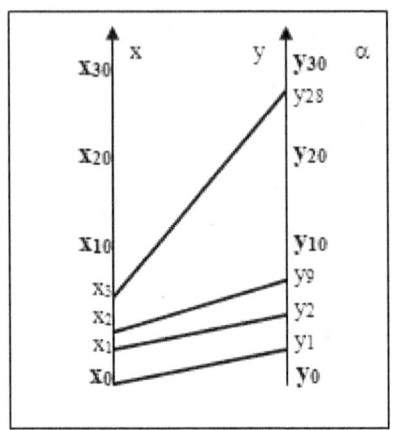

B₁ – Se na equação $y = c + b \cdot x^3$, $b = 1$ e $c = 2$; então, posso escrever que:

y	=	2	+	1	.	x^3
2	=	2	+	1	.	0^3
3	=	2	+	1	.	1^3
10	=	2	+	1	.	2^3
29	=	2	+	1	.	3^3
66	=	2	+	1	.	4^3

No gráfico leandroniano, obtém-se a seguinte figura:

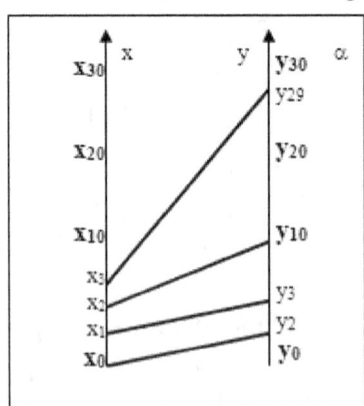

B₂ – Se na equação $y = c + b \cdot x^3$, $b = 1$ e $c = 3$; então, posso escrever que:

y	=	3	+	1	.	x^3
3	=	3	+	1	.	0^3
4	=	3	+	1	.	1^3
11	=	3	+	1	.	2^3
30	=	3	+	1	.	3^3
67	=	3	+	1	.	4^3

No gráfico leandroniano, obtém-se a seguinte figura:

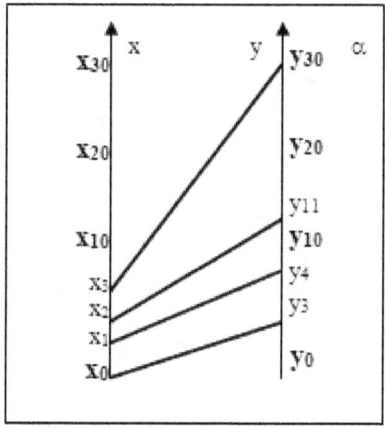

C – Se na equação do terceiro grau, $b = 2$ e $c = 1$; então, posso escrever que:

y	=	1	+	2	.	x^3
1	=	1	+	2	.	0^3
3	=	1	+	2	.	1^3
17	=	1	+	2	.	2^3
55	=	1	+	2	.	3^3
129	=	1	+	2	.	4^3

No gráfico leandroniano, obtém-se a seguinte figura:

Leandro Bertoldo
Geometria Leandroniana

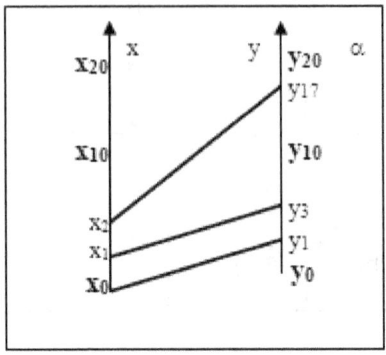

C₁ – Se na equação y = c + b . x³, b = 2 e c = 2; então, posso escrever que:

y	=	2	+	2	.	x³
2	=	2	+	2	.	0³
4	=	2	+	2	.	1³
18	=	2	+	2	.	2³
56	=	2	+	2	.	3³
130	=	2	+	2	.	4³

No gráfico leandroniano, obtém-se a seguinte figura:

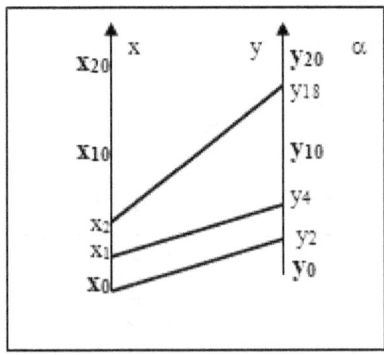

C₂ – Se na equação y = c + b . x³, b = 2 e c = 3; então, posso escrever que:

y	=	3	+	2	.	x^3
3	=	3	+	2	.	0^3
5	=	3	+	2	.	1^3
19	=	3	+	2	.	2^3
57	=	3	+	2	.	3^3
131	=	3	+	2	.	4^3

No gráfico leandroniano, obtém-se a seguinte figura:

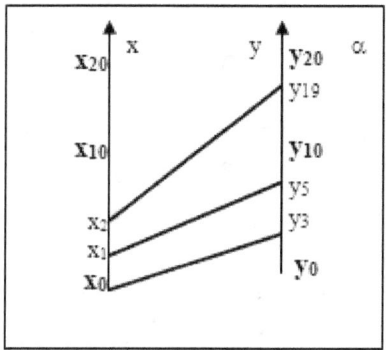

D – Se na equação do terceiro grau, b = 3 e c = 1; então, posso escrever que:

y	=	1	+	3	.	x^3
1	=	1	+	3	.	0^3
4	=	1	+	3	.	1^3
25	=	1	+	3	.	2^3
82	=	1	+	3	.	3^3
193	=	1	+	3	.	4^3

No gráfico leandroniano, obtém-se a seguinte figura:

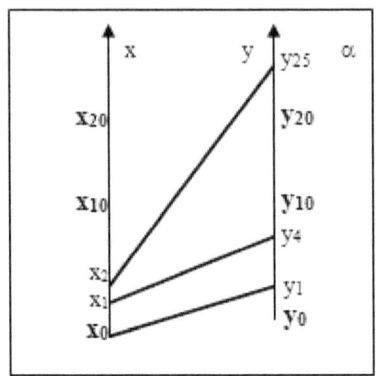

D₁ – Se na equação $y = c + b \cdot x^3$, $b = 3$ e $c = 2$; então, posso escrever que:

y	=	2	+	3	.	x^3
2	=	2	+	3	.	0^3
5	=	2	+	3	.	1^3
26	=	2	+	3	.	2^3
83	=	2	+	3	.	3^3
194	=	2	+	3	.	4^3

No gráfico leandroniano, obtém-se a seguinte figura:

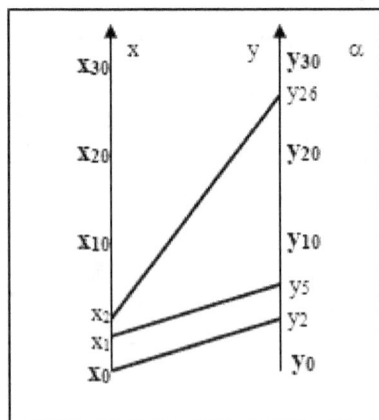

D₂ – Se na equação $y = c + b \cdot x^3$, $b = 3$ e $c = 3$; então, posso escrever que:

y	=	3	+	3	.	x^2
3	=	3	+	3	.	0^2
6	=	3	+	3	.	1^2
27	=	3	+	3	.	2^2
84	=	3	+	3	.	3^2
195	=	3	+	3	.	4^2

No gráfico leandroniano, obtém-se a seguinte figura:

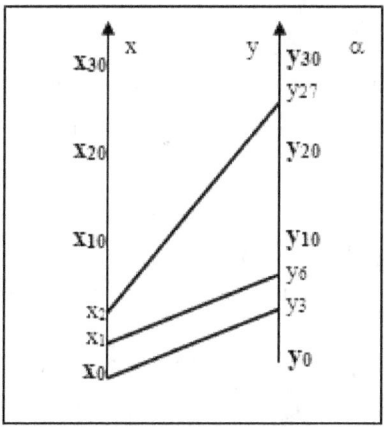

Após ter apresentado os gráficos anteriores, passo a deduzir a seguinte propriedade: "uma equação do terceiro grau ($y = c + b \cdot x^3$), representada no gráfico leandroniano, apresenta o número real (c), caracterizado pela seguinte igualdade:

$$c_n = (x_0, y_n)$$

Uma outra propriedade versa sobre o cálculo do valor do número real (b); tal propriedade implica que o número real (b) é igual ao valor do pico y_m do par ordenado (x_1, y_m) pela diferença do valor do pico y_n do par ordenado (x_0, y_n). Simbolicamente, o referido enunciado é expresso pela seguinte equação:

$$b^{(x1,\ ym)}{}_{(xo,\ yn)} = y_m - y_n$$

3 - Distância Entre um Pico Posterior por seu Pico Anterior

A equação do terceiro grau, representada simbolicamente pela expressão: $y = c + b \cdot x^3$, permitiu traçar os gráficos leandronianos do último parágrafo; sendo que cada reta é caracterizada por um par ordenado (x, y). Evidentemente, a distância que separa um pico posterior de seu anterior é igual à diferença matemática existente entre os mesmos. Simbolicamente, o referido enunciado é expresso pela seguinte expressão matemática:

$$R^{(xa,\ ya)}{}_{(xp,\ yp)} = y_p - y_a$$

Onde a letra (R) caracteriza a distância que separa um pico do outro; onde a letra (y_a) representa o pico anterior; e, a letra (y_p), representa o pico posterior.

Uma outra equação que traduz a distância que separa um pico posterior do seu anterior é a equação de Leandro, representada simbolicamente pela seguinte expressão:

$$R_m = b \cdot [R_1 + 3 \cdot (x^2 - x)]$$

Em tal equação estou afirmando que o valor de R_m, não depende do número real "c".

4 - Prova que R_m não depende de c

Considere um valor posterior de um pico y_p, cuja equação que o representa é a seguinte:

$$y_p = c + b \cdot x_p^3$$

Agora, considere um valor anterior de um pico y_a, cuja equação que o representa é a seguinte:

$$y_a = c + b \cdot x_a^3$$

Demonstrei que a distância entre um pico posterior por seu anterior é representada simbolicamente pela seguinte expressão:

$$R^{(xa, ya)}_{(xp, yp)} = y_p - y_a$$

Então, substituindo convenientemente as duas últimas expressões, vem que:

$$R^{(xa, ya)}_{(xp, yp)} = (c + b \cdot x_p^3) - (c + b \cdot x_a^3)$$

Então, vem que:

$$R^{(xa, ya)}_{(xp, yp)} = c + b \cdot x_p^3 - c + b \cdot x_a^3$$

Assim, resulta que:

$$R^{(xa, ya)}_{(xp, yp)} = b \cdot x_p^3 - b \cdot x_a^3$$
$$R^{(xa, ya)}_{(xp, yp)} = b \cdot (x_p^3 - x_a^3)$$

Portanto, posso escrever que:

$$R^{(xa, ya)}_{(xp, yp)} = y_p - y_a = b \cdot (x_p^3 - x_a^3)$$

Tal equação prova que R_m não depende do número real c.

5 - Fusão do Parágrafo nº 03 com o nº 04

Afirmei que:

$$R_m = b \cdot [R_1 + 3 \cdot (x_p^2 - x_p)]$$

Demonstrei que:

$$R_m = b \cdot (x_p^3 - x_a^3)$$

Igualando convenientemente as duas últimas expressões, vem que:

$$B \cdot (x_p^3 - x_a^3) = b \cdot [R_1 + 3 \cdot (x_p^2 - x_p)]$$

Eliminando os termos em evidência, vem que:

$$x_p^3 - x_a^3 = R_1 + 3 \cdot (x_p^2 - x_p)$$

Assim, vem que:

$$R_1 = x_p^3 - x_a^3 - 3 \cdot (x_p^2 - x_p)$$
$$R_1 = x_p^3 - x_a^3 - 3x_p^2 - 3x_p$$

Logo, resulta que:

$$R_1 = x_p^3 - 3x_p^2 + 3x_p - 3x_a^3$$

Denominei tal expressão por equação constante unitária de Leandro.

6 - Altura Entre um Pico por seu Vale

Considere a equação do terceiro grau, caracterizada simbolicamente pela seguinte igualdade:

$$y = c + b \cdot x^3$$

Para efeito de exemplo, considere o número real b = 3 e o número real c = 2, então, obtém-se a seguinte tabela:

y	=	2	+	3	.	x^3
2	=	2	+	3	.	0^3
5	=	2	+	3	.	1^3
26	=	2	+	3	.	2^3

Evidentemente, têm-se os seguintes pares ordenados: (x_0, y_2); (x_1, y_5); (x_2, y_{26}) etc.

O gráfico leandroniano que caracteriza os referidos pares ordenados é o seguinte:

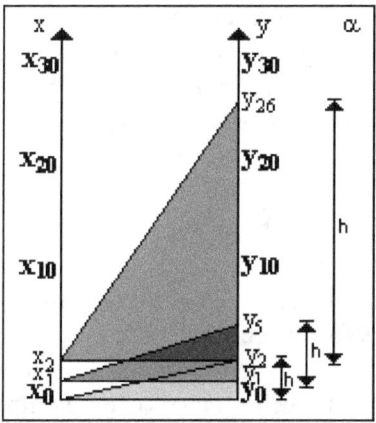

Observando a reta caracterizada pelo par ordenado (x_0, y_2), pode-se notar que a altura definida entre o vale x_0 e o pico y_2 caracterizam um triângulo de vértices (x_0, y_2, y_0). Tal triângulo apresenta uma altura caracterizada pela diferença existente entre o pico y_2 pelo vale x_0. Simbolicamente, o referido enunciado é expresso pela seguinte igualdade:

$$h_2 = y_2 - x_0$$

Note que os valores y_2 e x_0, representam o par ordenado (x_0, y_2). Agora, observe a reta definida pelo par ordenado (x_1, y_5); pode-se observar que a altura definida entre o vale x_1 e o pico y_5 caracterizam um triângulo retângulo de vértices, (x_1, y_5, y_1). O referido triângulo apresenta uma altura caracterizada pela diferença existente entre o pico y_5 e o vale x_1. Simbolicamente, o referido enunciado é expresso pela seguinte igualdade:

$$h_4 = y_5 - x_1$$

Observe que os valores y_5 e x_1, representam o par ordenado (x_1, y_5).

Agora, considere a reta definida pelo par ordenado (x_2, y_{26}). Tal reta apresenta uma altura definida entre o vale x_2 e o pico y_{26}, caracterizando um triângulo retângulo de vértices, (x_2, y_{26}, y_2). A altura do referido triângulo é igual à diferença existente entre o pico y_{26} e o vale x_2. Simbolicamente, o referido enunciado é expresso pela seguinte expressão:

$$h_{24} = y_{26} - x_2$$

Note que os valores x_2 e y_{26}, representam o par ordenado (x_2, y_{26}). Então, de uma forma generalizada posso afirmar que a altura (h) de uma reta no gráfico leandroniano, representada por um par ordenado (x, y), é igual à diferença existente entre o pico y pelo vale x. Simbolicamente, o referido enunciado é expresso pela seguinte igualdade:

$$h_{(x,\,y)} = y - x$$

Leandro Bertoldo
Geometria Leandroniana

7 - Equação da Altura e a Equação do Terceiro Grau

Afirmei que a equação do terceiro grau é expressa simbolicamente pela seguinte igualdade:

$$y = c + b \cdot x^3$$

Demonstrei que a altura de uma reta representada no gráfico leandroniano é expressa simbolicamente pela seguinte igualdade:

$$h_{(x, y)} = y - x$$

Substituindo convenientemente as duas últimas expressões, vem que:

$$h_{(x, y)} = c + bx^3 - x$$

Portanto, posso escrever que:

$$h_{(x, y)} = c + x \cdot (b \cdot x^2 - 1)$$

8 - Equação de Leandro para o Cálculo da Altura

Para realizar o cálculo da altura que cada reta apresenta no gráfico leandroniano desenvolvi uma expressão matemática que chamo por "Equação de Leandro". A referida equação é enunciada nos seguintes termos: a altura ($h_{(x, y)}$) de uma reta definida por um par ordenado (x, y), através de uma equação do terceiro grau, (y = c + b . x³), é igual ao valor do número real (c) adicionado com o dobro do número real (2 . b) em produto com (x − 1) multiplicado por (x) seguimental (?) e somado com (b − 1) . x. Simbolicamente, o referido enunciado é expresso pela seguinte equação:

$$h_{(x, y)} = c + 2 \cdot b \cdot (x - 1) \cdot (x?) + (b - 1) \cdot x$$

9 - Demonstração Regressiva da Equação de Leandro

Sabe-se que a equação de Leandro e expressa por:

$$h_{(x, y)} = c + 2 \cdot b \cdot (x - 1) \cdot (x?) + (b - 1) \cdot x$$

Porém, afirmei em capítulos anteriores que:

$$x? = x \cdot (x + 1)/2$$

Substituindo convenientemente as duas últimas expressões, vem que:

$$h_{(x, y)} = c + [2 \cdot b \cdot (x - 1) \cdot x \cdot (x + 1)]/2 + (b - 1) \cdot x$$

Eliminando os termos em evidência, vem que:

$$h_{(x, y)} = c + b \cdot (x - 1) \cdot x \cdot (x + 1) + (b - 1) \cdot x$$

Logicamente o produto de $(x - 1)$ por $(x + 1)$ é representado por:

$$(x^2 - 1) = [(x - 1) \cdot (x + 1)]$$

Substituindo convenientemente as duas últimas expressões, vem que:

$$h_{(x, y)} = c + b \cdot x \cdot (x^2 - 1) + (b \cdot x - x)$$

Então, posso escrever que:

$$h_{(x, y)} = c + b \cdot x^3 - b \cdot x + b \cdot x - x$$

Eliminando os termos em evidência, vem que:

$$h_{(x, y)} = c + (b \cdot x^3 - x)$$

Portanto, posso escrever que:

$$h_{(x, y)} = c + x \cdot (b \cdot x^2 - 1)$$

Tal equação é idêntica à que foi obtida no parágrafo sete (7) do presente capítulo.

10 - Equação da Altura e a Equação de Leandro

Demonstrei que:

$$h_{(x, y)} = y - x$$

Afirmei que a equação de Leandro é expressa por:

$$h_{(x, y)} = c + 2 \cdot b \cdot (x - 1) \cdot (x?) + (b - 1) \cdot x$$

Igualando convenientemente as duas últimas expressões, vem que:

$$y - c = c + 2 \cdot b \cdot (x - 1) \cdot (x?) + (b - 1) \cdot x$$

11 - Área Limitada por um Triângulo Retângulo

A equação do terceiro grau, $y = c + b \cdot x^3$, permite traçar o seguinte gráfico leandroniano:

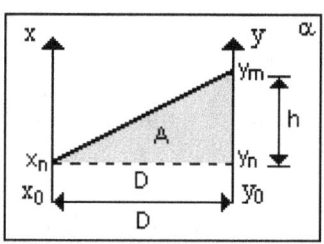

Leandro Bertoldo
Geometria Leandroniana

A referida figura rachurada é um triângulo retângulo, cuja área é definida na geometria plana como sendo igual à metade da base (D) em produto com a altura (h). Simbolicamente, o referido enunciado é expresso pela seguinte relação:

a) $\qquad A = D \cdot h/2$

No gráfico leandroniano convencional, onde $D = 1$, a altura expressa resulta na seguinte:

b) $\qquad A = h/2$

Demonstrei que:

c) $\qquad h = c + (b \cdot x^3 - x)$

Substituindo convenientemente a expressão (c) na expressão (a), vem que:

d) $\qquad A = D/2 \cdot [c + (b \cdot x^3 - x)]$

Substituindo convenientemente a expressão (c) na expressão (b), vem que:

e) $\qquad A = \frac{1}{2} \cdot [c + (b \cdot x^3 - x)]$

Demonstrei que;

f) $\qquad h = c + 2 \cdot b \cdot (x - 1) \cdot (x?) + (b - 1) \cdot x$

Substituindo convenientemente a expressão (f) na expressão (a), vem que:

$$A = D/2 \cdot [c + 2 \cdot b \cdot (x - 1) \cdot (x?) + (b - 1) \cdot x]$$

Leandro Bertoldo
Geometria Leandroniana

Substituindo convenientemente a expressão (f) na expressão (b), vem que:

$$A = \tfrac{1}{2} \cdot [c + 2 \cdot b \cdot (x - 1) \cdot (x?) + (b - 1) \cdot x]$$

12 - Coeficientes na Equação do Terceiro Grau

Considere a equação do terceiro grau, representada simbolicamente pela seguinte igualdade:

$$y = c + b \cdot x^3$$

Considere um par ordenado (xn, ym), definido pela equação do terceiro grau. Desse modo, o gráfico leandroniano que define o referido par ordenado, é o seguinte:

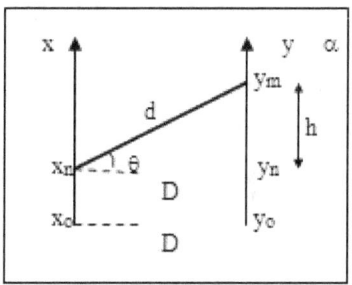

A – *Coeficiente Delta*

a) O Coeficiente delta Δ é igual ao quociente da altura h, inversa pela base D do gráfico leandroniano. Simbolicamente, o referido enunciado é expresso pela seguinte relação:

$$\Delta = h/D$$

Leandro Bertoldo
Geometria Leandroniana

b) O coeficiente delta no gráfico leandroniano convencional, onde D = 1 é simbolicamente representado pela seguinte igualdade:

$$\Delta = h$$

c) A área do triângulo retângulo representada no gráfico leandroniano é caracterizada pela seguinte relação:

$$A = d \cdot h/2$$

Substituindo convenientemente a expressão (c) na expressão (a), vem que:

$$A = D \cdot D \cdot \Delta/2$$

Assim, vem que:

d) $$A = \Delta \cdot D^2/2$$

Substituindo convenientemente a expressão (c) na expressão (a), também, vem que:

$$A = h \cdot h/2 \cdot \Delta$$

Assim, resulta que:

e) $$A = h^2/2 \cdot \Delta$$

Substituindo convenientemente a expressão (c) na expressão (b), vem que:

$$A = D \cdot \Delta/2$$

Porém, como D = 1, resulta que:

f) $$A = \Delta/2$$

Sabe-se que:

g)
$$h = y - x$$

Substituindo convenientemente a expressão (g) na expressão (a), vem que:

$$\Delta = (y - x)/D$$

Logicamente, posso escrever que:

$$\Delta \cdot D = y - x$$

Assim, vem que:

h)
$$y = \Delta \cdot D + x$$

Pela equação do terceiro grau, posso escrever que:

i)
$$y = c + b \cdot x^3$$

Igualando convenientemente as duas últimas expressões, vem que:

$$c + b \cdot x^3 = \Delta \cdot D + x$$

Logo, posso escrever:

$$b \cdot x^3 - x = \Delta \cdot D - c$$

No gráfico convencional de Leandro, onde $D = 1$, a última expressão se reduz à seguinte:

j)
$$b \cdot x^3 - x = \Delta - c$$

Demonstrei que:

l) $$h = c + b \cdot x^3 - x$$

Substituindo a expressão (l) na expressão (a), vem que:

m) $$\Delta = 1/D \cdot (c + b \cdot x^3 - x)$$

Demonstrei que:

n) $$h = c + 2 \cdot b \cdot (x - 1) \cdot (x?) + (b - 1) \cdot x$$

Substituindo convenientemente a expressão (n) na expressão (a), vem que:

$$\Delta = 1/D \cdot [c + 2 \cdot b \cdot (x - 1) \cdot (x?) + (b - 1) \cdot x]$$

B – Coeficiente Alfa

a) O coeficiente alfa é definido como sendo igual ao quociente da altura (h), inversa pela diagonal (d). O referido enunciado é expresso simbolicamente pela seguinte relação:

$$\alpha = h/d$$

b) A área do triângulo retângulo representada no gráfico leandroniano é caracterizada pela seguinte relação:

$$A = D \cdot h/2$$

Substituindo convenientemente a expressão (b) na expressão (a):

c) $$A = D \cdot d \cdot \alpha/2$$

Leandro Bertoldo
Geometria Leandroniana

No gráfico convencional de Leandro, onde D = 1, a última expressão se reduz à seguinte:

d) $$A = d \cdot \alpha/2$$

Demonstrei que:

e) $$h = y - x$$

Substituindo convenientemente a expressão (e) na expressão (a), vem que:

$$\alpha = (y - x)/d$$

Assim, posso escrever que:

$$\alpha \cdot d = y - x$$

Logo, resulta que:

f) $$y = \alpha \cdot d + x$$

A equação do terceiro grau é expressa pela seguinte igualdade:

g) $$y = c + b \cdot x^3$$

Igualando convenientemente as duas últimas expressões, vem que:

$$c + b \cdot x^3 = \alpha \cdot d + x$$

Assim, vem que:

h) $$b \cdot x^3 - x = \alpha \cdot d - c$$

Ao obter o coeficiente delta, demonstrei que:

i) $$b \cdot x^3 - x = \Delta \cdot D - c$$

Igualando convenientemente as duas últimas expressões, resulta que:

$$\Delta \cdot D - c = \alpha \cdot d - c$$

Eliminando os termos em evidência, resulta que:

j) $$\Delta \cdot D = \alpha \cdot d$$

No gráfico convencional, onde $D = 1$, a última expressão se reduz à seguinte:

l) $$\Delta = \alpha \cdot d$$

Demonstrei que:

m) $$h = c + b \cdot x^3 - x$$

Substituindo convenientemente a expressão (m) na expressão (a), vem que:

n) $$\alpha \cdot d = c + b \cdot x^3 - x$$

Demonstrei que:

o) $$h = c + 2 \cdot b \cdot (x - 1) \cdot (x?) + (b - 1) \cdot x$$

Substituindo convenientemente a expressão (o) na expressão (a), vem que:

$$\alpha \cdot d = c + 2 \cdot b \cdot (x - 1) \cdot (x?) + (b - 1) \cdot x$$

C – *Coeficiente Gama*

a) O coeficiente gama é definido como sendo igual ao quociente do valor da base (D), inversa pelo valor da diagonal (d). Simbolicamente, o referido enunciado é expresso pela seguinte relação:

$$\gamma = D/d$$

b) A área do triângulo retângulo representada no gráfico leandroniano é caracterizada pela seguinte relação:

$$A = D \cdot h/2$$

Substituindo convenientemente a expressão (b) na expressão (a), vem que:

c) $$A = h \cdot \gamma \cdot d/2$$

Da expressão (a), vem que:

$$\gamma = D/d$$

Logicamente, posso escrever que:

d) $$\gamma^2 = D^2/d^2$$

Sabe-se que:

e) $$d^2 = D^2 + h^2$$

Substituindo convenientemente as duas últimas expressões, vem que:

$$\gamma^2 = D^2/(D^2 + h^2)$$

Evidentemente, posso escrever que:

$$1/\gamma^2 = (D^2 + h^2)/D^2$$

Assim, resulta que:

f) $$1/\gamma^2 = 1 + (h^2/D^2)$$

Onde h^2/D^2, nada mais é do que Δ^2, ou seja:

g) $$\Delta^2 = h^2/D^2$$

Substituindo convenientemente as duas últimas expressões, vem que:

h) $$1/\gamma^2 = 1 + \Delta^2$$

Demonstrei que:

$$\Delta = (y - x)/D$$

Logicamente, posso escrever que:

i) $$\Delta^2 = (y - x)^2/D^2$$

Substituindo convenientemente a expressão (i) na expressão (h), vem que:

j) $$1/\gamma^2 = 1 + (y - x)^2/D^2$$

No gráfico convencional de Leandro, onde $D = 1$, a última expressão se reduz à seguinte:

l) $$1/\gamma^2 = 1 + (y - x)^2$$

A equação do terceiro grau permite escrever que:

m) $$y = c + b \cdot x^3$$

Substituindo convenientemente as duas últimas expressões, vem que:

n) $$1/\gamma^2 = 1 + (c + b \cdot x^3 - x)^2$$

No gráfico normal de Leandro, onde $D \neq 1$, a última expressão se completa por:

o) $$1/\gamma^2 = 1 + (c + b \cdot x^3 - x)^2/D^2$$

Demonstrei que:

$$\Delta = 1/D \cdot [c + 2 \cdot b \cdot (x - 1) \cdot (x?) + (b - 1) \cdot x]$$

Logicamente, posso escrever que:

p) $$\Delta^2 = 1/D^2 \cdot [c + 2 \cdot b \cdot (x - 1) \cdot (x?) + (b - 1) \cdot x]^2$$

Substituindo convenientemente a expressão (p) na expressão (h); vem que:

$$1/\gamma^2 = 1 + 1/D^2 \cdot [c + 2 \cdot b \cdot (x - 1) \cdot (x?) + (b - 1) \cdot x]^2$$

Leandro Bertoldo
Geometria Leandroniana

CAPÍTULO X

1 - Função Elementar do Quarto Grau

A função do quarto grau elementar é a função caracterizada simbolicamente pela seguinte equação:

$$y = x^4$$

Tal equação permite estabelecer a seguinte tabela:

y	=	x^4
0	=	0^4
1	=	1^4
16	=	2^4
81	=	3^4
256	=	4^4
625	=	5^4
1296	=	6^4
2401	=	7^4

Então, têm-se os seguintes pares ordenados que são invariáveis: (x_0, y_0); (x_1, y_1); (x_2, y_{16}); (x_3, y_{81}); (x_4, y_{256}) etc. Com eles obtém-se o seguinte gráfico leandroniano:

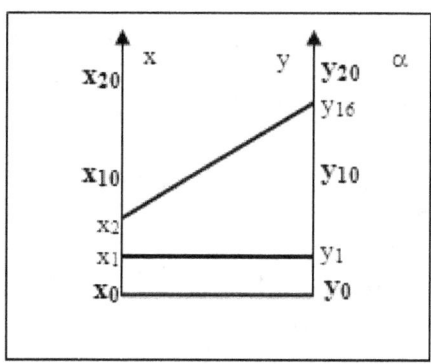

Leandro Bertoldo
Geometria Leandroniana

2 - Distância Entre um Pico Posterior por seu Anterior

A função elementar do quarto grau, $y = x^4$ permitiu traçar as diagonais no gráfico leandroniano do parágrafo anterior. Sendo que tal gráfico apresenta os seguintes pares ordenados: (x_0, y_0); (x_1, y_2); (x_2, y_{16}). Logicamente, a distância que separa um pico posterior do seu anterior é igual à diferença matemática existente entre os mesmos. Simbolicamente, o referido enunciado é expresso pela seguinte igualdade:

$$R^{(x_a, y_a)}{}_{(x_p, y_p)} = y_p - y_a$$

Onde a letra R representa a distância que separa um pico do outro; onde a letra y_p, representa o pico posterior e onde a letra y_a, representa o pico anterior. Então, com relação aos pares ordenados obtidos no parágrafo anterior, posso escrever que:

a) $R^{(x_0, y_0)}{}_{(x_1, y_1)} = y_1 - y_0 = 1$
b) $R^{(x_1, y_1)}{}_{(x_2, y_{16})} = y_{16} - y_1 = 15$
c) $R^{(x_2, y_{16})}{}_{(x_3, y_{81})} = y_{81} - y_{16} = 65$
d) $R^{(x_3, y_{81})}{}_{(x_4, y_{256})} = y_{256} - y_{81} = 175$
e) $R^{(x_4, y_{256})}{}_{(x_5, y_{625})} = y_{625} - y_{256} = 369$
f) $R^{(x_5, y_{625})}{}_{(x_6, y_{1296})} = y_{1296} - y_{625} = 671$
g) $R^{(x_6, y_{1296})}{}_{(x_7, y_{2401})} = y_{2401} - y_{1296} = 1105$

Agora, considere a seguinte sucessão:

$$(R_1, R_{15}, R_{65}, R_{369}, R_{671}, R_{1105})$$

Observe, agora, a diferença entre cada elemento, a partir do segundo e o seu anterior:

h) $S^{(y_1 - y_0)}{}_{(y_{16} - y_1)} = R_{15} - R_1 = 14$
i) $S^{(y_{16} - y_1)}{}_{(y_{81} - y_{16})} = R_{65} - R_{15} = 50$
j) $S^{(y_{81} - y_{16})}{}_{(y_{256} - y_{81})} = R_{175} - R_{65} = 110$
k) $S^{(y_{256} - y_{81})}{}_{(y_{625} - y_{256})} = R_{369} - R_{175} = 194$
l) $S^{(y_{625} - y_{256})}{}_{(y_{1296} - y_{625})} = R_{671} - R_{369} = 302$

m) $S^{(y1296 - y625)}{}_{(y2401 - y1296)} = R_{1105} - R_{671} = 434$

Agora, considere a nova sucessão:

$$(S_{14}, S_{50}, S_{110}, S_{194}, S_{302}, S_{434})$$

Observe, novamente, a diferença entre cada elemento, a partir do segundo e o seu anterior:

n) $T^{(R15 - R1)}{}_{(R65 - R15)} = S_{50} - S_{14} = 36$
o) $T^{(R65 - R15)}{}_{(R175 - R65)} = S_{110} - S_{50} = 60$
p) $T^{(R175 - R65)}{}_{(R369 - R175)} = S_{194} - S_{110} = 84$
q) $T^{(R369 - R175)}{}_{(R671 - R369)} = S_{302} - S_{194} = 108$
r) $T^{(R671 - R369)}{}_{(R1105 - R671)} = S_{434} - S_{302} = 132$

Agora, considere a nova sucessão:

$$(T_{36}, T_{60}, T_{84}, T_{108}, T_{132})$$

Observe, agora, que a diferença entre cada elemento a partir do segundo e o seu anterior é sempre constante.

s) $U^{(S50 - S14)}{}_{(S110 - S50)} = T_{60} - T_{36} = 24$
t) $U^{(S110 - S50)}{}_{(S194 - S110)} = T_{84} - T_{60} = 24$
u) $U^{(S194 - S110)}{}_{(S302 - S194)} = T_{108} - T_{84} = 24$
v) $U^{(S302 - S194)}{}_{(S434 - S302)} = T_{132} - T_{108} = 24$

Uma sucessão assim de quarta ordem é denominada por progressão aritmética.

Desse modo, se a sucessão:

$$(T_{36}, T_{60}, T_{84}, T_{108}, T_{132})$$

é uma progressão aritmética, tem-se que:

$$T_{60} - T_{36} = T_{84} - T_{60} = T_{108} - T_{84} = T_{132} - T_{108} = r_{24}$$

Vou supor que a seqüência (T_{36}, T_{60}, T_{84}, T_{108}, T_{132}, ..., T_n), seja uma progressão aritmética de razão r. Nota-se que:

$$T_{60} = T_{36} + r_{24}$$
$$T_{84} = T_{60} + r_{24}$$

Substituindo convenientemente as duas últimas expressões, vem que:

$$T_{84} = T_{36} + r_{24} + r_{24}$$

Ou seja:

$$T_{84} = T_{36} + 2 \cdot r_{24}$$

Considere, agora, o seguinte:

$$T_{108} = T_{84} + r_{24}$$

Substituindo convenientemente as duas últimas expressões, vem que:

$$T_{108} = T_{36} + 2 \cdot r_{24} + r_{24}$$

Ou seja:

$$T_{108} = T_{36} + 3 \cdot r_{24}$$

Considere, agora, o seguinte:

$$T_{132} = T_{108} + r_{24}$$

Substituindo convenientemente as duas últimas expressões, vem que:

$$T_{132} = T_{36} + 3 \cdot r_{24} + r_{24}$$

Ou seja:

$$T_{132} = T_{36} + 4 \cdot r_{24}$$

De modo generalizado, o termo de ordem n, isto é, T_n, é expresso por:

$$T_n = T_{36} + m \cdot r_{24}$$

Também, posso escrever que:

$$T_n = T_{36} + (n-1) \cdot r_{24}$$

Assim, vem que:

$$T_n = T_{36} + n \cdot r_{24} - r_{24}$$

Como, T_{36} e r_{24}, são valores numéricos constantes, posso efetuar a diferença entre ambos, de forma que resulta:

$$T_n = 12 + n \cdot r_{24}, \text{ ou seja,}$$
$$T_n = 12 \cdot (2 \cdot n + 1)$$

Para deduzir uma nova expressão matemática, posso escrever que:

$$S_{50} = T_{36} + S_{14}$$
$$S_{110} = T_{60} + S_{50}$$
$$S_{194} = T_{84} + S_{110}$$
$$S_{102} = T_{108} + S_{194}$$
$$S_{434} = T_{132} + S_{302}$$

Então, posso escrever a seguinte equação:

$$S_{50} = T_{36} + S_{14}$$
$$S_{110} = T_{60} + S_{50}$$

Substituindo convenientemente as duas últimas expressões, vem que:

$$S_{110} = T_{60} + T_{36} + S_{14}$$

Posso, também, escrever que:

$$S_{194} = T_{84} + S_{110}$$

Substituindo convenientemente as duas últimas expressões, vem que:

$$S_{194} = T_{84} + T_{60} + T_{36} + S_{14}$$

Agora, escrevendo que:

$$S_{302} = T_{108} + S_{194}$$

Então, substituindo convenientemente as duas últimas expressões, vem que:

$$S_{302} = T_{108} + T_{84} + T_{60} + T_{36} + S_{14}$$

Agora, escrevendo que:

$$S_{434} = T_{132} + S_{302}$$

Substituindo convenientemente as duas últimas expressões, vem que:

$$S_{434} = T_{132} + T_{108} + T_{84} + T_{60} + T_{36} + S_{14}$$

Portanto, posso escrever que:

$$S_{434} = S_{14} + T_{36} + T_{60} + T_{84} + T_{108} + T_{132}$$

Logicamente, posso escrever que:

$S_{434} = S_{14} + T_{(12+1\,.\,24)} + T_{(12+2\,.\,24)} + T_{(12+3\,.\,24)} + T_{(12+4\,.\,24)} + T_{(12+5\,.\,24)}$

Evidentemente, tem-se que:

$S_{434} = S_{14} + (12 + 1\,.\,24) + (12 + 2\,.\,24) + (12 + 3\,.\,24) + (12 + 4\,.\,24) + (12 + 5\,.\,24)$

Generalizando a referida expressão, tem-se que:

$S_m = S_{14} + (12 + 1\,.\,24) + (12 + 2\,.\,24) + (12 + 3\,.\,24) + (12 + n\,.\,24)$

Ou seja:

$S_m = S_{14} + (12 + n_1\,.\,24) + (12 + n_2\,.\,24) + (12 + n_3\,.\,24) + (12 + n_n\,.\,24)$

Demonstrei que:

$$T_n = 12\,.\,(2\,.\,n + 1)$$

Então, substituindo o referido resultado na equação:

$$S_{434} = S_{14} + T_{36} + T_{60} + T_{84} + T_{108} + T_{132}$$

Vem que:

$S_{343} = S_{14} + T_{12\,.\,(2\,.\,n1+1)} + T_{12\,.\,(2\,.\,n2+1)} + T_{12\,.\,(2\,.\,n3+1)} + T_{12\,.\,(2\,.\,n4+1)} + T_{12\,.\,(2\,.\,n5+1)}$

Generalizando a referida expressão, tem-se que:

$S_m = S_{14} + 12\,.\,(2\,.\,n_1 + 1) + 12\,.\,(2\,.\,n_2 + 1) + 12\,.\,(2\,.\,n_3 + 1) + 12\,.\,(2\,.\,n_p + 1)$

Portanto, vem que:

$S_m = S_{14} + 12 \cdot [(2 \cdot n_1 + 1) + (2 \cdot n_2 + 1) + (2 \cdot n_3 + 1) + (2 \cdot n_p + 1)]$

Resolvendo tal expressão, vem que:

$S_m = S_{14} + 12 \cdot [(3) + (5) + (7) + (9) + (11) + (2 \cdot p + 1)]$

Porém, sabe-se pela matemática que a soma de n termos de uma progressão aritmética finita é obtida multiplicando-se a média aritmética dos extremos pelo número de termos; ou seja:

$3 + 5 + 7 + 9 + 11 + (2p + 1) = \{p \cdot [3 + (2p + 1)]\}/2$

Então, posso escrever que:

$3 + 5 + 7 + 9 + 11 + (2p + 1) = 3p + p \cdot (2p + 1)/2$
$3 + 5 + 7 + 9 + 11 + (2p + 1) = (3p + 2p^2 + p)/2$
$3 + 5 + 7 + 9 + 11 + (2p + 1) = (4p + 2p^2)/2$
$3 + 5 + 7 + 9 + 11 + (2p + 1) = 2 \cdot (2p + p^2)/2$
$3 + 5 + 7 + 9 + 11 + (2p + 1) = 2p + p^2$

Logicamente, posso escrever que:

$S_m = S_{14} + 12 \cdot (2p + p^2)$

Agora, para a dedução de uma nova expressão matemática, considere as seguintes igualdades:

$R_{15} = S_{14} + R_1$
$R_{65} = S_{50} + R_{15}$
$R_{175} = S_{110} + R_{65}$
$R_{369} = S_{194} + R_{175}$
$R_{671} = S_{302} + R_{369}$
$R_{1105} = S_{434} + R_{671}$

Então, posso escrever que:

$$R_{15} = S_{14} + R_1$$
$$R_{65} = S_{50} + R_{15}$$

Substituindo convenientemente as duas últimas expressões, vem que:

$$R_{65} = S_{50} + S_{14} + R_1$$

Posso, também, escrever que:

$$R_{175} = S_{110} + R_{65}$$

Substituindo convenientemente as duas últimas expressões, vem que:

$$R_{175} = S_{110} + S_{50} + S_{14} + R_1$$

Agora, escrevendo que:

$$R_{369} = S_{194} + R_{175}$$

Substituindo convenientemente as duas últimas expressões, vem que:

$$R_{369} = S_{194} + S_{110} + S_{50} + S_{14} + R_1$$

Agora, escrevendo que:

$$R_{671} = S_{302} + R_{369}$$

Substituindo convenientemente as duas últimas expressões, vem que:

$$R_{671} = S_{302} + S_{194} + S_{110} + S_{50} + S_{14} + R_1$$

Agora, escrevendo que:

$$R_{1105} = S_{434} + R_{671}$$

Substituindo convenientemente as duas últimas expressões, vem que:

$$R_{1105} = S_{434} + S_{302} + S_{194} + S_{110} + S_{50} + S_{14} + R_1$$

Generalizando a referida conclusão, tem-se que:

$$R_m = R_1 + S_{14} + S_{50} + S_{110} + S_{194} + S_{302} + S_{434} + \ldots + S_n$$

Porém, demonstrei que:

$$S_m = S_{14} + 12 \cdot (2p + p^2)$$

Substituindo convenientemente as duas últimas expressões, posso escrever que:

$$R_m = R_1 + [S_{14} + 12 \cdot (2p_0 + p_0^2) + [S_{14} + 12 \cdot (2p_1 + p_1^2) + [S_{14} + 12 \cdot (2p_2 + p_2^2) + [S_{14} + 12 \cdot (2p_3 + p_3^2) + [S_{14} + 12 \cdot (2p_4 + p_4^2) + [S_{14} + 12 \cdot (2p_5 + p_5^2) + \ldots + [S_{14} + 12 \cdot (2p_n + p_n^2)]$$

Simplificando a última expressão, posso escrever que:

$$R_m = R_1 + [S_{14} + 12 \cdot (2p_0 + p_0^2) + [S_{14} + 12 \cdot (2p_1 + p_1^2) + [S_{14} + 12 \cdot (2p_2 + p_2^2) + \ldots + [S_{14} + 12 \cdot (2p_n + p_n^2)]$$

Então, posso escrever que:

$$R_m = R_1 + S_{14} + [12 \cdot (2p_0 + p_0^2)] + S_{14} + [12 \cdot (2p_1 + p_1^2)] + S_{14} + [12 \cdot (2p_2 + p_2^2)] + \ldots + S_{14} + [12 \cdot (2p_n + p_n^2)]$$

Assim, resulta que:

$$R_m = R_1 + (n + 1) \cdot S_{14} + 12 \cdot (2p_0 + p_0^2) + 12 \cdot (2p_1 + p_1^2) + 12 \cdot (2p_2 + p_2^2) + \ldots + 12 \cdot (2p_n + p_n^2)$$

Leandro Bertoldo
Geometria Leandroniana

Então, novamente, resulta que:

$$R_m = R_1 + (n+1) \cdot S_{14} + 12 \cdot [(2p_0 + p_0^2) + (2p_1 + p_1^2) + (2p_2 + p_2^2) + \ldots + (2p_n + p_n^2)]$$

Os valores entre colchetes na última expressão podem ser substituídos por números de valores constantes.

$$R_m = R_1 + (n+1) \cdot S_{14} + 12 \cdot [0 + 3 + 8 + 15 + 24 + 35 + 48 + \ldots + (2p_n + p_n^2)]$$

Caracterizando simbolicamente os valores (0, 3, 8, 15, 24, 35, 48) por r, posso escrever a seguinte sucessão:

$$(r_0, r_3, r_8, r_{15}, r_{24}, r_{35}, r_{48})$$

Observe agora, a diferença entre cada elemento, a partir do segundo e o seu anterior:

$$s_3 = r_3 + r_0$$
$$s_5 = r_8 + r_3$$
$$s_7 = r_{15} + r_8$$
$$s_9 = r_{24} + r_{15}$$
$$s_{11} = r_{35} + r_{24}$$
$$s_{13} = r_{48} + r_{35}$$

Agora, considere a nova sucessão:

$$(s_3, s_5, s_7, s_9, s_{11}, s_{13})$$

Observa-se que a diferença entre cada elemento a partir do segundo e o seu anterior é sempre dois (2).

$$s_5 - s_3 = s_7 - s_5 = s_9 - s_7 = s_{11} - s_9 = s_{13} - s_{11} = 2$$

Uma sucessão assim é denominada por progressão aritmética. Então, nota-se que:

Leandro Bertoldo
Geometria Leandroniana

$$s_5 = s_3 + 2$$
$$s_7 = s_5 + 2$$
$$s_9 = s_7 + 2$$
$$s_{11} = s_9 + 2$$
$$s_{13} = s_{11} + 2$$

Assim, posso escrever que:

$$s_5 = s_3 + 2$$
$$s_7 = s_5 + 2$$

Substituindo convenientemente as duas últimas expressões, vem que:

$$s_7 = s_3 + 2 + 2$$

Ou seja:

$$s_7 = s_3 + 2 \cdot 2$$

Considere agora, o seguinte:

$$s_9 = s_7 + 2$$

Substituindo convenientemente as duas últimas expressões, vem que:

$$s_9 = s_3 + 2 + 2 \cdot 2$$

Ou seja:

$$s_9 = s_3 + 3 \cdot 2$$

Considere agora, o seguinte:

$$s_{11} = s_9 + 2$$

Substituindo convenientemente as duas últimas expressões, posso escrever que:

$$s_{11} = s_3 + 3 \cdot 2 + 2$$

Ou seja:

$$s_{11} = s_3 + 4 \cdot 2$$

De modo generalizado, o termo de ordem n, isto é, s_n, é expresso por:

$$s_n = s_3 + (n-1) \cdot 2$$

Logo, posso escrever que:

$$s_n = 3 + (2n - 2)$$

Assim, resulta que:

$$s_n = 1 + 2n$$

Para deduzir uma nova expressão matemática, considere a seguinte tabela:

$$r_3 = s_3 + r_0$$
$$r_8 = s_5 + r_3$$
$$r_{15} = s_7 + r_8$$
$$r_{24} = s_9 + r_{15}$$
$$r_{35} = s_{11} + r_{24}$$
$$r_{48} = s_{13} + r_{35}$$

Então, posso escrever as seguintes equações:

$$r_3 = s_3 + r_0$$
$$r_8 = s_5 + r_3$$

Substituindo convenientemente as duas últimas expressões, vem que:

$$r_8 = s_5 + s_3 + r_0$$

Agora, escrevendo que:

$$r_{15} = s_7 + r_8$$

Substituindo convenientemente as duas últimas expressões, vem que:

$$r_{15} = s_7 + s_5 + s_3 + r_0$$

Agora, escrevendo que:

$$r_{24} = s_9 + r_{15}$$

Substituindo convenientemente as duas últimas expressões, vem que:

$$r_{24} = s_9 + s_7 + s_5 + s_3 + r_0$$

Agora, considere a seguinte igualdade:

$$r_{35} = s_{11} + r_{24}$$

Substituindo convenientemente as duas últimas expressões, vem que:

$$r_{35} = s_{11} + s_9 + s_7 + s_5 + s_3 + r_0$$

Agora, considere que:

$$r_{48} = s_{13} + r_{35}$$

Substituindo convenientemente as duas últimas expressões, vem que:

$$r_{48} = s_{13} + s_{11} + s_9 + s_7 + s_5 + s_3 + r_0$$

Generalizando a referida conclusão, tem-se que:

$$r_m = r_0 + s_3 + s_5 + s_7 + s_9 + s_{11} + s_{13} + \ldots + s_n$$

Porém, demonstrei que:

$$s_n = 1 + 2n$$

Substituindo convenientemente as duas últimas expressões, vem que:

$$r_m = r_0 + 1 + 2n_1 + 1 + 2n_2 + 1 + 2n_3 + 1 + 2n_4 + 1 + 2n_5 + 1 + 2n_6 + \ldots + 1 + 2n_n$$

Logo, posso escrever que:

$$r_m = r_0 + n_n + 2n_1 + 2n_2 + 2n_3 + 2n_4 + 2n_5 + 2n_6 + \ldots + 2n_n$$

Assim, vem que:

$$r_m = r_0 + n_n + 2 \cdot (n_1 + n_2 + n_3 + n_4 + n_5 + n_6 + \ldots + n_n)$$

Ou seja:

$$r_m = r_0 + n + 2 \cdot (1 + 2 + 3 + 4 + 5 + 6 + \ldots + n)$$

Porém, sabe-se pela matemática que a soma de n termos de uma progressão aritmética finita é obtida multiplicando-se a média aritmética dos extremos pelo número de termos; ou seja:

$$1 + 2 + 3 + 4 + 5 + 6 + \ldots + n = n \cdot (1 + n)/2$$

Ou melhor:

$$1 + 2 + 3 + 4 + 5 + 6 + \ldots + n = (n + n^2)/2$$

Desse modo, posso escrever que:

$$r_m = r_0 + n + 2 \cdot (n + n^2)/2$$

Eliminando os termos em evidência, resulta que:

$$r_m = r_0 + n + (n + n^2)$$

Como $r_0 = 0$, vem que:

$$r_m = n + n + n^2$$

Assim, resulta que:

$$r_m = 2n + n^2$$

Em equações anteriores afirmei que:

$$R_m = R_1 + (n + 1) \cdot S_{14} + 12 \cdot [(r_0 + r_3 + r_8 + r_{15} + r_{24} + r_{35} + r_{48} + \ldots + r_{(2pn + pn2)}]$$

Substituindo convenientemente as duas últimas expressões, vem que:

$$R_m = R_1 + (n + 1) \cdot S_{14} + 12 \cdot [(2n_0 + n_0^2) + (2n_1 + n_1^2) + (2n_2 + n_2^2) + (2n_3 + n_3^2) + (2n_4 + n_4^2) + (2n_5 + n_5^2) + (2n_6 + n_6^2) + \ldots + (2n_n + n_n^2)]$$

Com relação a tal expressão, posso escrever que:

$$R_m = R_1 + (n + 1) \cdot S_{14} + 12 \cdot [2 \cdot (n_0 + n_1 + n_2 + n_3 + n_4 + n_5 + n_6 + \ldots + n_n) + (n_0^2 + n_1^2 + n_2^2 + n_3^2 + n_4^2 + n_5^2 + n_6^2 + \ldots + n_n^2)]$$

Leandro Bertoldo
Geometria Leandroniana

Porém, sabe-se pela matemática que a soma de n termos de uma progressão aritmética finita é obtida multiplicando-se a média aritmética dos extremos pelo número de termos; ou seja:

$$n_0 + n_1 + n_2 + n_3 + n_4 + n_5 + n_6 + \ldots + n = (n + n^2)/2$$

Substituindo convenientemente as duas últimas expressões, vem que:

$$R_m = R_1 + (n + 1) \cdot S_{14} + 12 \cdot [2 \cdot (n + n^2/2) + n_0^2 + n_1^2 + n_2^2 + n_3^2 + n_4^2 + n_5^2 + n_6^2 + \ldots + n^2]$$

Assim, eliminando os termos em evidência, vem que:

$$R_m = R_1 + (n + 1) \cdot S_{14} + 12 \cdot [n + n^2 + n_0^2 + n_1^2 + n_2^2 + n_3^2 + n_4^2 + n_5^2 + n_6^2 + \ldots + n^2]$$

Portanto, posso escrever que:

$$R_m = R_1 + (n + 1) \cdot S_{14} + 12 \cdot [n_0^2 + n_1^2 + n_2^2 + n_3^2 + n_4^2 + n_5^2 + n_6^2 + \ldots + (2n^2 + n)]$$

Onde a letra n, caracteriza o valor de $(x - 2)$, representante do pico superior. Ou seja, o par ordenado (x_1, y_1) representa o pico superior do par ordenado (x_0, y_0), sendo que este caracteriza o pico inferior. Então, substituindo convenientemente tal resultado na última expressão, vem que:

$$R_m = R_1 + [(x - 2) + 1] \cdot S_{14} + 12[n_0^2 + n_1^2 + n_2^2 + n^2_{(x-3)} + \ldots + (2n^2 + n)]$$

Portanto, conclui-se que:

$$R_m = R_1 + (x - 1) \cdot S_{14} + 12 \cdot [n_0^2 + n_1^2 + n_2^2 + n^2_{(x-3)} + \ldots + (2n^2 + n)]$$

Também posso escrever que:

$R_m = R_1 + (x_n - 1) \cdot S_{14} + 12 \cdot \{n_0^2 + n_1^2 + n_2^2 + n^2_{(x-3)} + \ldots + [2 \cdot (x-2)^2 + (x-2)]\}$

Então, vem que:

$R_m = R_1 + (x_n - 1) \cdot S_{14} + 12 \cdot (x_0^2 + x_1^2 + x_2^2 + x^2_{(x-3)} + \ldots + 2x_n^2 - 7x_n + 6)$

3 - Equação Elementar do Quarto Grau e a Equação de Leandro

Demonstrei no parágrafo anterior que a equação de Leandro é expressa por:

$R_m = R_1 + (x_n - 1) \cdot S_{14} + 12 \cdot (x_0^2 + x_1^2 + x_2^2 + x^2_{(x-3)} + \ldots + 2x_n^2 - 7x_n + 6)$

Sabe-se que a equação elementar do quarto grau é expressa por:

$$y = x^4$$

Logicamente, posso escrever que:

$$x = \sqrt[4]{y}$$

Evidentemente, posso escrever que:

$$x^2 = \sqrt[4]{y} \cdot \sqrt[4]{y}$$

Portanto, vem que:

$$x^2 = \sqrt[4]{y^2}$$

Assim, vem que:

Leandro Bertoldo
Geometria Leandroniana

$$x^2 = \sqrt[2]{y}$$

Logo, considerando tais equações, posso escrever que:

$R_m = R_1 + (\sqrt[4]{y_n} - 1) \cdot S_{14} + 12 \cdot (x_0^2 + x_1^2 + x_2^2 + x_{(x-3)}^2 + \ldots + 2 \cdot \sqrt[2]{y_n} - 7 \cdot \sqrt[4]{y_n} + 6)$

4 - Altura de um Pico de uma Reta em Referência ao Vale da Mesma

Considere a equação elementar do quarto grau, representada simbolicamente pela seguinte igualdade:

$$y = x^4$$

Tal equação permite obter exclusivamente os seguintes pares ordenados: (x_0, y_0); (x_1, y_1); (x_2, y_{16}); (x_3, y_{81}); (x_4, y_{256}) etc. O gráfico leandroniano que caracteriza alguns dos referidos pares ordenados é o seguinte:

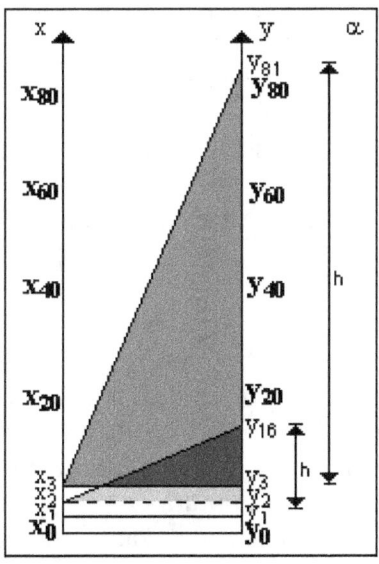

Observando a reta caracterizada pelo par ordenado (x_0, y_0), pode-se observar que a sua altura definida entre o vale x_0 e o pico y_0 é caracterizada pela diferença existente entre o pico y_0 pelo x_0. Simbolicamente, o referido enunciado é expresso pela seguinte igualdade:

$$h = y_0 - x_0 = 0$$

Considerando a reta representada pelo par ordenado (x_1, y_1), pode-se verificar que a sua altura definida entre o vale x_1 e o pico y_1 é caracterizada pela diferença existente entre o pico y_1 e o vale pelo x_1. O referido enunciado é expresso simbolicamente pela seguinte igualdade:

$$h = y_1 - x_1 = 0$$

Agora, considerando uma reta definida pelo par ordenado (x_2, y_{16}), pode-se observar que a altura (h) definida entre o vale (x_2) e o pico (y_{16}), representa um triângulo retângulo de vértices (x_2, y_{16}, y_2). Tal triângulo apresenta uma altura caracterizada pela diferença matemática existente entre o pico y_{16} pelo pico y_2. Simbolicamente, o referido enunciado é expresso pela seguinte igualdade:

$$h = y_{16} - y_2 = 14$$

Também, observa-se facilmente que $y_2 = x_2$, portanto, posso escrever que:

$$h = y_{16} - x_2 = 14$$

Observe que os valores de y_{16} e x_2, são os elementos que caracterizam o par ordenado (x_2, y_{16}) da reta considerada.

Agora, analisando a reta caracterizada pelo par ordenado (x_3, y_{81}), pode-se verificar que a altura da referida reta, definida entre o vale (x_3) e o pico (y_{81}), caracterizam um triângulo retângulo de vértices (x_3, y_{81}, y_3). A altura de tal triângulo é igual à diferença matemática existente entre o pico y_{81} pelo pico y_3. Simbolicamente, o referido enunciado é expresso pela seguinte igualdade:

$$h = y_{81} - y_3 = 78$$

Porém, sabe-se que $x_3 = y_3$, portanto, substituindo convenientemente a última expressão, posso escrever que:

$$h = y_{81} - x_3 = 78$$

Observe que os valores de y_{81} e x_3, caracterizam o par ordenado (x_3, y_{81}).

Após ter apresentado os referidos exemplos, agora de modo generalizado, posso afirmar que a altura (h) de uma reta no gráfico leandroniano, representada por um par ordenado (x, y) é igual à diferença existente entre o pico (y) pelo vale (x). Simbolicamente, o referido enunciado é expresso pela seguinte igualdade:

$$h_{(x, y)} = y - x$$

5 - Equação da Altura e a Equação Elementar do Quarto Grau

A equação elementar do quarto grau é expressa simbolicamente pela seguinte igualdade:

$$y = x^4$$

Demonstrei que a altura de uma reta no gráfico leandroniano é expressa por:

$$h = y - x$$

Substituindo convenientemente as duas últimas expressões, vem que:

$$h = x^4 - x$$

Leandro Bertoldo
Geometria Leandroniana

Logicamente, posso escrever que:

$$x = \sqrt[4]{y}$$

Sabendo que:

$$h = y - x$$

Logo, posso escrever que:

$$h = y - \sqrt[4]{y}$$

6 - Equação de Leandro Para o Cálculo da Altura

A equação elementar do quarto grau permite estabelecer alguns pares ordenados, a saber: (x_0, y_0); (x_1, y_1); (x_2, y_{16}); (x_3, y_{81}); (x_4, y_{256}); (x_5, y_{625}); (x_6, y_{1296}); (x_7, y_{2401}) etc. Tais pares ordenados representados no gráfico leandroniano apresentam, respectivamente, as seguintes alturas:

a) $h_{(x0, y0)} = y_0 - x_0 = 0$
b) $h_{(x1, y1)} = y_1 - x_1 = 0$
c) $h_{(x2, y16)} = y_{16} - x_2 = 14$
d) $h_{(x3, y81)} = y_{81} - x_3 = 78$
e) $h_{(x4, y256)} = y_{256} - x_4 = 252$
f) $h_{(x5, y625)} = y_{625} - x_5 = 620$
g) $h_{(x6, y1296)} = y_{1296} - x_6 = 1290$
h) $h_{(x7, y2401)} = y_{2401} - x_7 = 2394$

Para efetuar o cálculo da altura de cada reta no gráfico leandroniano desenvolvi uma expressão matemática que denomino por "Equação de Leandro". A referida equação é enunciada nos seguintes termos: "a altura de uma reta definida por um par ordenado (x, y) no gráfico leandroniano é igual ao dobro (2) de x . (x

− 1) em produto com x seguimental (?), adicionado com o termo x . (x − 1)". Simbolicamente, o referido enunciado é expresso pela seguinte igualdade:

$$h_{(x, y)} = 2x \cdot (x - 1) \cdot x? + x \cdot (x - 1)$$

Onde o símbolo ? representa a operação seguimental. Desse modo, a seguimental de um número qualquer é representada por:

$$P_n = n?$$

De uma forma mais geral posso escrever que:

$$P_n = (n - 0) + (n - 1) + (n - 2) + \ldots + (n - n)$$

Na verdade a seguimental nada mais é do que a simbolização da fórmula com a qual se costuma calcular a soma dos n termos de uma progressão aritmética finita. Tal soma é obtida multiplicando-se a média aritmética dos extremos pelo número de termos. Portanto, posso escrever que:

$$x? = x \cdot (x + 1)/2$$

Então, substituindo convenientemente tal resultado na equação de Leandro, vem que:

$$h_{(x, y)} = 2x \cdot (x - 1) \cdot x \cdot (x + 1)/2 + x \cdot (x - 1)$$

Eliminando os termos em evidência, vem que:

$$h_{(x, y)} = x \cdot (x - 1) \cdot x \cdot (x + 1) + x \cdot (x - 1)$$

Então, posso escrever que:

$$h_{(x, y)} = x^2 \cdot (x - 1) \cdot (x + 1) + x \cdot (x - 1)$$

Logicamente, o produto de (x − 1) por (x + 1) é caracterizado por:

$$\begin{array}{r} (x+1) \\ (x-1) \\ \hline x^2 + x \\ -x - 1 \\ \hline x^2 - 1 \end{array}$$

Logo, substituindo convenientemente o referido resultado na última expressão, vem que:

$$h_{(x,y)} = x^2 \cdot (x^2 - 1) + x \cdot (x - 1)$$

Assim, vem que:

$$h_{(x,y)} = x^4 - x^2 + x^2 - x$$

Eliminando os termos em evidência, vem que:

$$h_{(x,y)} = x^4 - x$$

A referida equação, também, pode ser deduzida da seguinte forma: Demonstrei que a equação fundamental da altura é expressa por: (h = y − x). A equação do quarto grau é expressa por: $y = x^4$; logo, substituindo convenientemente as duas últimas expressões, vem que:

$$h = x^4 - x$$

Desse modo, fica demonstrado a realidade ambas deduções.

Leandro Bertoldo
Geometria Leandroniana

7 - Relação Existente Entre a Equação de Leandro com as Demais

a) Demonstrei que a equação elementar do quarto grau é expressa por:

$$y = x^4$$

Evidentemente, posso escrever que:

$$x = \sqrt[4]{y}$$

Porém, afirmei que:

$$h_{(x, y)} = 2 \cdot x \cdot (x - 1) \cdot x? + x \cdot (x - 1)$$
$$h_{(x, y)} = 2 \cdot \sqrt[4]{y} \cdot [\sqrt[4]{(y)} - 1] \cdot (\sqrt[4]{y})? + [\sqrt[4]{y} \cdot (\sqrt[4]{(y)} - 1]$$

Com relação à equação de Leandro, posso escrever que:

$$h_{(x, y)} = 2 \cdot (x^2 - x) \cdot (x?) + (x^2 - x)$$

Assim, vem que:

$$h_{(x, y)} = (x^2 - x) \cdot [2(x?) + 1]$$

Sabe-se que:

$$h_{(x, y)} = y - \sqrt[4]{y}$$

Substituindo convenientemente as duas últimas expressões, vem que:

$$y - \sqrt[4]{y} = (x^2 \cdot x) \cdot [x? \, 2 + 1]$$

Leandro Bertoldo
Geometria Leandroniana

8 - Área Limitada por Triângulo

Considere a equação elementar do quarto grau $y = x^4$, que define um par ordenado genérico (x_n, y_m), que no gráfico leandroniano caracteriza a seguinte reta:

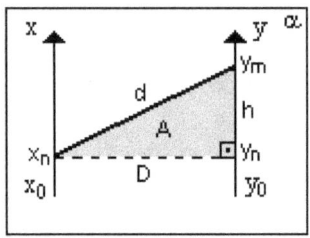

No gráfico leandroniano, observa-se perfeitamente que o par ordenado (x_n, y_m), define uma reta que no gráfico caracteriza um triângulo retângulo de vértices (x_n, y_m, y_n). A área (A) de tal triângulo é definida em geometria plana como sendo igual à metade da base (D) em produto com a altura (h). Simbolicamente, o referido enunciado é expresso pela seguinte igualdade:

I) $\qquad A = D/2 \cdot h$

Porém, demonstrei que:

$$h = y - \sqrt[4]{y}$$

Substituindo convenientemente as duas últimas expressões, vem que:

II) $\qquad A = D/2 \cdot (y - \sqrt[4]{y})$

Demonstrei, também que:

$$h = x^4 - x$$

Substituindo convenientemente a referida expressão com a equação (I), vem que:

III) $\quad A = D/2 \cdot (x^4 - x)$

Demonstrei que:

$$h = (x^2 - x) \cdot [2 \cdot (x?) + 1]$$

Substituindo convenientemente a referida expressão na equação (I), vem que:

$$A = D/2 \cdot (x^2 - x) \cdot [2 \cdot (x?) + 1]$$

9 - O Coeficiente na Equação Elementar do Quarto Grau

Considere a equação elementar do quarto grau representada simbolicamente pela seguinte igualdade:

$$y = x^4$$

Considere, também, um par ordenado qualquer definido pela referida equação:

$$(x_n, y_m)$$

No gráfico leandroniano, o referido par ordenado caracteriza a seguinte reta:

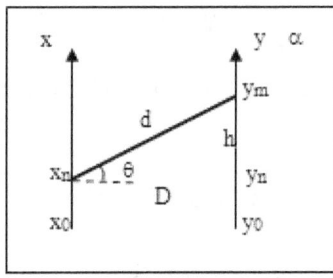

A – *Coeficiente Delta*

a) O coeficiente delta é definido como sendo igual ao quociente da altura (h), inversa pela base D. Simbolicamente, o referido enunciado é expresso pela seguinte relação:

$$\Delta = h/D$$

Porém, sabe-se que:

$$h = y - x$$

Substituindo convenientemente as duas últimas expressões, vem que:

$$\Delta = (y - x)/D$$

Evidentemente, posso escrever que:

$$y - x = \Delta . D$$

Assim, resulta que:

$$y = \Delta . D + x$$

Pela equação elementar do quarto grau, posso escrever que:

$$y = x^4$$

Igualando convenientemente as duas últimas expressões, vem que:

$$x^4 = \Delta . D + x$$

Desse modo, posso escrever que:

Leandro Bertoldo
Geometria Leandroniana

$$x^4 - x = \Delta \cdot D$$

No gráfico convencional de Leandro, onde d = 1, a última expressão se reduz à seguinte:

$$x^4 - x = \Delta$$

b) Sabe-se que:

$$\Delta = h/D$$

Demonstrei que:

$$h = y - \sqrt[4]{y}$$

Substituindo convenientemente as duas últimas expressões, vem que:

$$\Delta = (y - \sqrt[4]{y})/D$$

c) O coeficiente delta é definido por:

$$\Delta = h/D$$

Demonstrei que:

$$h = 2x \cdot (x - 1) \cdot (x?) + x \cdot (x - 1)$$

Substituindo convenientemente as duas últimas expressões, vem que:

$$\Delta = [2x \cdot (x - 1) \cdot (x?) + x \cdot (x - 1)]/D$$

B – *Coeficiente Alfa*

a) O coeficiente alfa é definido como sendo igual ao quociente da altura, inversa pela diagonal. Simbolicamente, o referido enunciado é expresso pela seguinte relação:

$$\alpha = h/d$$

Porém, demonstrei que:

$$h = y - x$$

Substituindo convenientemente as duas últimas expressões, vem que:

$$\alpha = (y - x)/d$$

b) Demonstrei que:

$$h = x^4 - x$$

Sabe-se que:

$$\alpha = h/d$$

Substituindo convenientemente as duas últimas expressões, vem que:

$$\alpha = (x^4 - x)/d$$

c) Afirmei que:

$$\alpha = h/d$$

Demonstrei que:

$$h = y - \sqrt[4]{y}$$

Substituindo convenientemente as duas últimas expressões, vem que:

$$\alpha = (y - \sqrt[4]{y})/d$$

d) Afirmei que:

$$\alpha = h/d$$

Demonstrei que:

$$h = 2x \cdot (x-1) \cdot (x?) + x \cdot (x-1)$$

Substituindo convenientemente as duas últimas expressões, vem que:

$$\alpha = [2x \cdot (x-1) \cdot (x?) + x \cdot (x-1)]/d$$

e) Sabe-se que: $d^2 = D^2 + h^2$
e_1) Portanto, posso escrever que: $\alpha = (x^4 - x)/\sqrt{(D^2 + h^2)}$
e_2) Portanto, posso escrever que: $\alpha = (y - \sqrt[4]{y})/\sqrt{(D^2 + h^2)}$
e_3) Portanto, posso escrever que: $\alpha = [2 \cdot x \cdot (x-1) \cdot (x?) + x \cdot (x-1)]/\sqrt{(D^2 + h^2)}$

C – *Coeficiente Gama*

a) O coeficiente gama é definido como sendo igual ao quociente da base, inversa pelo comprimento da diagonal. Simbolicamente, o referido enunciado e expresso pela seguinte relação:

$$\gamma = D/d$$

Demonstrei que:

$$d = \sqrt{(D^2/h^2)}$$

Substituindo convenientemente as duas últimas expressões, vem que:

$$\gamma = D/\sqrt{(D^2 + h^2)}$$

Logo, posso escrever que:

$$\gamma^2 = D^2/(D^2 + h^2)$$

Assim, vem que:

$$1/\gamma^2 = (D^2 + h^2)/D^2$$

Desse modo, resulta que:

$$1/\gamma^2 = 1 + (h^2/D^2)$$

b) Sabe-se que:

$$h^2 = (x^4 - x)^2$$

Substituindo convenientemente as duas últimas expressões, vem que:

$$1/\gamma^2 = 1 + (x^4 - x)^2/D^2$$

c) Sabe-se que:

$$1/\gamma^2 = 1 + (h^2/D^2)$$

Demonstrei que:

$$h^2 = \{(x^2 - x) \cdot [2 \cdot (x?) + 1]\}^2$$

Substituindo convenientemente as duas últimas expressões, vem que:

$$1/\gamma^2 = 1 + \{(x^2 - x) \cdot [2 \cdot (x?) + 1]\}^2/D^2$$

Leandro Bertoldo
Geometria Leandroniana

Leandro Bertoldo
Geometria Leandroniana

CAPÍTULO XI

1 - Função Linear do Quarto Grau

A função linear do quarto grau é a função caracterizada simbolicamente pela seguinte igualdade:

$$y = b \cdot x^4$$

2 - Propriedades

a) Se na equação linear do quarto grau, o número real b, for igual a zero (b = 0); então, posso escrever que:

Y	=	b	.	x^4
0	=	0	.	0^4
0	=	0	.	1^4
0	=	0	.	2^4
0	=	0	.	3^4

O gráfico leandroniano que caracteriza os referidos pares ordenados é o seguinte:

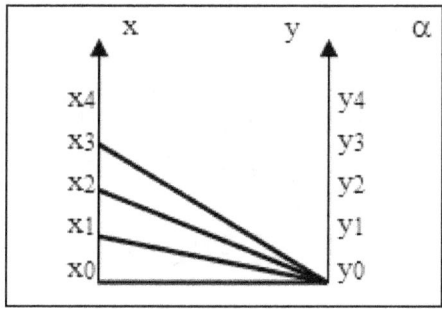

b) Se na equação linear do quarto grau, o número real b, for igual a um (b = 1); então, posso escrever que:

Y	=	b	.	x^4
0	=	1	.	0^4
1	=	1	.	1^4
16	=	1	.	2^4
81	=	1	.	3^4

O gráfico leandroniano que caracteriza os referidos pares ordenados é o seguinte:

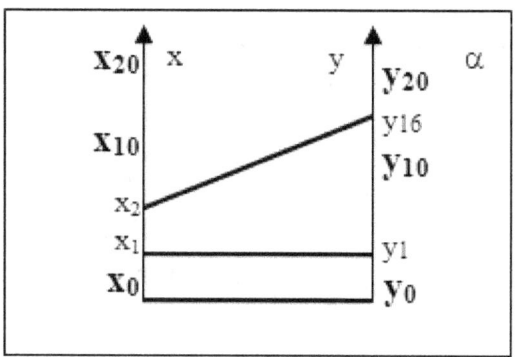

c) Se na equação linear do quarto grau, o número real b, for igual a dois (b = 2); então, posso escrever que:

Y	=	b	.	x^4
0	=	2	.	0^4
2	=	2	.	1^4
32	=	2	.	2^4
162	=	2	.	3^4

O gráfico leandroniano que caracteriza os referidos pares ordenados é o seguinte:

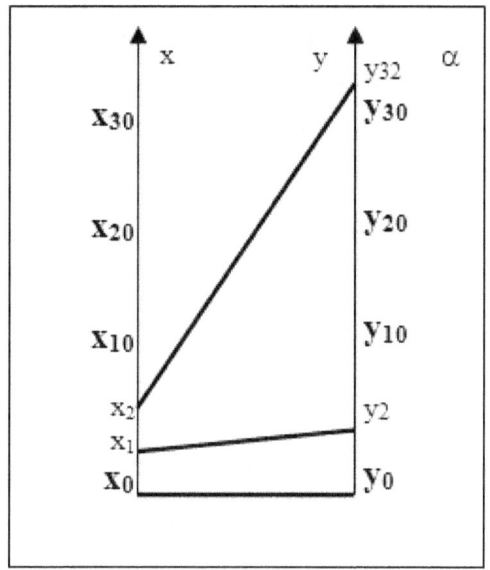

3 - Distância Entre um Pico Posterior por seu Anterior

A função linear do quarto grau é representada simbolicamente, pela seguinte igualdade:

$$y = b \cdot x^4$$

A referida equação permitiu traçar as retas do último gráfico, sendo que cada reta é caracterizada por um par ordenado (x, y). Evidentemente, a distância que separa um pico posterior de seu anterior é igual à diferença matemática existente entre os mesmos. Simbolicamente, o referido enunciado é expresso pela seguinte igualdade:

$$R^{(xa,\ ya)}{}_{(xp,\ yp)} = y_p - y_a$$

Onde a letra (R) representa a distância que separa um pico qualquer de seu anterior, onde a letra (y_a) representa o pico anterior e a letra (y_p) representa o pico posterior. Para efeito de estudo, considere os seguintes exemplos:

a) Considere a equação linear do quarto grau, $y = b \cdot x^4$, onde $b = 2$. Então, obtêm-se os seguintes pares ordenados: (x_0, y_0); (x_1, y_2); (x_2, y_{32}); (x_3, y_{162}) etc. A distância que separa o pico y_2 do pico y_0, é a seguinte:

$$R_2 = y_2 - y_0$$

A distância que separa o pico y_{32} do pico y_2, é a seguinte:

$$R_{30} = y_{32} - y_2$$

A distância que separa o pico y_{162} do pico y_{32}, é a seguinte:

$$R_{130} = y_{162} - y_{32}$$

Os resultados R_2, R_{30} e R_{130}, podem ser obtidos pela equação definitiva de Leandro, com uma leve modificação. Tal equação é a seguinte:

$$R_m = b \cdot \{R_1 + (x_n - 1) \cdot S_{14} + 12 \cdot [x^2_0 + x^2_1 + x_{(xn-3)} + \ldots + 2x^2_n - 7x_n + 6]\}$$

Logo, aplicando a referida equação nos exemplos anteriores, vem que:

1º) Deve-se efetuar a seguinte expressão: $x_n - 3$
Então, vem que:

$$x_2 - 3 = -1$$

2º) Logo, posso escrever que:

$R_{30} = 2 \cdot \{1 + (2 - 1) \cdot 14 + 12 \cdot [2 \cdot 2^2 - 7 \cdot 2 + 6]\}$
$R_{30} = 2 \cdot \{1 + 14 + 12 \cdot [8 - 14 + 6]\}$
$R_{30} = 2 \cdot \{1 + 14 + 12 \cdot [0]\}$
$R_{30} = 2 \cdot \{15\}$

$R_{30} = 30$

Em outro exemplo, vem que:

$$x_3 - 3 = 0$$

$R_{130} = 2 \cdot \{1 + (3 - 1) \cdot 14 + 12 \cdot [0^2 + 2 \cdot 3^2 - 7 \cdot 3 + 6]\}$
$R_{130} = 2 \cdot \{1 + 2 \cdot 14 + 12 \cdot [2 \cdot 9 - 21 + 6]\}$
$R_{130} = 2 \cdot \{1 + 28 + 12 \cdot [18 - 21 + 6]\}$
$R_{130} = 2 \cdot \{29 + 12 \cdot [3]\}$
$R_{130} = 2 \cdot \{29 + 36\}$
$R_{130} = 2 \cdot \{65\}$
$R_{130} = 130$

E assim, encerro a demonstração que comprova a realidade da equação de Leandro.

4 - Cálculo do Valor de b na Equação Linear do Quarto Grau

Observando os gráficos anteriores do presente capítulo, posso concluir que uma equação linear do quarto grau ($y = b \cdot x^4$), representado no gráfico leandroniano, apresenta o número real "b", caracterizado genericamente pelo seguinte par ordenado:

$$b = (x_1, y_b)$$

Uma outra propriedade sobre o valor do número real (b), implica que o mesmo é igual ao valor do pico y_m do par ordenado (x_1, y_m), pela diferença do valor do pico y_n do par ordenado (x_0, y_0). Simbolicamente, o referido enunciado é expresso por:

$$b^{(x0,\ yn)}{}_{(x1,\ ym)} = y_m - y_n$$

Tal expressão é equivalente à seguinte:

$$b^{(x0,\ y0)}{}_{(x1,\ ym)} = y_m$$

5 - Dedução Matemática do Número Real b

a) Considere a equação linear do quarto grau, representada simbolicamente pela seguinte igualdade:

$$y = b \cdot x^4$$

Considerando $b = 1$, obtém-se a seguinte tabela:

Y	=	b	.	x^4
0	=	1	.	0^4
1	=	1	.	1^4
16	=	1	.	2^4
81	=	1	.	3^4
256	=	1	.	4^4
625	=	1	.	5^4

As distâncias que separam um pico posterior de seu anterior são as seguintes:

$R^{(x1, y1)}{}_{(x0, y0)} = y_1 - y_0 = 1$
$R^{(x2, y16)}{}_{(x1, y1)} = y_{16} - y_1 = 15$
$R^{(x3, y81)}{}_{(x2, y16)} = y_{81} - y_{16} = 65$
$R^{(x4, y256)}{}_{(x3, y81)} = y_{256} - y_{81} = 175$
$R^{(x5, y625)}{}_{(x4, y256)} = y_{625} - y_{256} = 369$

As diferenças de valores entre os picos posteriores por seus anteriores são representadas por:

$S^{(y16 - y1)}{}_{(y1 - y0)} = R_{15}{}^{(x2, y16)}{}_{(x1, y1)} - R_1{}^{(x1, y1)}{}_{(x0, y0)} = 14$
$S^{(y81 - y16)}{}_{(y16 - y1)} = R_{65}{}^{(x3, y81)}{}_{(x2, y16)} - R_{15}{}^{(x2, y16)}{}_{(x1, y1)} = 50$
$S^{(y256 - y81)}{}_{(y81 - y16)} = R_{175}{}^{(x4, y256)}{}_{(x3, y81)} - R_{65}{}^{(x3, y81)}{}_{(x2, y16)} = 110$
$S^{(y625 - y256)}{}_{(y256 - y81)} = R_{369}{}^{(x5, y625)}{}_{(x4, y256)} - R_{175}{}^{(x4, y256)}{}_{(x3, y81)} = 194$

As bi-diferença de valores entre os picos posteriores por seus anteriores são representadas por:

$$U^{(R65-R15)}{}_{(R15-R1)} = S_{50}{}^{(y81-y16)}{}_{(y16-y1)} - S_{14}{}^{(y16-y1)}{}_{(y1-y0)} = 36$$

$$U^{(R175-R65)}{}_{(R65-R15)} = S_{110}{}^{(y256-y81)}{}_{(y81-y16)} - S_{50}{}^{(y81-y16)}{}_{(y16-y1)} = 60$$

$$U^{(R369-R175)}{}_{(R175-R65)} = S_{194}{}^{(y625-y256)}{}_{(y256-y81)} - S_{110}{}^{(y256-y81)}{}_{(y81-y16)} = 84$$

Então, obtém-se uma razão de progressão aritmética caracterizada por:

$$s = U_{84} - U_{60} = U_{60} - U_{36} = 24$$

Desse modo, posso afirmar que o valor do número real (b) é igual ao valor da razão de progressão (s) inversa por uma constante numérica de valor igual a vinte e quatro (24). Simbolicamente, o referido enunciado é expresso por:

$$b = s/24$$

Portanto, resulta que:

$$b = 24/24 = 1$$

b) Considere a equação linear do quarto grau, representada simbolicamente pela seguinte expressão:

$$y = b \cdot x^4$$

Onde, para efeito de exemplo vou considerar o número real (b) igual à dois (2).

Logo, obtém-se a seguinte tabela:

y	=	b	.	x^4
0	=	2	.	0^4
2	=	2	.	1^4
32	=	2	.	2^4
162	=	2	.	3^4
512	=	2	.	4^4
1250	=	2	.	5^4

As distâncias que separam um pico posterior de seu anterior, em cada caso, é representada simbolicamente por:

$R^{(x1, y2)}_{(x0, y0)} = y_2 - y_0 = 2$
$R^{(x2, y32)}_{(x1, y2)} = y_{32} - y_2 = 30$
$R^{(x3, y162)}_{(x2, y32)} = y_{162} - y_{32} = 130$
$R^{(x4, y512)}_{(x3, y162)} = y_{512} - y_{162} = 350$
$R^{(x5, y1250)}_{(x4, y512)} = y_{1250} - y_{512} = 738$

As diferenças de valores entre os picos posteriores por seus anteriores são representadas por:

$S^{(y32 - y2)}_{(y2 - y0)} = R_{30}^{(x2, y32)}{}_{(x1, y2)} - R_2^{(x1, y2)}{}_{(x0, y0)} = 28$
$S^{(y162 - y32)}_{(y32 - y2)} = R_{130}^{(x3, y162)}{}_{(x2, y32)} - R_{30}^{(x2, y32)}{}_{(x1, y2)} = 100$
$S^{(y512 - y162)}_{(y162 - y32)} = R_{350}^{(x4, y512)}{}_{(x3, y162)} - R_{130}^{(x3, y162)}{}_{(x2, y32)} = 220$
$S^{(y1250 - y512)}_{(y512 - y162)} = R_{738}^{(x5, y1250)}{}_{(x4, y512)} - R_{350}^{(x4, y512)}{}_{(x3, y162)} = 388$

As bi-diferenças de valores entre os picos posteriores por seus anteriores são representadas por:

$U^{(R130 - R30)}_{(R30 - R2)} = S_{100}^{(y162 - y32)}{}_{(y32 - y2)} - S_{28}^{(y32 - y2)}{}_{(y2 - y0)} = 72$
$U^{(R350 - R130)}_{(R130 - R30)} = S_{220}^{(y512 - y162)}{}_{(y162 - y32)} - S_{100}^{(y162 - y32)}{}_{(y32 - y2)} = 120$
$U^{(R738 - R350)}_{(R350 - R130)} = S_{388}^{(y1250 - y512)}{}_{(y512 - y162)} - S_{220}^{(y512 - y162)}{}_{(y162 - y32)} = 168$

Logo, obtém-se uma razão de progressão aritmética caracterizada por:

$$s = U_{120} - U_{72} = U_{168} - U_{120} = 48$$

Portanto de acordo com a regra inicial, posso afirmar que o número real (b) é igual ao valor da razão de progressão (s) inversa por uma constante numérica de valor igual a vinte e quatro (24). Simbolicamente, o referido enunciado é expresso pela seguinte relação:

$$b = s/24$$

Portanto, posso escrever que:

$$b = 48/24 = 2$$

c) Considere a equação linear do quarto grau, representada simbolicamente pela seguinte expressão:

$$y = b \cdot x^4$$

Onde, para efeito de exemplo vou considerar o número real (b) igual à três (3). Logo, obtém-se a seguinte tabela:

y	=	b	.	x^4
0	=	3	.	0^4
3	=	3	.	1^4
48	=	3	.	2^4
243	=	3	.	3^4
768	=	3	.	4^4
1875	=	3	.	5^4

As distâncias que separam um pico posterior de seu anterior, em cada caso, é representada simbolicamente por:

$$R^{(x1,\ y3)}{}_{(x0,\ y0)} = y_3 - y_0 = 3$$
$$R^{(x2,\ y48)}{}_{(x1,\ y3)} = y_{48} - y_3 = 45$$

Leandro Bertoldo
Geometria Leandroniana

$R^{(x3, y243)}{}_{(x2, y48)} = y_{243} - y_{48} = 195$
$R^{(x4, y768)}{}_{(x3, y243)} = y_{768} - y_{243} = 525$
$R^{(x5, y1875)}{}_{(x4, y768)} = y_{1875} - y_{768} = 1107$

As diferenças de valores entre os picos posteriores por seus anteriores são representadas por:

$S^{(y48 - y3)}{}_{(y3 - y0)} = R_{45}{}^{(x2, y48)}{}_{(x1, y3)} - R_3{}^{(x1, y3)}{}_{(x0, y0)} = 42$
$S^{(y243 - y48)}{}_{(y48 - y3)} = R_{195}{}^{(x3, y243)}{}_{(x2, y48)} - R_{45}{}^{(x2, y48)}{}_{(x1, y3)} = 150$
$S^{(y768 - y243)}{}_{(y243 - y48)} = R_{525}{}^{(x4, y768)}{}_{(x3, y243)} - R_{195}{}^{(x3, y243)}{}_{(x2, y48)} = 330$
$S^{(y1875 - y768)}{}_{(y768 - y243)} = R_{1107}{}^{(x5, y1875)}{}_{(x4, y768)} - R_{525}{}^{(x4, y768)}{}_{(x3, y243)} = 582$

As bi-diferenças de valores entre os picos posteriores por seus anteriores são representadas por:

$U^{(R195 - R15)}{}_{(R45 - R3)} = S_{150}{}^{(y243 - y48)}{}_{(y48 - y3)} - S_{42}{}^{(y48 - y3)}{}_{(y3 - y0)} = 108$
$U^{(R525 - R195)}{}_{(R195 - R45)} = S_{330}{}^{(y768 - y243)}{}_{(y243 - y48)} - S_{150}{}^{(y243 - y48)}{}_{(y48 - y3)} = 180$
$U^{(R1107 - R525)}{}_{(R525 - R195)} = S_{582}{}^{(y1875 - y768)}{}_{(y768 - y243)} - S_{330}{}^{(y768 - y243)}{}_{(y243 - y48)} = 252$

Desse modo, obtém-se uma razão de progressão aritmética caracterizada por:

$$s = U_{180} - U_{108} = U_{252} - U_{180} = 72$$

Logo, posso afirmar que o número real (b) é igual ao quociente do valor da razão de progressão (s) inversa por uma constante numérica de valor igual a vinte e quatro (24). Simbolicamente, o referido enunciado é expresso pela seguinte relação:

$$b = s/24$$

Logo, conclui-se que:

$$b = 72/24 = 3$$

Com os referidos exemplos dou por encerrado o presente capítulo.

6 - Dedução do Valor da Razão de Progressão Aritmética

a) No exemplo (a) do parágrafo anterior, demonstrei que: $s = U_{84} - U_{60} = U_{60} - U_{36} = 24$
b) No exemplo (b) demonstrei que: $s = U_{168} - U_{120} = U_{120} - U_{72} = 48$
c) No exemplo (c) demonstrei que: $s = U_{252} - U_{180} = U_{180} - U_{108} = 72$

Generalizando as referidas observações para qualquer caso, posso escrever que:

$$s = U_{84 \cdot b} - U_{60 \cdot b} = U_{60 \cdot b} - U_{36 \cdot b} = b \cdot 24$$

7 - Equação Teórica dos Picos

Considere a equação linear do quarto grau representada simbolicamente pela seguinte igualdade:

$$y = b \cdot x^4$$

Um pico posterior será representado simbolicamente por:

$$y_p = b \cdot x_p^4$$

Um pico anterior será representado simbolicamente por:

$$y_a = b \cdot x_a^4$$

Sabe-se que a distância que separa um pico posterior de seu anterior é igual à diferença matemática existente entre os mesmos. Simbolicamente, o referido enunciado é expresso por:

$$R^{(x_p, y_p)}{}_{(x_a, y_a)} = y_p - y_a$$

Substituindo convenientemente as três últimas expressões, vem que:

$$y_p - y_a = b \cdot x^4_p - b \cdot x^4_a$$

Portanto, resulta que:

$$y_p - y_a = b \cdot (x^4_p - x^4_a)$$

Assim, posso escrever que:

$$R^{(x_p, y_p)}{}_{(x_a, y_a)} = b \cdot (x^4_p - x^4_a)$$

8 - Fusão da Equação Fundamental

Demonstrei que:

$$R_m = b \cdot \{R_1 + (x_n - 1) \cdot S_{14} + 12 \cdot [n^2_0 + n^2_1 + n_{(x_n - 3)} + 2x^2_n - 7x_n + 6]\}$$

Também demonstrei que:

$$b = s/24$$

Substituindo convenientemente as duas últimas expressões, vem que:

$$R_m = s/24 \cdot \{R_1 + (x_n - 1) \cdot S_{14} + 12 \cdot [n^2_0 + n^2_1 + n_{(x_n - 3)} + 2x^2_n - 7x_n + 6]\}$$

9 - Fusão na Equação Teórica dos Picos

Demonstrei que:

$$R^{(xp, yp)}_{(xa, ya)} = b \cdot (x^4_p - x^4_a)$$

Porém, sabe-se que:

$$b = s/24$$

Substituindo convenientemente as duas últimas expressões, vem que:

$$R^{(xp, yp)}_{(xa, ya)} = s/24 \cdot (x^4_p - x^4_a)$$

10 - Fusão na Equação do Quarto Grau

Demonstrei que o número real (b) é igual ao valor da razão de progressão aritmética (s), inversa pelo valor do número constante 24 (vinte e quatro). Simbolicamente, o referido enunciado é expresso pela seguinte relação:

$$b = s/24$$

Sabe-se que a equação linear do quarto grau é expressa por:

$$y = b \cdot x^4$$

Substituindo convenientemente as duas últimas expressões, vem que:

$$y = s \cdot x^4/24$$

Leandro Bertoldo
Geometria Leandroniana

11 - Altura do Pico de uma Reta em Relação ao Vale da Mesma

Considere a equação linear do quarto grau, representada simbolicamente pela seguinte igualdade:

$$y = b \cdot x^4$$

Para efeito de exemplo, considere os seguintes pares ordenados: (x_0, y_0); (x_1, y_2); (x_2, y_{32}).

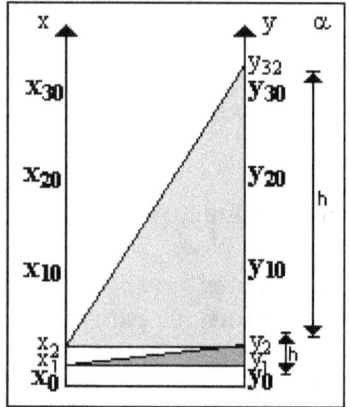

Observando a reta caracterizada pelo par ordenado (x_0, y_0), pode-se notar que a sua altura definida entre o vale x_0 e o pico y_0 é caracterizado pela diferença existente entre o pico y_0 pelo vale x_0. Simbolicamente, o referido enunciado é expresso pela seguinte igualdade:

$$h = y_0 - x_0 = 0$$

Considere a reta definida pelo par ordenado (x_1, y_2), pode-se observar que a altura definida entre o vale x_1 e o pico y_2 caracterizam um triângulo retângulo de vértices, (x_1, y_2, y_1). Tal triângulo apresenta uma altura caracterizada pela diferença existente

Leandro Bertoldo
Geometria Leandroniana

entre o pico y_2 e o pico y_1. O referido enunciado é expresso simbolicamente pela seguinte igualdade:

$$h = y_2 - y_1 = 1$$

Porém, sabe-se que $y_1 = x_1$, portanto, posso escrever que:

$$h = y_2 - x_1 = 1$$

Agora, analisando a reta definida pelo par ordenado (x_2, y_{32}), pode-se verificar que a altura da referida reta, definida entre o vale x_2 e o pico y_{16}, representam um triângulo retângulo de vértices, (x_2, y_{32}, y_2). A altura do referido triângulo é igual à diferença matemática existente entre o pico y_{32} pelo pico y_2. Simbolicamente, o referido enunciado é expresso pela seguinte expressão:

$$h = y_{32} - y_2 = 30$$

Porém, sabe-se que $y_2 = x_2$, portanto, posso escrever que:

$$h = y_{32} - x_2 = 30$$

Observe que os valores y_{32} e x_2 na última expressão caracterizam o par ordenado (x_2, y_{32}).

12 - Equação da Altura e a Equação Linear do Quarto Grau

A equação linear do quarto grau é expressa simbolicamente pela seguinte igualdade:

$$y = b \cdot x^4$$

Demonstrei que a altura de uma reta representada no gráfico leandroniano é expressa simbolicamente pela seguinte expressão:

$$h_{(x,\,y)} = y - x$$

Substituindo convenientemente as duas últimas expressões, vem que:

$$h_{(x, y)} = bx^4 - x$$

Evidentemente, posso escrever que:

$$h_{(x, y)} = (b \cdot x^3 - 1) \cdot x$$

Também, posso escrever que:

$$x = \sqrt[4]{(y/b)}$$

Portanto, posso escrever que:

$$h_{(x, y)} = y - \sqrt[4]{(y/b)}$$

13 - Equação de Leandro para o Cálculo da Altura

Para realizar o cálculo da altura que cada reta apresenta no gráfico leandroniano, eu procurei desenvolver uma expressão matemática que tenho chamado por "Equação de Leandro". A referida equação é enunciada nos seguintes termos: a altura de uma reta definida por um par ordenado (x, y), por intermédio de uma equação linear do quarto grau, (y = b . x^3), é igual ao dobro do valor do número real (b) multiplicado pela variável (x) em produto com (x – 1) que por sua vez multiplica a seguimental (x?) e adicionados com [x . (x – 1)] e, também, adicionado com [(b – 1)x^2]. Simbolicamente, o referido enunciado é expresso por:

$$h_{(x, y)} = 2 \cdot b \cdot x \cdot (x-1) \cdot x? + x \cdot (x-1) + (b-1) \cdot x^2$$

14 - Demonstração Regressiva da Equação de Leandro

Afirmei que a equação de Leandro é expressa simbolicamente por:

$$h = 2 \cdot b \cdot x \cdot (x-1) \cdot x? + x \cdot (x-1) + (b-1) \cdot x^2$$

Porém, é evidente que:

$$x? = x \cdot (x+1)/2$$

Substituindo convenientemente as duas últimas expressões, vem que:

$$h = [2 \cdot b \cdot x \cdot (x-1) \cdot x \cdot (x+1)/2] + x \cdot (x-1) + (b-1) \cdot x^2$$

Eliminando os termos em evidência, vem que:

$$h = b \cdot x \cdot (x-1) \cdot x \cdot (x+1) + x \cdot (x-1) + (b-1) \cdot x^2$$

Assim, posso escrever que:

$$h = b \cdot x^2 \cdot (x-1) \cdot (x+1) + x^2 - x + bx^2 - x^2$$

Logicamente, o produto de $(x-1)$ por $(x+1)$, é caracterizado por:

$$\begin{array}{r} (x-1) \\ (x+1) \\ \hline x^2 - x \\ + x - 1 \\ \hline x^2 - 1 \end{array}$$

Logo, substituindo convenientemente o referido resultado na última equação de Leandro, vem que:

$$h = b \cdot x^2 \cdot (x^2 - 1) + x^2 - x + bx^2 - x^2$$

Então, resulta que:

$$h = bx^4 - bx^2 + x^2 - x + bx^2 - x^2$$

Eliminando os termos em evidência, vem que:

$$h = b \cdot x^4 - x$$

O referido resultado final é idêntico à equação obtida em parágrafos anteriores do presente capítulo.

15 - Equação da Altura e a Equação de Leandro

Demonstrei que:

$$h = y - x$$

Demonstrei que:

$$h = 2b \cdot x \cdot (x - 1) \cdot x? + x \cdot (x - 1) + (b - 1) \cdot x^2$$

Igualando convenientemente as duas últimas expressões, vem que:

$$y - x = 2 \cdot b \cdot x \cdot (x - 1) \cdot x? + x \cdot (x - 1) + (b - 1) \cdot x^2$$

Assim, posso escrever que:

$$y = 2 \cdot b \cdot x \cdot (x - 1) \cdot (x?) + x \cdot (x - 1) + (b - 1) \cdot x^2 + x$$

Afirmei que:

$$y = b \cdot x^4$$

Igualando convenientemente as duas últimas expressões, vem que:

$$b \cdot x^4 = 2 \cdot b \cdot x \cdot (x - 1) \cdot (x?) + x \cdot (x - 1) + (b - 1) \cdot x^2 + x$$

16 - Área Limitada por um Triângulo Retângulo

A equação linear do quarto grau permite traçar o seguinte gráfico leandroniano:

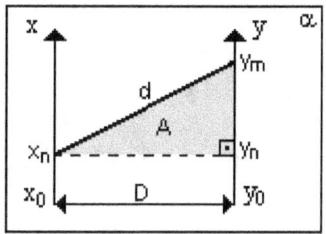

A área de tal triângulo retângulo é definida pela geometria plana como sendo igual à metade da base em produto com a altura. Simbolicamente, o referido enunciado é expresso por:

(**I**) $\qquad\qquad\qquad A = D/2 \cdot h$

Porém, demonstrei que:

$$h = y - x$$

Substituindo convenientemente as duas últimas expressões, vem que:

$$A = D/2 \cdot (y - x)$$

Demonstrei que:

$$h = b \cdot x^4 - x$$

Substituindo convenientemente a referida expressão na equação (I), vem que:

$$A = D/2 \cdot (b \cdot x^4 - x)$$

Demonstrei que:

$$h = 2 \cdot b \cdot x \cdot (x - 1) \cdot (x?) + x \cdot (x - 1) + (b - 1) \cdot x^2$$

Substituindo convenientemente a referida expressão na equação (I), resulta que:

$$A = D/2 \cdot 2 \cdot b \cdot x \cdot (x - 1) \cdot (x?) + x \cdot (x - 1) + (b - 1) \cdot x^2$$

Eliminando os termos em evidência, resulta que:

$$A = D \cdot b \cdot x \cdot (x - 1) \cdot (x?) + x \cdot (x - 1) + (b - 1) \cdot x^2$$

17 - Coeficiente na Equação Linear do Quarto Grau

Considere a equação linear do quarto grau, representada simbolicamente pela seguinte igualdade:

$$y = b \cdot x^4$$

Considere um par ordenado genérico (x_n, y_m), definido pela equação linear do quarto grau. O gráfico leandroniano que caracteriza o referido par ordenado é o seguinte:

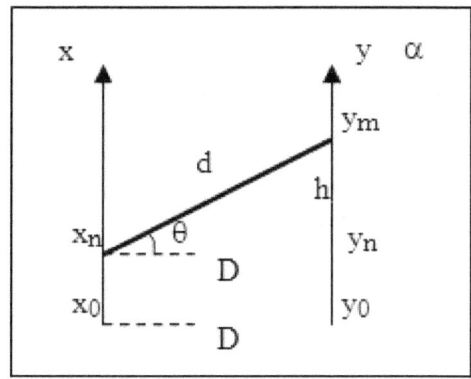

A – Coeficiente Delta

a) O coeficiente delta é definido como sendo igual ao quociente da altura (h), inversa pela base do gráfico leandroniano. Simbolicamente, o referido enunciado é expresso pela seguinte relação:

$$\Delta = h/D$$

Porém, demonstrei que:

$$h = y - x$$

Substituindo convenientemente as duas últimas expressões, vem que:

$$\Delta = (y - x)/D$$

Evidentemente, posso escrever que:

$$\Delta.D = y - x$$

Assim, vem que:

$$y = \Delta \cdot D + x$$

Pela equação linear do quarto grau, posso escrever que:

$$y = b \cdot x^4$$

Igualando convenientemente as duas últimas expressões, vem que:

$$\Delta \cdot D + x = b \cdot x^4$$

Logo, posso escrever que:

$$\Delta \cdot D = b \cdot x^4 - x$$

No gráfico convencional de Leandro, onde $D = 1$, a última expressão, se reduz à seguinte:

$$\Delta = b \cdot x^4 - x$$

b) O coeficiente delta é definido por: $\qquad \Delta = h/D$

Demonstrei que:

$$h = 2 \cdot b \cdot x \cdot (x - 1) \cdot (x?) + x \cdot (x - 1) + (b - 1) \cdot x^2$$

Substituindo convenientemente as duas últimas expressões, vem que:

$$\Delta \cdot D = 2 \cdot b \cdot x \cdot (x - 1) \cdot (x?) + x \cdot (x - 1) + (b - 1) \cdot x^2$$

B – *Coeficiente Alfa*

a) O coeficiente alfa é definido como sendo igual ao quociente da altura (h), inversa pela diagonal (d). Simbolicamente, o referido enunciado é expresso pela seguinte relação:

$$\alpha = h/d$$

Demonstrei que:

$$h = y - x$$

Substituindo convenientemente as duas últimas expressões, vem que:

$$\alpha = (y - x)/d$$

Sabe-se que:

$$y = b \cdot x^4$$

Substituindo convenientemente as duas últimas expressões, vem que:

$$\alpha = (b \cdot x^4 - x)/d$$

b) Afirmei que:

$$\alpha = h/d$$

Demonstrei que:

$$h = 2 \cdot b \cdot x \cdot (x-1) \cdot (x?) + x \cdot (x-1) + (b-1) \cdot x^2$$

Substituindo convenientemente as duas últimas expressões, vem que:

$$\alpha \cdot d = 2 \cdot b \cdot x \cdot (x-1) \cdot (x?) + x \cdot (x-1) + (b-1) \cdot x^2$$

Leandro Bertoldo
Geometria Leandroniana

C – *Coeficiente Gama*

a) O coeficiente gama é definido como sendo igual ao quociente da base (D), inversa pelo comprimento da diagonal (d). Simbolicamente, o referido enunciado e expresso pela seguinte relação:

$$\gamma = D/d$$

Evidentemente, posso escrever que:

$$\gamma^2 = D^2/h^2$$

Demonstrei que:

$$d^2 = D^2 + h^2$$

Substituindo convenientemente as duas últimas expressões, vem que:

$$\gamma^2 = D^2/(D^2 + h^2)$$

Posso escrever que:

$$1/\gamma^2 = (D^2 + h^2)/D^2$$

Assim, resulta que:

$$1/\gamma^2 = 1 + (h^2/D^2)$$

Demonstrei que:

$$h^2 = (y - x)^2$$

Substituindo convenientemente as duas últimas expressões, vem que:

Leandro Bertoldo
Geometria Leandroniana

$$1/\gamma^2 = 1 + (y - x)^2/D^2$$

Sabe-se que:

$$y = b \cdot x^4$$

Substituindo convenientemente as duas últimas expressões, vem que:

$$1/\gamma^2 = 1 + (b \cdot x^4 - x)^2/D^2$$

b) Sabe-se que:

$$1/\gamma^2 = 1 + (h^2/D^2)$$

Afirmei que: $h^2 = [2 \cdot b \cdot x \cdot (x - 1) \cdot (x?) + x \cdot (x - 1) + (b - 1) \cdot x^2]^2$

Substituindo convenientemente as duas últimas expressões, vem que:

$$1/\gamma^2 = 1 + (1/D^2) \cdot [2 \cdot b \cdot x \cdot (x - 1) \cdot (x?) + x \cdot (x - 1) + (b - 1) \cdot x^2]^2$$

Leandro Bertoldo
Geometria Leandroniana

CAPÍTULO XII

1 - Equação do Quarto Grau

A função do quarto grau é a função caracterizada pela seguinte igualdade:

$$y = c + b \cdot x^3$$

Onde "b" e "c" são números reais.

2 - Propriedades

A – Se na equação do segundo grau b = 0 e c = 1; então, posso escrever que:

$$y = 1 + 0 \cdot x^4$$

Tabelando, vem que:

y	=	1	+	0	.	x^4
1	=	1	+	0	.	0^4
1	=	1	+	0	.	1^4
1	=	1	+	0	.	2^4
1	=	1	+	0	.	3^4

Assim, no gráfico leandroniano, obtém-se a seguinte figura:

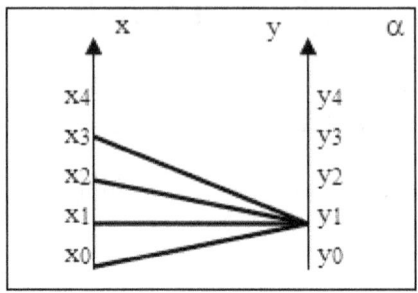

A₁ – Se na equação $y = c + b \cdot x^4$, $b = 0$ e $c = 2$; então, posso escrever que:

y	=	2	+	0	.	x^4
2	=	2	+	0	.	0^4
2	=	2	+	0	.	1^4
2	=	2	+	0	.	2^4
2	=	2	+	0	.	3^4

No gráfico leandroniano, obtém-se a seguinte figura:

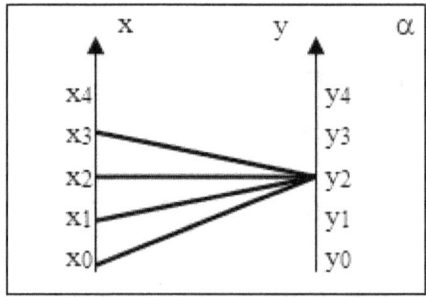

A₂ – Se na equação $y = c + b \cdot x^4$, $b = 0$ e $c = 3$; então, posso escrever que:

y	=	3	+	0	.	x^4
3	=	3	+	0	.	0^4
3	=	3	+	0	.	1^4
3	=	3	+	0	.	2^4
3	=	3	+	0	.	3^4

No gráfico leandroniano, obtém-se a seguinte figura:

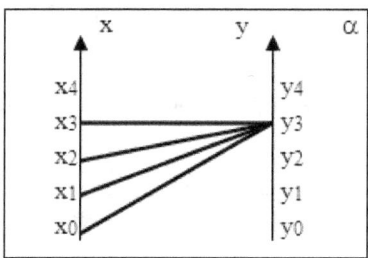

B – Se na equação do quarto grau, b = 1 e c = 1; então, posso escrever que:

y	=	1	+	1	.	x^4
1	=	1	+	1	.	0^4
2	=	1	+	1	.	1^4
17	=	1	+	1	.	2^4
82	=	1	+	1	.	3^4

No gráfico leandroniano, obtém-se a seguinte figura:

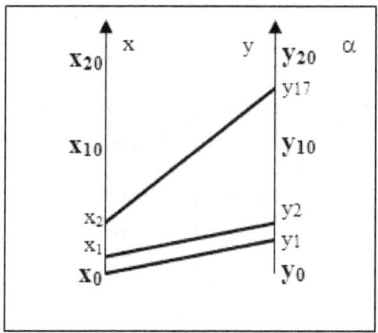

B₁ – Se na equação $y = c + b \cdot x^4$, $b = 1$ e $c = 2$; então, posso escrever que:

y	=	2	+	1	.	x^4
2	=	2	+	1	.	0^4
3	=	2	+	1	.	1^4
18	=	2	+	1	.	2^4
83	=	2	+	1	.	3^4

No gráfico leandroniano, obtém-se a seguinte figura:

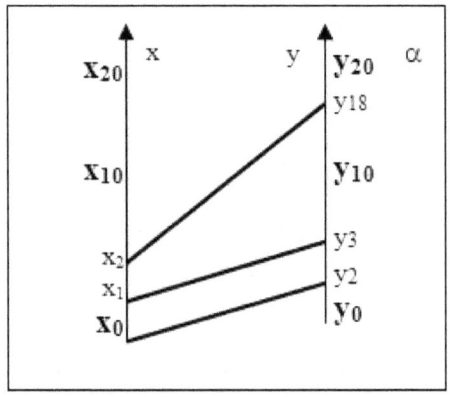

B₂ – Se na equação $y = c + b \cdot x^4$, $b = 1$ e $c = 3$; então, posso escrever que:

y	=	3	+	1	.	x^4
3	=	3	+	1	.	0^4
4	=	3	+	1	.	1^4
19	=	3	+	1	.	2^4
84	=	3	+	1	.	3^4

No gráfico leandroniano, obtém-se a seguinte figura:

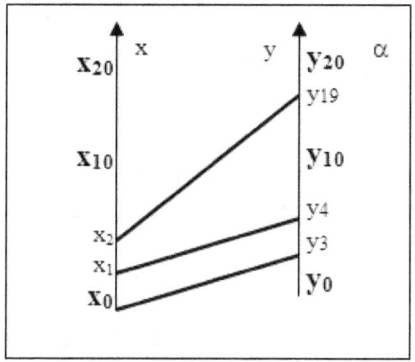

C – Se na equação do quarto grau, b = 2 e c = 1; então, posso escrever que:

y	=	1	+	2	.	x^4
1	=	1	+	2	.	0^4
3	=	1	+	2	.	1^4
33	=	1	+	2	.	2^4
163	=	1	+	2	.	3^4

No gráfico leandroniano, obtém-se a seguinte figura:

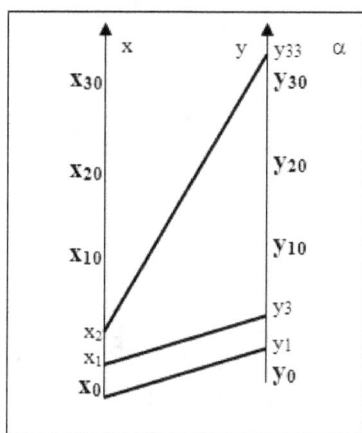

C₁ – Se na equação $y = c + b \cdot x^4$, $b = 2$ e $c = 2$; então, posso escrever que:

y	=	2	+	2	.	x^4
2	=	2	+	2	.	0^4
4	=	2	+	2	.	1^4
34	=	2	+	2	.	2^4
164	=	2	+	2	.	3^4

No gráfico leandroniano, obtém-se a seguinte figura:

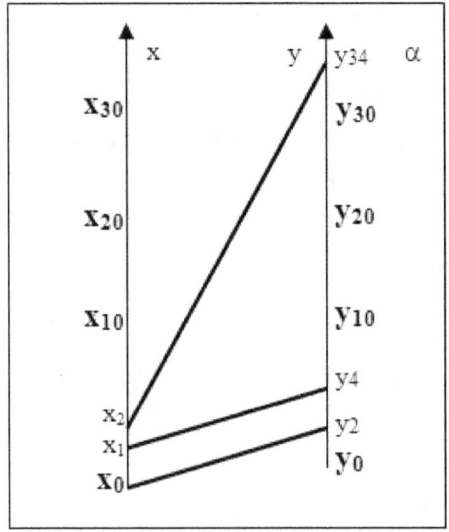

C₂ – Se na equação $y = c + b \cdot x^4$, $b = 2$ e $c = 3$; então, posso escrever que:

y	=	3	+	2	.	x^4
3	=	3	+	2	.	0^4
5	=	3	+	2	.	1^4
35	=	3	+	2	.	2^4
165	=	3	+	2	.	3^4

No gráfico leandroniano, obtém-se a seguinte figura:

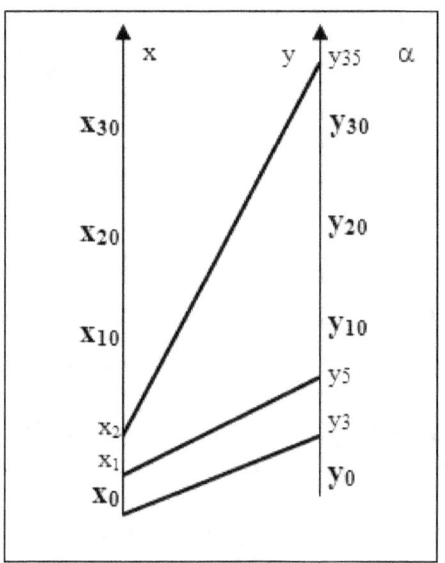

Após ter apresentado os gráficos anteriores, passo a deduzir a seguinte propriedade: "uma equação do quarto grau ($y = c + b \cdot x^4$), representada no gráfico leandroniano, apresenta o número real (c), caracterizado pela seguinte igualdade:

$$c_n = (x_0, y_n)$$

Uma outra propriedade versa sobre o cálculo do valor do número (b). Tal propriedade afirma que o número real (b) é igual ao valor do pico y_m do ar ordenado (x_1, y_m) pela diferença do valor do pico y_n do par ordenado (x_0, y_n). Simbolicamente, o referido enunciado é expresso pela seguinte equação:

$$b^{(x1,\, ym)}{}_{(x0,\, yn)} = y_m - y_n$$

3 - Distância Entre um Pico Posterior por seu Pico Anterior

A equação do quarto grau, representada simbolicamente pela seguinte expressão: $y = c + b \cdot x^4$, permitiu traçar os gráficos leandronianos do último parágrafo; sendo que cada reta é sempre caracterizada por um par ordenado (x, y). Logicamente, a distância que separa um pico posterior de seu anterior é igual à diferença matemática existente entre os mesmos. Simbolicamente o referido enunciado é expresso por:

$$R^{(xa, ya)}{}_{(xp, yp)} = y_p - y_a$$

Onde a letra (R) caracteriza a distância que separa um pico do outro; onde a letra (y_a) representa o pico anterior e a letra (y_p), representa o pico posterior.

Uma outra equação que traduz a distância que separa um pico posterior de seu anterior é a seguinte:

$$R_m = b \cdot \{R_1 + (x_n - 1) \cdot S_{14} + 12 \cdot [n^2{}_0 + n^2{}_1 + n_{(xn-3)} + 2x^2{}_n - 7x_n + 6]\}$$

Em tal equação estou afirmando que o valor de R_m não depende do número real (c).

4 - Altura Entre um Pico por seu Vale

Considere a equação do quarto grau, caracterizada simbolicamente pela seguinte igualdade:

$$y = c + b \cdot x^4$$

Para efeito de exemplo, considere o número real (b = 1) e o número real c = 2, então, obtém-se a seguinte tabela:

y	=	3	+	1	.	x^4
3	=	3	+	1	.	0^4
4	=	3	+	1	.	1^4
19	=	3	+	1	.	2^4
84	=	3	+	1	.	3^4

Logicamente, têm-se os seguintes pares ordenados: (x_0, y_3); (x_1, y_4); (x_2, y_{19}); (x_3, y_{84}) etc. O gráfico leandroniano que caracteriza os referidos pares ordenados é o seguinte:

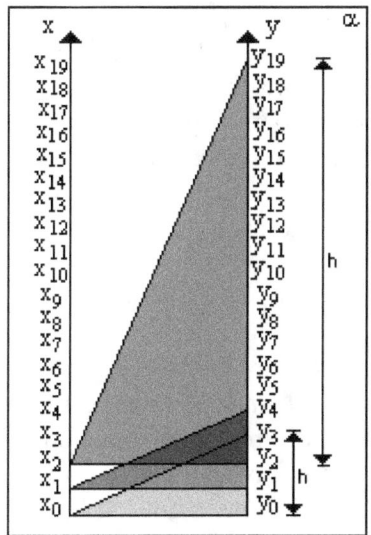

Observando a reta caracterizada pelo par ordenado (x_0, y_3), pode-se notar que a altura definida entre o vale x_0 e o pico y_3 caracterizam um triângulo retângulo de vértices (x_0, y_3, y_0). Tal triângulo apresenta uma altura caracterizada pela diferença existente entre o pico y_3 pelo vale x_0. Simbolicamente, o referido enunciado é expresso pela seguinte igualdade:

$$h_3 = y_3 - x_0$$

Observe que os valores y_3 e x_0, representam o par ordenado (x_0, y_3).

Agora, note a reta definida pelo par ordenado (x_1, y_4); pode-se observar que a altura definida entre o vale x_1 e o pico y_4 caracterizam um triângulo retângulo de vértices, (x_1, y_4, y_1). O referido triângulo apresenta uma altura caracterizada pela diferença matemática existente entre o pico y_4 e o vale x_1. Simbolicamente, o referido enunciado é expresso pela seguinte igualdade:

$$h_3 = y_4 - x_1$$

Agora, considere a reta definida pelo par ordenado (x_2, y_{19}). Tal reta apresenta uma altura definida entre o vale x_2 e o pico y_{19}, caracterizando um triângulo retângulo de vértices, (x_2, y_{19}, y_2). A altura do referido triângulo é igual à diferença matemática existente entre o pico y_{19} pelo vale x_2. Simbolicamente, o referido enunciado é expresso pela seguinte expressão:

$$h_{17} = y_{19} - x_2$$

Então, de forma generalizada posso afirmar que a altura (h) de uma reta no gráfico leandroniano, representada por um par ordenado (x, y), é igual à diferença existente entre o pico y pelo vale x. Simbolicamente, o referido enunciado é expresso pela seguinte igualdade:

$$h_{(x, y)} = y - x$$

5 - Equação da Altura e a Equação do Quarto Grau

Afirmei que a equação do terceiro grau é expressa simbolicamente pela seguinte igualdade:

$$y = c + b \cdot x^4$$

Demonstrei que a altura de uma reta representada no gráfico leandroniano é expressa simbolicamente pela seguinte igualdade:

$$h_{(x, y)} = y - x$$

Substituindo convenientemente as duas últimas expressões, vem que:

$$h_{(x, y)} = c + b \cdot x^4 - x$$

Portanto, posso escrever que:

$$h_{(x, y)} = c + x \cdot (b \cdot x^4 - 1)$$

6 - Equação de Leandro para o Cálculo da Altura

Para realizar o cálculo da altura que cada reta apresenta no gráfico leandroniano, desenvolvi uma expressão matemática que chamo por "Equação de Leandro".

A referida equação é enunciada nos seguintes termos: a altura (h) de uma reta definida por um par ordenado (x, y), através de uma equação do quarto grau, (y = c + b . x^4) é igual ao valor do número real (c) adicionado com o dobro do número real (b) que multiplica a variável (x) que multiplica (x – 1) em produto com (x) seguimental (?) e somado com (b – 1) e multiplicado por (x^2). Simbolicamente, o referido enunciado é expresso pela seguinte equação:

$$h_{(x, y)} = c + 2 \cdot b \cdot x \cdot (x - 1) \cdot (x?) + x \cdot (x - 1) + (b - 1) \cdot x^2$$

7 - Demonstração Regressiva da Equação de Leandro

Sabe-se que a equação de Leandro e expressa por:

$$h_{(x, y)} = c + 2 \cdot b \cdot x \cdot (x - 1) \cdot (x?) + x \cdot (x - 1) + (b - 1) \cdot x^2$$

Porém, afirmei em capítulos anteriores que:

$$x? = x \cdot (x + 1)/2$$

Substituindo convenientemente as duas últimas expressões, vem que:

$$h_{(x, y)} = c + 2 \cdot b \cdot x \cdot (x - 1) \cdot x \cdot (x + 1)/2 + x \cdot (x - 1) + (b - 1) \cdot x^2$$

Eliminando os termos em evidência, vem que:

$$h_{(x, y)} = c + b \cdot x \cdot (x - 1) \cdot x \cdot (x + 1) + x \cdot (x - 1) + (b - 1) \cdot x^2$$

Logicamente o produto de $(x - 1)$ por $(x + 1)$, é representado por:

$$(x^2 - 1) = (x - 1) \cdot (x + 1)$$

Substituindo convenientemente as duas últimas expressões, vem que:

$$h_{(x, y)} = c + b \cdot x^2 \cdot (x^2 - 1) + x \cdot (x - 1) + (b - x) \cdot x^2$$

Então, posso escrever que:

$$h_{(x, y)} = c + bx^4 - bx^2 + x^2 - x + bx^2 - x^2$$

Eliminando os termos em evidência, vem que:

$$h_{(x, y)} = c + bx^4 - x$$

Tal equação é equivalente à que foi obtida no parágrafo cinco do presente capítulo.

Leandro Bertoldo
Geometria Leandroniana

8 - Área Limitada por um Triângulo Retângulo

A equação do quarto grau, $y = c + b \cdot x^4$, permite traçar o seguinte gráfico leandroniano:

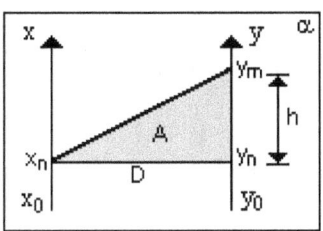

A referida figura rachurada é um triângulo retângulo, cuja área é definida na geometria plana como sendo igual à metade da base (D) em produto com a altura (h). Simbolicamente, o referido enunciado é expresso pela seguinte relação:

a) $A = D \cdot h/2$

No gráfico leandroniano convencional, onde $D = 1$, a última expressão resulta na seguinte:

b) $A = h/2$

Demonstrei que:

c) $h = c + (b \cdot x^4 - x)$

Substituindo convenientemente a expressão (c) na expressão (a), vem que:

d) $A = D/2 \cdot [c + (b \cdot x^4 - x)]$

Substituindo convenientemente a expressão (c) na expressão (b), vem que:

e) $A = \frac{1}{2} \cdot [c + (b \cdot x^4 - x)]$

Demonstrei que:

f) $h = c + 2 \cdot b \cdot x \cdot (x-1) \cdot (x?) + x \cdot (x-1) + (b-1) \cdot x^2$

Substituindo convenientemente a expressão (f) na expressão (a), vem que:

$A = D/2 \cdot [c + 2 \cdot b \cdot x \cdot (x-1) \cdot (x?) + x \cdot (x-1) + (b-1) \cdot x^2]$

Substituindo convenientemente a expressão (f) na expressão (b), vem que:

$A = \frac{1}{2} \cdot [c + 2 \cdot b \cdot x \cdot (x-1) \cdot (x?) + x \cdot (x-1) + (b-1) \cdot x^2]$

9 - Coeficiente na Equação do Quarto Grau

Considere a equação do quarto grau, representada pela seguinte igualdade:

$$y = c + b \cdot x^4$$

Considere um par ordenado (x_n, y_m), definido pela equação do quarto grau. Desse modo, o gráfico leandroniano que define o referido par ordenado é o seguinte:

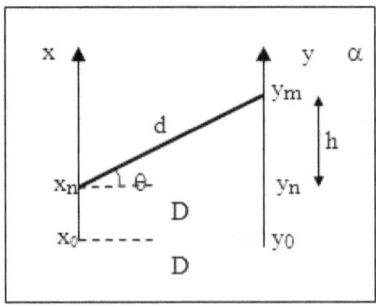

Leandro Bertoldo
Geometria Leandroniana

A – *Coeficiente Delta*

a) Coeficiente delta Δ é igual ao quociente da altura h, inversa pela base D do gráfico leandroniano. Simbolicamente, o referido enunciado é expresso pela seguinte relação:

$$\Delta = h/D$$

Sabe-se que:

$$h = y - x$$

Substituindo convenientemente as duas últimas expressões, vem que:

$$\Delta = (y - x)/D$$

Logicamente, posso escrever que:

$$\Delta \cdot D = y - x$$

Assim, vem que:

$$y = \Delta \cdot D + x$$

Pela equação do quarto grau, posso escrever que:

$$y = c + b \cdot x^4$$

Igualando convenientemente as duas últimas expressões, vem que:

$$c + b \cdot x^4 = \Delta \cdot D + x$$

Logo, posso escrever que:

$$b \cdot x^4 - x = \Delta \cdot D - c$$

b) Demonstrei que:

$$h = c + b \cdot x^4 - x$$

Sabe-se que:

$$\Delta = h/D$$

Substituindo convenientemente as duas últimas expressões, vem que:

$$\Delta = 1/D \cdot [c + b \cdot x^4 - x]$$

c) Afirmei que:

$$\Delta = h/D$$

Demonstrei que:

$$h = c + 2 \cdot b \cdot x \cdot (x - 1) \cdot (x?) + x \cdot (x - 1) + (b - 1) \cdot x^2$$

Substituindo convenientemente as duas últimas expressões, vem que:

$$\Delta = 1/D \cdot [c + 2 \cdot b \cdot x \cdot (x - 1) \cdot (x?) + x \cdot (x - 1) + (b - 1) \cdot x^2]$$

B – *Coeficiente Alfa*

a) O coeficiente alfa é igual ao quociente da altura (h) inversa pela diagonal (d). Simbolicamente, o referido enunciado é expresso pela seguinte relação:

$$\alpha = h/d$$

Sabe-se que:

$$h = y - x$$

Substituindo convenientemente as duas últimas expressões, vem que:

$$\alpha = (y - x)/d$$

Assim, posso escrever que:

$$y = \alpha \cdot d + x$$

A equação do quarto grau é expressa pela seguinte igualdade:

$$y = c + b \cdot x^4$$

Substituindo convenientemente as duas últimas expressões, vem que:

$$c + b \cdot x^4 = \alpha \cdot d + x$$

Assim, posso escrever que:

$$b \cdot x^4 - x = \alpha \cdot d - c$$

b) Demonstrei que:

$$h = c + b \cdot x^4 - x$$

Sabe-se que:

$$\alpha = h/d$$

Substituindo convenientemente as duas últimas expressões, vem que:

$$\alpha = 1/d \cdot (c + b \cdot x^4 - x)$$

c) Sabe-se que:

$$\alpha = h/d$$

Demonstrei que:

$$h = c + 2 \cdot b \cdot x \cdot (x - 1) \cdot (x?) + x \cdot (x - 1) + (b - 1) \cdot x^2$$

Substituindo convenientemente as duas últimas expressões, vem que:

$$\alpha = 1/d \cdot [c + 2 \cdot b \cdot x \cdot (x - 1) \cdot (x?) + x \cdot (x - 1) + (b - 1) \cdot x^2]$$

C – *Coeficiente Gama*

a) O coeficiente gama é igual ao quociente do valor da base (D), inversa pelo valor da diagonal (d). Simbolicamente, o referido enunciado é expresso pela seguinte relação:

$$\gamma = D/d$$

Logo, posso escrever que:

$$\gamma^2 = D^2/d^2$$

Sabe-se que:

$$d^2 = D^2 + h^2$$

Substituindo convenientemente as duas últimas expressões, vem que:

$$\gamma^2 = D^2/(D^2 + h^2)$$

Evidentemente, posso escrever que:

$$1/\gamma^2 = (D^2 + h^2)/D^2$$

Assim, resulta que:

$$1/\gamma^2 = 1 + (h^2/D^2)$$

b) Sabe-se que:

$$h^2 = (y - x)^2$$

Substituindo convenientemente as duas últimas expressões, vem que:

$$1/\gamma^2 = 1 + (y - x)^2/D^2$$

A equação do quarto grau permite escrever que:

$$y = c + b \cdot x^4$$

Substituindo convenientemente as duas últimas expressões, vem que:

$$1/\gamma^2 = 1 + (c + b \cdot x^4 - x^2)/D^2$$

c) Demonstrei que:

$$1/\gamma^2 = 1 + (h^2/D^2)$$

Demonstrei que:

$$h^2 = [c + 2 \cdot b \cdot x \cdot (x - 1) \cdot (x?) + x \cdot (x - 1) + (b - 1) \cdot x^2]^2$$

Leandro Bertoldo
Geometria Leandroniana

Substituindo convenientemente as duas últimas expressões, vem que:

$$1/\gamma^2 = 1 + 1/D^2 \cdot [c + 2 \cdot b \cdot x \cdot (x-1) \cdot (x?) + x \cdot (x-1) + (b-1) \cdot x^2]^2$$

CAPÍTULO XIII

1 - Função Elementar Genérica

A função elementar genérica é a função caracterizada pela seguinte expressão:

$$y = x^n$$

2 - Gráfico Leandronianos

A – Se a equação elementar genérica apresentar $x = 1$ e $n = 0, 1, 2, 3, 4$; então, tem-se que:

y	=	1^n	=	1
y	=	1^0	=	1
y	=	1^1	=	1
y	=	1^2	=	1
y	=	1^3	=	1
y	=	1^4	=	1

Assim, no gráfico leandroniano, obtém-se a seguinte figura:

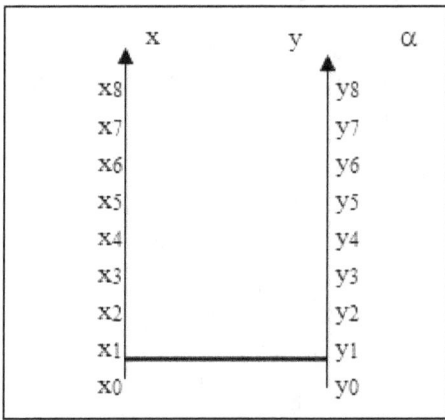

B – Se a equação elementar genérica apresentar x = 2 e n = 0, 1, 2, 3, 4; então, tem-se que:

y	=	2^n
1	=	2^0
2	=	2^1
4	=	2^2
8	=	2^3
16	=	2^4

No gráfico leandroniano, obtém-se a seguinte figura:

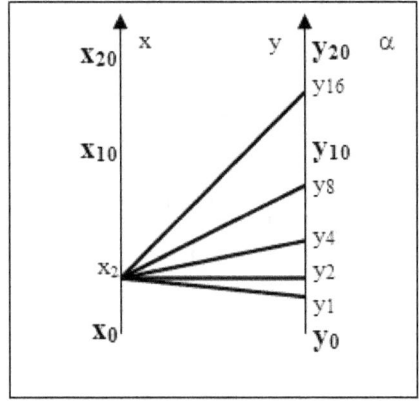

C – Se a equação elementar genérica apresentar x = 3 e n = 0, 1, 2, 3, 4; então, tem-se que:

y	=	3^n
1	=	3^0
3	=	3^1
9	=	3^2
27	=	3^3
81	=	3^4

No gráfico leandroniano, obtém-se a seguinte figura:

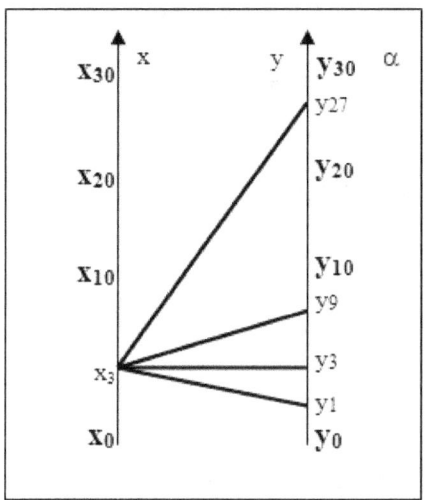

3 - Distância Entre um Pico Posterior por seu Anterior

A equação elementar genérica, representada simbolicamente pela seguinte expressão: $y = n^n$, permitiu traçar os gráficos leandronianos do último parágrafo; sendo que cada reta é sempre caracterizada por um par ordenado (x, y). Logicamente, a distância que separa um pico posterior de seu anterior é igual à diferença matemática existente entre os mesmos. Simbolicamente, o referido enunciado é expresso por:

$$R^{(xa, ya)}_{(xp, yp)} = y_p - y_a$$

Onde a letra (R) caracteriza a distância que separa um pico do outro; onde a letra (y_a) representa o pico anterior; e, a letra (y_p), representa o pico posterior.

Uma outra equação que traduz a distância que separa um pico posterior de seu anterior é a equação de Leandro, representada simbolicamente pela seguinte expressão:

$$R = x^n - x^{(n-1)}$$

4 - Exemplos da Equação de Leandro

Sabe-se que:

$$R^{(xa,\ ya)}{}_{(xp,\ yp)} = y_p - y_a = x^n - x^{(n-1)}$$

a) Então, seja:

$$R^{(x2,\ y1)}{}_{(x2,\ y2)} = y_2 - y_1 = 2^1 - 2^{(1-1)}$$
$$R^{(x2,\ y1)}{}_{(x2,\ y2)} = 1 = 2 - 1 = 1$$

b) Então, seja:

$$R^{(x2,\ y2)}{}_{(x2,\ y4)} = y_4 - y_2 = 2^2 - 2^{(2-1)}$$
$$R^{(x2,\ y2)}{}_{(x2,\ y4)} = 2 = 4 - 2 = 2$$

c) Então seja:

$$R^{(x2,\ y4)}{}_{(x2,\ y8)} = y_8 - y_4 = 4\ ;\ \text{ou:}$$
$$R^{(x2,\ y4)}{}_{(x2,\ y8)} = x_2{}^3 - x_2{}^{(3-1)} = 8 - 4 = 4$$

d) Então seja:

$$R^{(x2,\ y8)}{}_{(x2,\ y16)} = y_{16} - y_8 = 8\ ;\ \text{ou:}$$
$$R^{(x2,\ y8)}{}_{(x2,\ y16)} = x_2{}^4 - x_2{}^{(4-1)} = 16 - 8 = 8$$

e) Agora considere que:

$$R^{(x3,\ y1)}{}_{(x3,\ y3)} = y_3 - y_1 = 2\ ;\ \text{ou:}$$
$$R^{(x3,\ y1)}{}_{(x3,\ y3)} = x_3{}^1 - x_3{}^{(1-1)} = 3 - 1 = 2$$

f) Então seja:

$$R^{(x3, y3)}{}_{(x3, y9)} = y_9 - y_3 = 6 \text{ ; ou:}$$
$$R^{(x3, y3)}{}_{(x3, y9)} = x_3{}^2 - x_3{}^{(2-1)} = 9 - 3 = 6$$

g) Então seja:

$$R^{(x3, y9)}{}_{(x3, y27)} = y_{27} - y_9 = 18 \text{ ; ou:}$$
$$R^{(x3, y9)}{}_{(x3, y27)} = x_3{}^3 - x_3{}^{(3-1)} = 27 - 9 = 18$$

h) Então seja:

$$R^{(x3, y27)}{}_{(x3, y81)} = y_{81} - y_{27} = 54 \text{ ; ou:}$$
$$R^{(x3, y27)}{}_{(x3, y81)} = x_3{}^4 - x_3{}^{(4-1)} = 81 - 27 = 54$$

E assim encerro as atividades de exemplos.

5 - Fusão da Equação de Leandro com a Função Elementar Genérica

Afirmei que:

$$y = x^n$$

Demonstrei que:

$$R_m = x^n - x^{(n-1)}$$

Substituindo convenientemente as duas últimas expressões, vem que:

$$R_m = y - x^{(n-1)}$$

Leandro Bertoldo
Geometria Leandroniana

6 - Altura Entre um Pico por seu Vale

Considere a equação elementar genérica, caracterizada pela seguinte igualdade;

$$y = x^n$$

Para efeito de exemplo, considere $x = 2$, e $n = 0, 1, 2, 3, 4$; então, tem-se que:

$$\boxed{\begin{array}{l} 2^0 = 1 \\ 2^1 = 2 \\ 2^2 = 4 \\ 2^3 = 8 \\ 2^4 = 16 \end{array}}$$

Logicamente, têm-se os seguintes pares ordenados: (x_2, y_1); (x_2, y_2); (x_2, y_4); (x_2, y_8); (x_2, y_{16}) etc. O gráfico leandroniano que caracteriza os referidos pares ordenados é o seguinte:

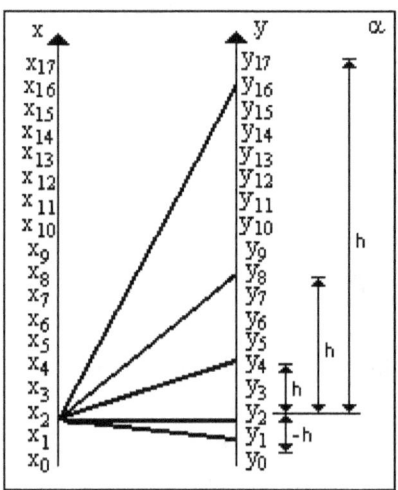

Genericamente, posso afirmar que a altura (h) de uma reta no gráfico leandroniano, representada por um par ordenado (x, y), definido por uma equação genérica elementar ($y = x^n$), é igual à diferença matemática existente entre o pico y pelo vale x. Simbolicamente, o referido enunciado é expresso pela seguinte igualdade:

$$h_{(x, y)} = y - x$$

Então seja:

$$h_{(x_2, y_1)} = y_1 - x_2 = -1$$

Tal resultado implica que o valor da altura é negativo, e caracteriza apenas um módulo.

Agora, observe a reta caracterizada pelo par ordenado (x_2, y_2). Pode-se observar que o valor da altura definida entre o vale x_2 e o pico y_2 é nula; ou seja:

$$h_{(x_2, y_2)} = y_2 - x_2 = 0$$

Agora, observe a reta definida pelo par ordenado (x_2, y_4); pode-se verificar que a altura definida entre o vale x_2 e o pico y_4 caracterizam um triângulo retângulo de vértices, (x_2, y_4, y_2). O referido triângulo apresenta uma altura caracterizada pela diferença existente entre o pico y_4 e o vale x_2. Simbolicamente, o referido enunciado é expresso pela seguinte igualdade:

$$h_{(x_2, y_4)} = y_4 - x_2 = 2$$

Agora, considere a reta definida pelo par ordenado (x_2, y_8). Tal reta apresenta uma altura definida entre o vale x_2 e o pico y_8, caracterizando um triângulo retângulo de vértices, (x_2, y_8, y_2). A altura do referido triângulo é igual à diferença matemática existente entre o pico y_8 pelo vale x_2. Simbolicamente, o referido enunciado é expresso pela seguinte expressão:

$$h_{(x_2, y_8)} = y_8 - x_2 = 6$$

Agora, observe a reta definida pelo par ordenado (x_2, y_{16}); pode-se verificar que a altura definida entre o vale x_2 e o pico y_{16} caracteriza um triângulo retângulo de vértices, (x_2, y_{16}, y_2). A altura do referido triângulo é igual à diferença existente entre o pico y_{16} e o vale x_2. O referido enunciado é expresso simbolicamente por:

$$h_{(x2, y16)} = y_{16} - x_2 = 14$$

7 - Equação da Altura e a Equação Elementar Genérica

Demonstrei que:

$$y = x^n$$

Demonstrei que:

$$h_{(x, y)} = y - x$$

Substituindo convenientemente as duas últimas expressões, vem que:

$$h_{(x, y)} = x^n - x$$

8 - Equação da Altura e Equação de Leandro

Demonstrei que:

$$R = x^n - x^{(n-1)}$$

Demonstrei que:

$$h = x^n - x$$

Portanto, posso escrever que:

$$x^n = R + x^{(n-1)}$$

Também, posso escrever que:

$$x^n = h + x$$

Igualando convenientemente as duas últimas expressões, vem que:

$$R + x^{(n-1)} = h + x$$

Logo, posso escrever que:

$$x^{(n-1)} - x = h - R$$

9 - Área Limitada por um Triângulo Retângulo

A equação elementar genérica, $y = x^n$, permite traçar o seguinte gráfico leandroniano:

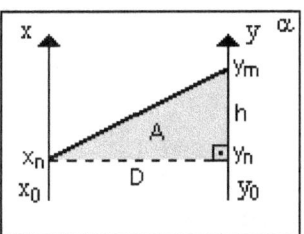

A referida figura rachurada é um triângulo retângulo, cuja área é definida pela geometria plana como sendo igual à metade da base (D), em produto com a altura (h). Simbolicamente, o referido enunciado é expresso pela seguinte relação:

$$A = D/2 \cdot h$$

Demonstrei que:

$$h = x^n - x$$

Substituindo convenientemente as duas últimas expressões, vem que:

$$A = D/2 \cdot (x^n - x)$$

10 - Coeficiente na Equação Elementar Genérica

Considere a equação elementar genérica representada simbolicamente pela seguinte igualdade:

$$y = x^n$$

Considere um par ordenado (x_n, y_m), definido pela equação elementar genérica. Desse modo, o gráfico leandroniano que define o referido par ordenado, é o seguinte:

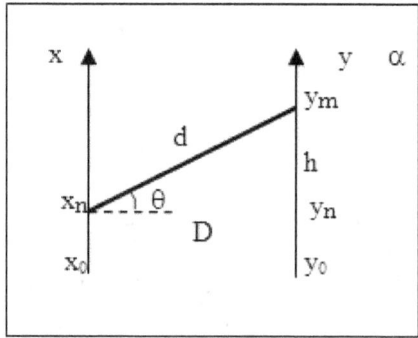

A – *Coeficiente Delta*

O coeficiente delta (Δ) é definido como sendo igual à relação existente entre a atura (h) pela base (D). Simbolicamente, o referido enunciado é expresso pela seguinte equação:

$$\Delta = h/D$$

Demonstrei que:

$$h = (x^n - x)$$

Substituindo convenientemente as duas últimas expressões, vem que:

$$\Delta = (x^n - x)/D$$

B – *Coeficiente Alfa*

O coeficiente alfa (α) é definido como sendo igual à relação matemática existente entre a altura (h) pela diagonal (d). Simbolicamente, o referido enunciado é expresso por:

$$\alpha = h/d$$

Demonstrei que:

$$h = (x^n - x)$$

Substituindo convenientemente as duas últimas expressões, vem que:

$$\alpha = (x^n - x)/d$$

C – *Coeficiente Gama*

O coeficiente gama (γ) é definido como sendo igual à relação matemática existente entre a base (D) pela diagonal (d). O referido enunciado é expresso simbolicamente por:

$$\gamma = D/d$$

Então, posso escrever que:

$$\gamma^2 = D^2/d^2$$

Sabe-se que:

$$d^2 = D^2 + h^2$$

Substituindo convenientemente as duas últimas expressões, vem que:

$$\gamma^2 = D^2/(D^2 + h^2)$$

Evidentemente, posso escrever que:

$$1/\gamma^2 = (D^2 + h^2)/D^2$$

Assim, resulta que:

$$1/\gamma^2 = 1 + (h^2/D^2)$$

Demonstrei que:

$$h = (x^n - x)$$

Logo, posso escrever que:

$$h^2 = (x^n - x)^2$$

Assim, resulta que:

$$1/\gamma^2 = 1 + (x^n - x)^2/D^2$$

CAPÍTULO XIV

1 - Função Linear Genérica

A função linear genérica é a função caracterizada pela seguinte igualdade:

$$y = b \cdot x^n$$

2 - Gráficos

a) Se na equação linear genérica, o número real b, for igual a zero (b = 0); então, posso escrever que:

a_1)

y	=	b	.	x^n
0	=	0	.	1^0
0	=	0	.	1^1
0	=	0	.	1^2
0	=	0	.	1^3

a_2)

y	=	b	.	x^n
0	=	0	.	2^0
0	=	0	.	2^1
0	=	0	.	2^2
0	=	0	.	2^3

O gráfico leandroniano que caracteriza os referidos pares ordenados é o seguinte:

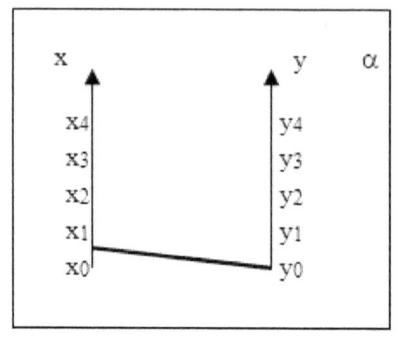 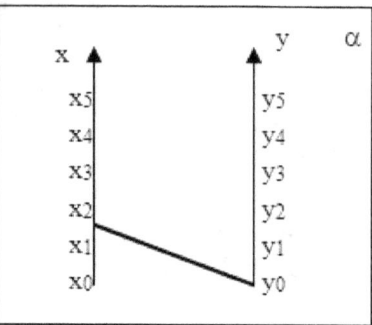

b) Se na equação linear, o número real b, for igual à um (b = 1), então, posso escrever que:

b₁)

y	=	b	.	x^n
1	=	1	.	1^0
1	=	1	.	1^1
1	=	1	.	1^2
1	=	1	.	1^3

O gráfico leandroniano que caracteriza os referidos pares ordenados é o seguinte:

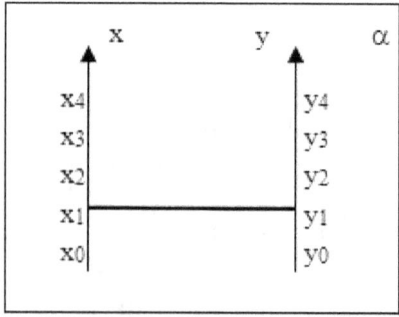

b$_2$)

y	=	b	.	x^n
1	=	1	.	2^0
2	=	1	.	2^1
4	=	1	.	2^2
8	=	1	.	2^3

O gráfico leandroniano que caracteriza os referidos pares ordenados é o seguinte:

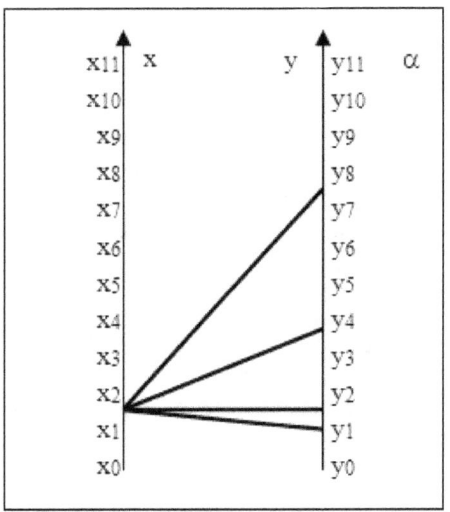

c) Se na equação linear, o número real b for igual à dois (b = 2), então, posso escrever que:

c$_1$)

y	=	b	.	x^n
2	=	2	.	1^0
2	=	2	.	1^1
2	=	2	.	1^2
2	=	2	.	1^3

O gráfico leandroniano que caracteriza os referidos pares ordenados é o seguinte:

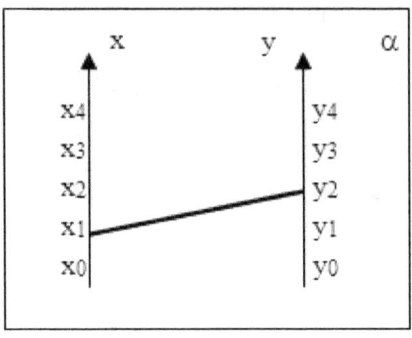

c_2)

y	=	b	.	x^n
2	=	2	.	2^0
4	=	2	.	2^1
8	=	2	.	2^2
16	=	2	.	2^3

O gráfico leandroniano que caracteriza os referidos pares ordenados é o seguinte:

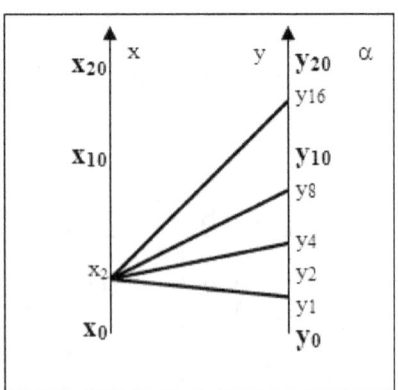

3 - Distância Entre um Pico Posterior por seu Anterior

A função linear genérica é representada simbolicamente pela seguinte igualdade:

$$y = b \cdot x^n$$

Tal equação permitiu traçar as retas dos gráficos do parágrafo anterior, sendo que cada reta é caracterizada por um par ordenado (x, y). Logicamente, a distância que separa um pico posterior do seu anterior é igual à diferença matemática existente entre os mesmos. Simbolicamente, o referido enunciado é expresso pela seguinte equação:

$$R^{(x_a,\, y_a)}_{(x_p,\, y_p)} = y_p - y_a$$

A equação de Leandro que permite calcular (R) em função de x é a seguinte:

$$R^{(x_a,\, y_a)}_{(x_p,\, y_p)} = (x^n - x^{n-1}) \cdot b$$

4 - Cálculo do Valor do Número Real b, na Equação Linear Genérica

Analisando os gráficos anteriores do presente capítulo, posso concluir que uma equação linear genérica ($y = b \cdot x^n$), representada no gráfico leandroniano, implica que o valor do número real "b" é caracterizado pelo valor de y no pico da reta (x, y), básica; onde, defino a reta básica como sendo representada por:

$$y_b = b \cdot x^0$$

5 - Altura do Pico de uma Reta em Relação ao Vale da Mesma

Considere a equação linear genérica, representada pela seguinte igualdade:

$$y = b \cdot x^n$$

Defino a altura (h) de um pico (y) em relação ao vale (x) de uma mesma reta como sendo a diferença matemática existente entre o pico y pelo vale x. Simbolicamente, o referido enunciado é expresso pela seguinte igualdade:

$$h^{(x,\, y)} = y - x$$

6 - Equação da Altura é a Equação Linear Genérica

Afirmei que:

$$h^{(x,\, y)} = y - x$$

Sabe-se que:

$$y = b \cdot x^n$$

Substituindo convenientemente as duas últimas expressões, vem que:

$$h_{(x,\, y)} = b \cdot x^n - x$$

7 - Área Limitada de um Triângulo Retângulo

A equação linear genérica permite traçar o seguinte gráfico leandroniano:

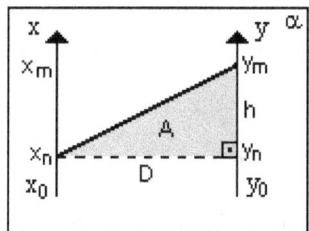

A área de tal triângulo retângulo é definida pela geometria plana como sendo igual à metade da base (D) em produto com a altura (h). Simbolicamente, o referido enunciado é expresso pela seguinte igualdade:

$$A = (D/2) \cdot h$$

Demonstrei que:

$$h = y - x$$

Substituindo convenientemente as duas últimas expressões, vem que:

$$A = D/2 \cdot (y - x)$$

Demonstrei que:

$$h = b \cdot x^n - x$$

Então, posso escrever que:

$$A = (D/2) \cdot b \cdot x^n - x$$

Leandro Bertoldo
Geometria Leandroniana

8 - Coeficiente na Equação Linear Genérica

Considere a equação linear genérica, representada simbolicamente por:

$$y = b \cdot x^n$$

Considere um par ordenado genérico (x_n, y_m), definido pela última equação. O gráfico leandroniano que define tal par ordenado é o seguinte:

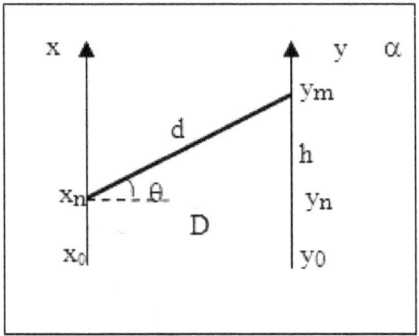

A – *Coeficiente Delta*

Defino o coeficiente delta (Δ), simbolicamente, pela seguinte relação:

$$\Delta = h/D$$

Porém, demonstrei que:

$$h = y - x$$

Então, vem que:

$$\Delta = (y - x)/D$$

Evidentemente, posso escrever que:

$$\Delta \cdot D = y - x$$

Então, resulta que:

$$y = \Delta \cdot D + x$$

Afirmei que:

$$y = b \cdot x^n$$

Igualando convenientemente as duas últimas expressões, vem que:

$$b \cdot x^n = \Delta \cdot D + x$$

Logo, posso escrever que:

$$\Delta \cdot D = b \cdot x^n - x$$

B – *Coeficiente Alfa*

Defino o coeficiente alfa (α), simbolicamente, pela seguinte relação:

$$\alpha = h/d$$

Demonstrei que:

$$h = y - x$$

Substituindo convenientemente as duas últimas expressões, vem que:

$$\alpha = (y - x)/d$$

Sabe-se que:

$$y = b \cdot x^n$$

Substituindo as duas últimas expressões, vem que:

$$\alpha = (b \cdot x^n - x)/d$$

C – *Coeficiente Gama*

Defino o coeficiente gama (γ), simbolicamente, pela seguinte relação:

$$\gamma = D/d$$

Logicamente, posso escrever que:

$$\gamma^2 = D^2/d^2$$

Demonstrei que:

$$d^2 = D^2 + h^2$$

Assim, vem que:

$$\gamma^2 = D^2/(d^2 + h^2)$$

Posso escrever que:

$$1/\gamma^2 = (D^2 + h^2)/D^2$$

Então, resulta que:

Leandro Bertoldo
Geometria Leandroniana

$$1/\gamma^2 = 1 + (h^2/D^2)$$

Demonstrei que:

$$h^2 = (y - x)^2$$

Substituindo convenientemente as duas últimas expressões, vem que:

$$1/\gamma^2 = 1 + (y - x)^2/D^2$$

Sabe-se que:

$$y = b \cdot x^n$$

Substituindo convenientemente as duas últimas expressões, vem que:

$$1/\gamma^2 = 1 + (b \cdot x^n - x)^2/D^2$$

Leandro Bertoldo
Geometria Leandroniana

Leandro Bertoldo
Geometria Leandroniana

CAPÍTULO XV

1 - Equação Genérica

A função genérica é a equação caracterizada pela seguinte igualdade:

$$y = c + b \cdot x^n$$

2 - Gráficos

A – Se na equação genérica, $x = 1$, $b = 0$, $c = 1$, $n = 0, 1, 2, 3$; então, posso escrever que:

y	=	1	+	0	.	1^n
1	=	1	+	0	.	1^0
1	=	1	+	0	.	1^1
1	=	1	+	0	.	1^2
1	=	1	+	0	.	1^3

No gráfico leandroniano, obtém-se a seguinte figura:

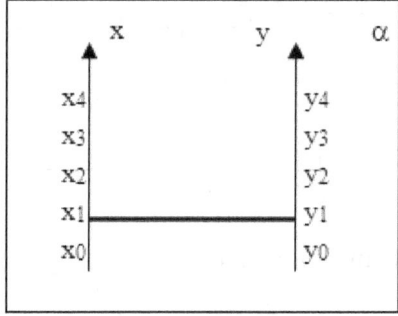

A_1 – Se $x = 2$, $b = 0$, $c = 1$, $n = 0, 1, 2, 3$, então, posso escrever que:

y	=	1	+	0	.	2^n
1	=	1	+	0	.	2^0
1	=	1	+	0	.	2^1
1	=	1	+	0	.	2^2
1	=	1	+	0	.	2^3

No gráfico leandroniano, obtém-se a seguinte figura:

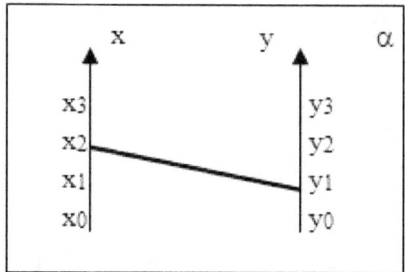

B – Se na equação genérica, $y = c + b \cdot x^n$, $x = 1$, $b = 0$, $c = 2$, $n = 0, 1, 2, 3$; então, posso escrever que:

y	=	2	+	0	.	1^n
2	=	2	+	0	.	1^0
2	=	2	+	0	.	1^1
2	=	2	+	0	.	1^2
2	=	2	+	0	.	1^3

No gráfico leandroniano, obtém-se a seguinte figura:

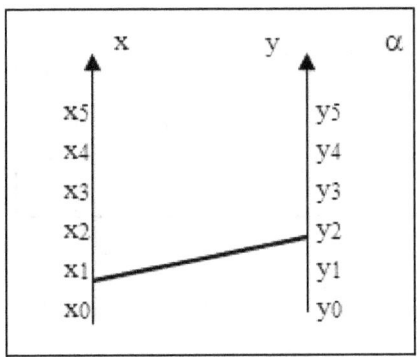

B₁ – Se x = 2, b = 0, c = 2, n = 1, 2, 3, então, posso escrever que:

y	=	2	+	0	.	2^n
2	=	2	+	0	.	2^0
2	=	2	+	0	.	2^1
2	=	2	+	0	.	2^2
2	=	2	+	0	.	2^3

No gráfico leandroniano, obtém-se a seguinte figura:

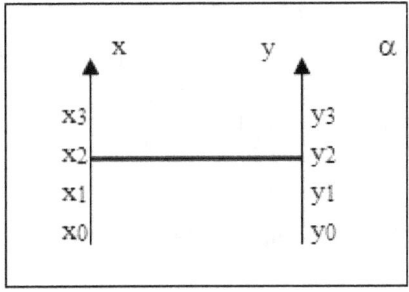

C – Se na equação genérica, y = c + b . x^n, x = 1, b = 1, c = 1, n = 1, 2, 3; então, posso escrever que:

y	=	1	+	1	.	1^n
2	=	1	+	1	.	1^0
2	=	1	+	1	.	1^1
2	=	1	+	1	.	1^2
2	=	1	+	1	.	1^3

No gráfico leandroniano, obtém-se a seguinte figura:

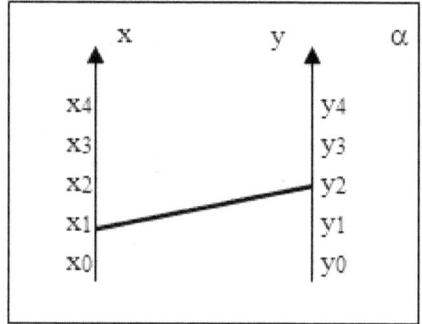

C_1 – Se x = 2, b = 1, c = 1, n = 1, 2, 3, então, posso escrever que:

y	=	1	+	1	.	2^n
2	=	1	+	1	.	2^0
3	=	1	+	1	.	2^1
5	=	1	+	1	.	2^2
9	=	1	+	1	.	2^3

No gráfico leandroniano, obtém-se a seguinte figura:

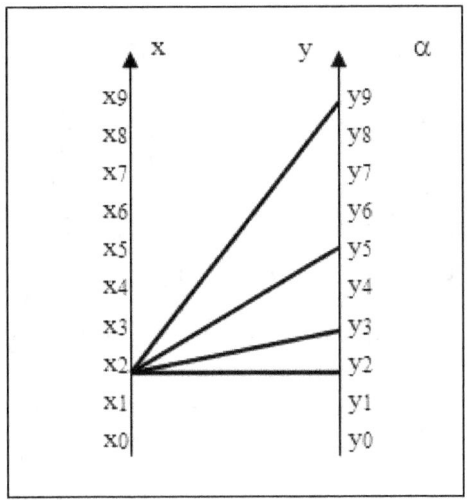

D – Se na equação genérica, $y = c + b \cdot x^n$, $x = 1$, $b = 1$, $c = 2$, $n = 0, 1, 2, 3$; então, posso escrever que:

y	=	2	+	1	.	1^n
3	=	2	+	1	.	1^0
3	=	2	+	1	.	1^1
3	=	2	+	1	.	1^2
3	=	2	+	1	.	1^3

No gráfico leandroniano, obtém-se a seguinte figura:

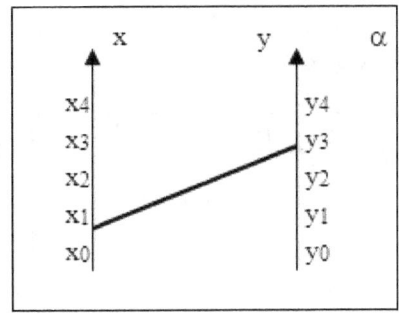

D_1 – Se $x = 2$, $b = 1$, $c = 2$, $n = 1, 2, 3$, então, posso escrever que:

y	=	2	+	1	.	2^n
3	=	2	+	1	.	2^0
4	=	2	+	1	.	2^1
6	=	2	+	1	.	2^2
10	=	2	+	1	.	2^3

No gráfico leandroniano, obtém-se a seguinte figura:

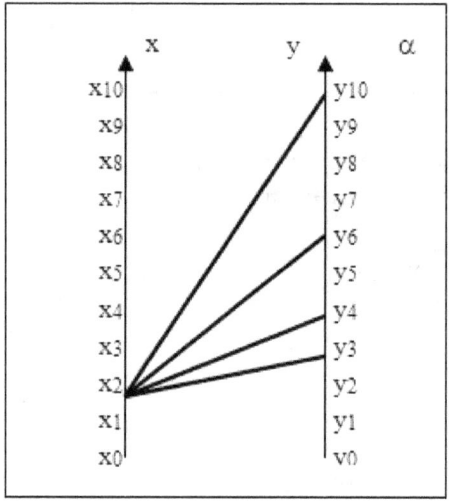

E – A equação genérica, $y = c + b \cdot x^n$, $x = 1$, $b = 2$, $c = 1$, $n = 0, 1, 2, 3$ permite escrever que que:

y	=	1	+	2	.	1^n
3	=	1	+	2	.	1^0
3	=	1	+	2	.	1^1
3	=	1	+	2	.	1^2
3	=	1	+	2	.	1^3

No gráfico leandroniano, obtém-se a seguinte figura:

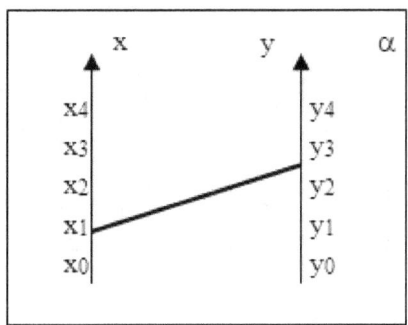

E$_1$ – Se x = 2, b = 2, c = 1, n = 1, 2, 3, então, posso escrever que:

y	=	1	+	2	.	2^n
3	=	1	+	2	.	2^0
5	=	1	+	2	.	2^1
9	=	1	+	2	.	2^2
17	=	1	+	2	.	2^3

No gráfico leandroniano, obtém-se a seguinte figura:

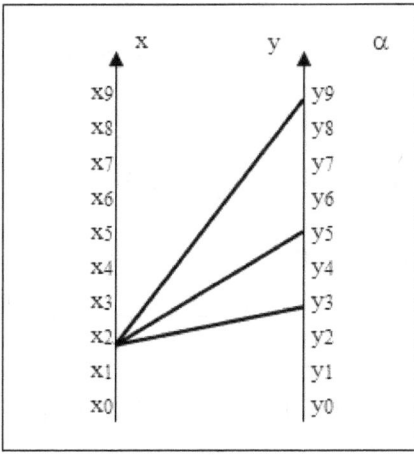

F – Se na equação genérica, $y = c + b \cdot x^n$, $x = 1$, $b = 2$, $c = 2$, $n = 1, 2, 3$; então, posso escrever:

y	=	2	+	2	.	1^n
4	=	2	+	2	.	1^0
4	=	2	+	2	.	1^1
4	=	2	+	2	.	1^2
4	=	2	+	2	.	1^3

No gráfico leandroniano, obtém-se a seguinte figura:

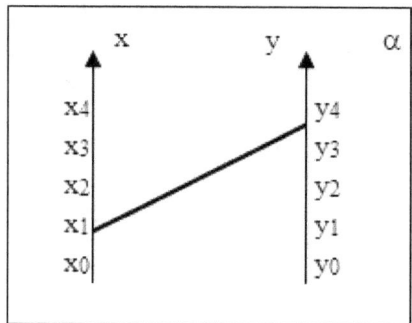

F_1 – Se $x = 2$, $b = 2$, $c = 2$, $n = 1, 2, 3$, então, posso escrever que:

y	=	2	+	2	.	2^n
4	=	2	+	2	.	2^0
6	=	2	+	2	.	2^1
10	=	2	+	2	.	2^2
18	=	2	+	2	.	2^3

No gráfico leandroniano, obtém-se a seguinte figura:

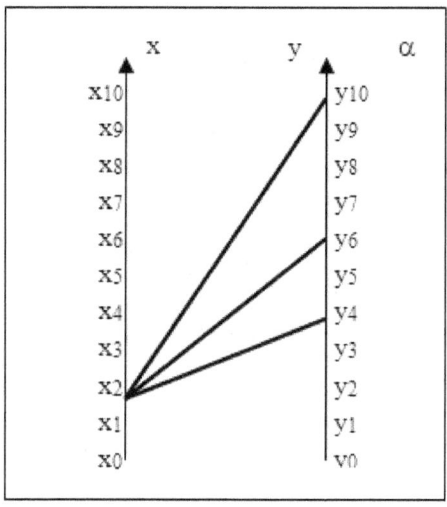

Após ter apresentado os gráficos anteriores, passo a apresentar a seguinte propriedade: uma equação genérica, ($y = c + b \cdot x^n$), representada no gráfico leandroniano, apresenta o número real (c) como sendo igual à diferença matemática existente entre (y) pelo número real (b), quando o índice (n) de (x) for igual a zero (0). Simbolicamente, o referido enunciado é expresso pela seguinte equação:

$$c = y - b \to x^0$$

3 - Distância Entre um Pico Posterior por seu Anterior

A equação genérica representada pela expressão: $y = c + b \cdot x^n$ permitiu traçar os gráficos leandronianos anteriores, sendo que cada reta traçada caracteriza um par ordenado (x, y). Logicamente, a distância que separa um pico de seu anterior é igual à diferença matemática existente entre os mesmos. Simbolicamente, o referido enunciado é expresso pela seguinte:

$$R^{(x_a,\ y_a)}{}_{(x_p,\ y_p)} = y_p - y_a$$

Sendo y_p, caracterizado por:

$$y_p = c + b \cdot x^n$$

E, sendo y_a, caracterizado por:

$$y_a = c + b \cdot x^{n-1}$$

Então, substituindo convenientemente as três últimas expressões, vem que:

$$R^{(xa,\ ya)}{}_{(xp,\ yp)} = (c + b \cdot x^n) - (c + b \cdot x^{n-1})$$

Eliminando os termos em evidência, vem que:

$$R^{(xa,\ ya)}{}_{(xp,\ yp)} = b \cdot x^n - b \cdot x^{n-1}$$

Portanto, conclui-se que:

$$R^{(xa,\ ya)}{}_{(xp,\ yp)} = b \cdot (x^n - x^{n-1})$$

4 - Altura de um Pico em Relação ao seu Vale

Considere a equação de um grau genérico, caracterizada simbolicamente pela seguinte igualdade:

$$y = c + b \cdot x^n$$

Para efeito de exemplo, considere o número real $b = 2$ e o número real $c = 2$ e o número $x = 2$, então, obtêm-se os seguintes pares ordenados: $(x_2,\ y_4)$; $(x_2,\ y_6)$; $(x_2,\ y_{10})$ etc. O gráfico leandroniano que caracteriza os referidos pares ordenados é o seguinte:

Leandro Bertoldo
Geometria Leandroniana

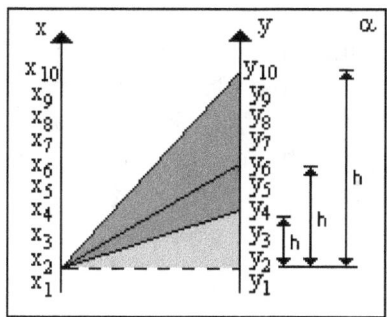

Observando a reta definida pelo par ordenado (x_2, y_4); pode-se notar que a altura definida entre o vale x_2 e o pico y_4 caracterizam um triângulo retângulo de vértices, (x_2, y_4, y_2). Tal triângulo apresenta uma altura definida pela diferença existente entre o pico y_4 e o vale x_2. Simbolicamente, o referido enunciado é expresso pela seguinte igualdade:

$$h_2 = y_4 - x_2$$

Agora, observe a reta definida pelo par ordenado (x_2, y_6), pode-se verificar que a altura definida entre o vale x_2 e o pico y_6, caracterizando um triângulo retângulo de vértices, (x_2, y_6, y_2). O referido triângulo apresenta uma altura caracterizada pela diferença matemática existente entre o pico y_6 pelo vale x_2. O referido enunciado é expresso simbolicamente pela seguinte expressão:

$$h_4 = y_6 - x_2$$

Agora, considere a reta definida pelo par ordenado (x_2, y_{10}). Tal reta apresenta uma altura definida entre o vale x_2 e o pico y_{10}, caracterizando um triângulo retângulo de vértices, (x_2, y_{10}, y_2). A altura do referido triângulo é igual à diferença existente entre o pico y_{10} e o vale x_2. Simbolicamente, o referido enunciado é expresso pela seguinte igualdade:

$$h_8 = y_{10} - x_2$$

Logo de uma maneira generalizada, posso afirmar que a altura (h) de uma reta no gráfico leandroniano, representada por um par ordenado (x, y), é igual à diferença matemática existente entre o pico y pelo vale x. Simbolicamente, o referido enunciado é expresso pela seguinte igualdade:

$$h_{(x,y)} = y - x$$

5 - Equação da Altura e a Equação Elementar Genérica

Demonstrei que:

$$y = c + b \cdot x^n$$

Demonstrei que:

$$h_{(x,y)} = y - x$$

Substituindo convenientemente as duas últimas expressões, vem que:

$$h_{(x,y)} = c + b \cdot x^n - x$$

Portanto, posso escrever que:

$$h_{(x,y)} = c + x \cdot (b \cdot x^n - 1)$$

6 - Área Limitada por um Triângulo Retângulo

A equação genérica, $y = c + b \cdot x^n$ permite traçar o seguinte gráfico leandroniano:

Leandro Bertoldo
Geometria Leandroniana

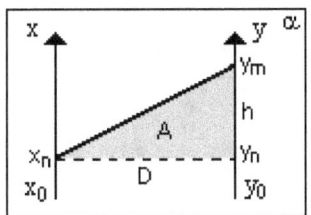

A referida figura rachurada é um triângulo retângulo, cuja área é definida na geometria plana como sendo igual à metade da base (D) em produto com a altura (h). Simbolicamente, o referido enunciado é expresso pela seguinte relação:

a) $\qquad A = (D/2) \cdot h$

No gráfico leandroniano convencional, onde D = 1, a última expressão resulta na seguinte:

b) $\qquad A = h/2$

Demonstrei que:

c) $\qquad h = c + x \cdot (b \cdot x^{n-1} - 1)$

Substituindo convenientemente a expressão (c) na equação (a), vem que:

$$A = (D/2) \cdot [c + x \cdot (b \cdot x^{n-1} - 1)]$$

Substituindo convenientemente a expressão (c) na igualdade (b), vem que:

$$A = \tfrac{1}{2} \cdot [c + x \cdot (b \cdot x^{n-1} - 1)]$$

Leandro Bertoldo
Geometria Leandroniana

7 - Coeficientes na Equação Genérica

Considere a equação genérica, representada simbolicamente pela seguinte igualdade:

$$y = c + b \cdot x^n$$

Considere um par ordenado (x_n, y_m), definido pela equação genérica. Desse modo, o gráfico leandroniano que define o referido par ordenado, é o seguinte:

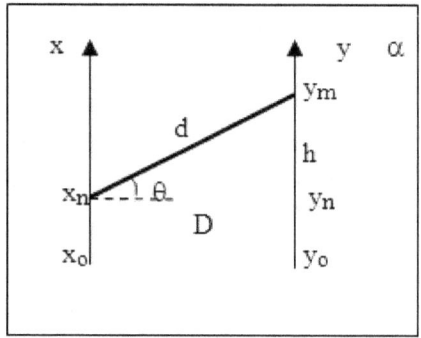

A – *Coeficiente Delta*

Defino o coeficiente delta (Δ), simbolicamente, pela seguinte relação:

$$\Delta = h/D$$

Porém, demonstrei que:

$$h = y - x$$

Então, vem que:

$$\Delta = (y - x)/D$$

Assim, posso escrever que:

$$\Delta \cdot D = y - x$$

Logo, resulta que:

$$y = \Delta \cdot D + x$$

Demonstrei que:

$$y = c + b \cdot x^n$$

Igualando convenientemente as duas últimas expressões, vem que:

$$\Delta \cdot D + x = c + b \cdot x^n$$

Logo, posso escrever que:

$$\Delta \cdot D - c = b \cdot x^n - x$$

B - *Coeficiente Alfa*

Defino o coeficiente alfa (α), simbolicamente, pela seguinte relação:

$$\alpha = h/d$$

Demonstrei que:

$$h = y - x$$

Substituindo convenientemente as duas últimas expressões, vem que:

$$\alpha = (y - x)/d$$

Sabe-se que:

$$y = c + b \cdot x^n$$

Substituindo as duas últimas expressões, vem que:

$$\alpha \cdot d = c + b \cdot x^n - x$$

Portanto, posso escrever que:

$$\alpha \cdot d - c = b \cdot x^n - x$$

C – *Coeficiente Gama*

Defino o coeficiente gama (γ), simbolicamente, pela seguinte relação:

$$\gamma = D/d$$

No gráfico convencional de Leandro, onde $D = 1$, a última expressão se reduz à seguinte:

$$\gamma = 1/d$$

Em capítulo anterior, demonstrei que:

$$1/\gamma^2 = 1 + (h^2/D^2)$$

Sabe-se que:

$$h^2 = (y - x)^2$$

Substituindo convenientemente as duas últimas expressões, vem que:

$$1/\gamma^2 = 1 + (y - x)^2/D^2$$

Sabe-se que:

$$y = c + b \cdot x^n$$

Substituindo convenientemente as duas últimas expressões, vem que:

$$1/\gamma^2 = 1 + (c + b \cdot x^n - x)^2/D^2$$

Leandro Bertoldo
Geometria Leandroniana

Leandro Bertoldo
Geometria Leandroniana

CAPÍTULO XVI

1 - Introdução

Nos mais diferentes fenômenos físicos existem grandezas que se relacionam e variam segundo determinadas funções. Em um exemplo particular, no caso do movimento, a posição varia em função do tempo, cuja expressão analítica é expressa por: $S = f(t)$. Uma apresentação para a função $S = f(t)$ é a construção de um gráfico, que relaciona as variáveis s e t.

Construções gráficas, com duas variáveis, são feitas no chamado "plano leandroniano", que definido em geometria leandroniana. É o constituído por duas estacas x e y paralelas entre si que têm origem numa base (0), denominada ponto de origem.

2 - Gráfico das Posições em Movimento Uniforme

Pretende-se representar graficamente as diversas posições ocupadas por um móvel em movimento retilíneo e uniforme. Tal movimento tem como equação horária: $s = s_0 + v \cdot t$, do primeiro grau em t. Adotarei então as estacas leandronianos, x e y, tomando em seus lugares, respectivamente, t e s.

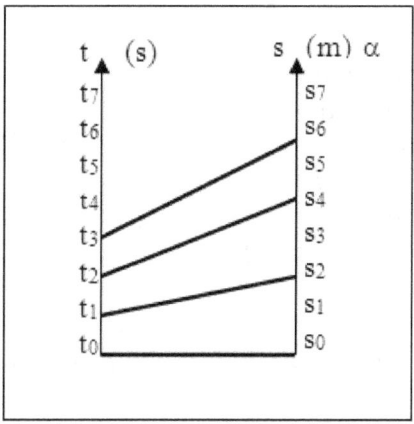

Na geometria leandroniana, demonstrei que uma equação do primeiro grau, $y = a + b \cdot x$, apresenta no gráfico leandroniano as seguintes propriedades:

a) Valor do número real (a) $a_n = (x_0, y_n)$
b) Valor do número real (b) $b = y_s - y_i$

Onde: $y_s = a + b \cdot x$
$y_i = a + b \cdot (x - 1)$

Então analisando o último gráfico do presente item, posso concluir que:

$$s_0 = (t_0, s_0) = 0$$

Tal resultado implica que o móvel parte de uma origem zero. Também, posso deduzir que:

$$v_2 = s_s - s_i = s_2 - s_1 = s_4 - s_2 = s_6 - s_4 = 2$$

E assim, apresento a velocidade do móvel como sendo igual à dois metros por segundo (2m/s). A distância que o móvel percorreu deve-se ser lida diretamente no gráfico leandroniano, assim, tem-se que:

c) Quando decorreu um segundo, (t_1) o móvel percorreu uma distância igual a dois metros (s_2).
d) Quando decorreu um segundo, (t_2) o móvel percorreu uma distância igual a três metros (s_4).
e) Quando decorreu um segundo, (t_3) o móvel percorreu uma distância igual a seis metros (s_6).

3 - Gráfico das Velocidades em Movimento Uniforme

O gráfico da velocidade trata-se de um diagrama que representa a velocidade do móvel em cada instante. Como essa velocidade se mantém constante durante todo movimento, o gráfico representativo será dado por um feixe de retas convergentes à estaca das velocidades.

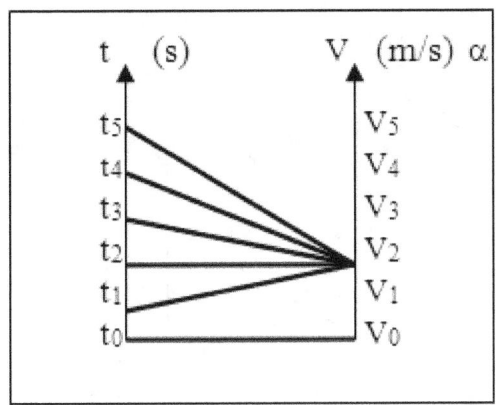

Analisando o referido gráfico, verifica-se que quando se inicia a cronometragem do tempo (t_0) a velocidade é nula (v_0), ou seja, o móvel se encontra em repouso.

Quando o tempo decorre para um segundo (t_1) a velocidade é igual a dois metros por segundo (V_2), quando o tempo decorre para dois segundos (t_2) a velocidade é igual a dois metros por segundo (V_2), quando o tempo decorre para três segundos (t_3) a velocidade é igual a dois metros por segundo (V_2), e o mesmo se verifica para o tempo de quatro segundos e de cinco segundos; tal resultado implica que a velocidade permaneceu constante durante os cincos segundos que decorreu do movimento.

4 - Gráficos das Velocidades em Movimento Uniformemente Variado

No movimento uniformemente variado a equação da velocidade $v = v_0 + \alpha \cdot t$, traduz matematicamente uma equação do tipo $y = a + b \cdot x$, que é uma equação do primeiro grau.

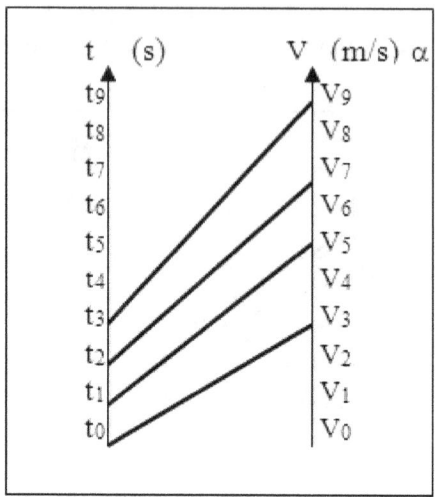

Analisando o referido gráfico, posso concluir que:

a)
$$v_0 = (t_0, v_3) = 3$$

Tal resultado implica que quando se começou a cronometrar a velocidade do móvel, o mesmo já estava em movimento com uma velocidade inicial (v_0) igual a três metros por segundo.

b)
$$\alpha_2 = v_s - v_i = v_5 - v_3 = v_7 - v_5 = v_9 - v_7 = 2$$

Isto implica que a aceleração que atua no móvel é de dois metros por segundo ao quadrado.

No movimento uniformemente variado a velocidade do móvel deve ser lida diretamente no gráfico leandroniano; assim, tem-se que:

c) Quando se iniciou a contagem do tempo, (t_0) o móvel já se encontrava animado em movimento, com uma velocidade igual a três metros por segundo (v_3).

d) Quando decorreu um segundo, (t_1) a velocidade do móvel era de cinco metros por segundo (v_5).

e) Quando decorreu dois segundos, (t_2) a velocidade do móvel era de sete metros por segundo (v_7).

f) Quando decorreu dois segundos, (t_3) a velocidade do móvel era de nove metros por segundo (v_9).

5 - Gráfico das Posições em Movimento Uniformemente Variado

Considere um móvel que parte do repouso a partir de uma determinada posição e apresente movimento uniformemente variado; a equação que caracteriza a referida condição é a seguinte:

$$s = s_0 + \alpha \cdot t^2/2$$

Para um movimento em particular no gráfico leandroniano, tem-se que:

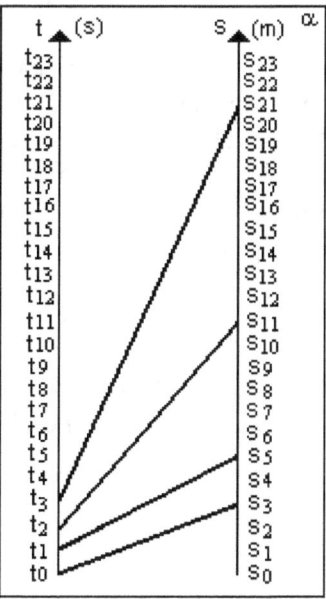

Leandro Bertoldo
Geometria Leandroniana

Na geometria Leandroniana, demonstrei que uma equação do segundo grau, $y = c + b \cdot x^2$, apresenta no gráfico leandroniano as seguintes propriedades:

a) Valor do número real (c) $c_n = (x_0, y_n)$
b) Valor do número real (b) $b^{(x1,\, ym)}{}_{(x0,\, yn)} = y_m - y_n$

Então, analisando o gráfico do presente parágrafo, posso concluir que:

$$s_0 = (t_0, S_3) = 3$$

Tal resultado implica que a posição inicial que o móvel ocupava no início da contagem do tempo era de três metros. Também, posso deduzir que:

$$\alpha^{(t1,\, S5)}{}_{(t0,\, S3)} = s_5 - s_3 = 2$$

Tal resultado implica que a aceleração do móvel é igual à dois metros por segundo ao quadrado. Na realidade tal valor é a metade do valor real da aceleração, pois a equação das posições divide pela metade a aceleração; então, para obter o valor real da aceleração, basta multiplicar sempre por dois. Logo, a última expressão é substituída pela seguinte igualdade:

$$\alpha^{(t1,\, S5)}{}_{(t0,\, S3)} = 2 \cdot (s_5 - s_3) = 4$$

Portanto a aceleração do móvel é de quatro metros por segundo ao quadrado. De uma forma generalizada, posso escrever que:

$$\alpha^{(t1,\, Sm)}{}_{(t0,\, Sn)} = 2 \cdot (s_m - s_n)$$

Quanto ao tempo (t) e ao espaço (s), podem ser lidos diretamente do gráfico leandroniano.

6 - Gráfico das Acelerações em Movimento Uniformemente Variado

O gráfico da aceleração é caracterizado por um diagrama que representa a aceleração do móvel em cada instante. Como essa aceleração se mantém constante durante todo o movimento, o gráfico representativo será evidentemente dado por um feixe de retas convergentes à estaca das acelerações.

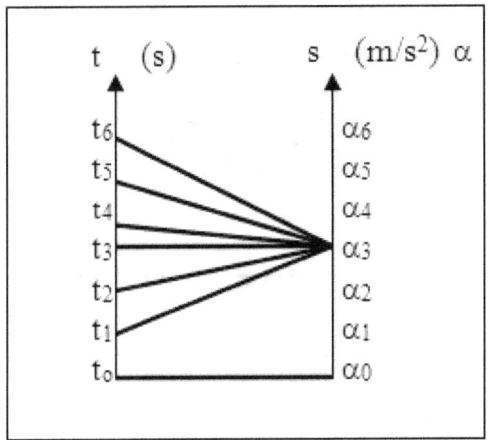

O referido gráfico nos informa que quando se iniciou a contagem do tempo, o móvel apresenta aceleração nula; ou seja, ou está em movimento retilíneo e uniforme ou está em repouso.

Quando o tempo varia para um segundo (t_1), para dois segundos (t_2), passa três segundos (t_3), para quatro segundos (t_4), para cinco segundos (t_5), para seis segundos (t_6), a aceleração sempre se mantém constante e invariável igual a três metros por segundo ao quadrado (α_3).

7 - Classificação dos Movimentos

a) *Movimento Progressivo*

Quando o móvel se desloca no mesmo sentido da orientação da trajetória, sua velocidade será positiva (v > 0) e o movimento nessas condições é chamado progressivo.

Os gráficos leandronianos que caracterizam o referido movimento, é o seguinte:

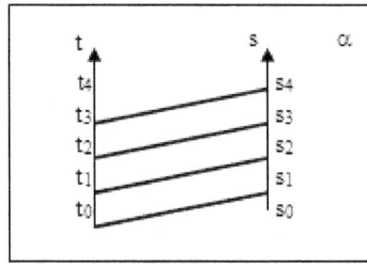

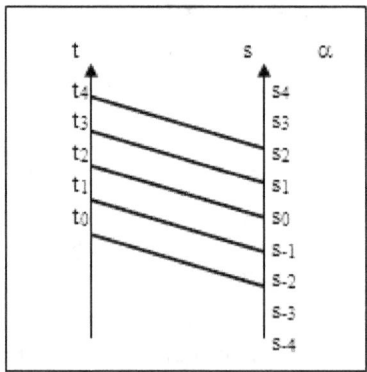

b) *Movimento Retrógrado*

Quando o móvel se desloca no sentido contrário ao da orientação da trajetória, sua velocidade será negativa (v < 0) e o movimento em tais condições se chamará retrógrado.

O gráfico leandroniano que caracteriza o referido movimento, é o seguinte:

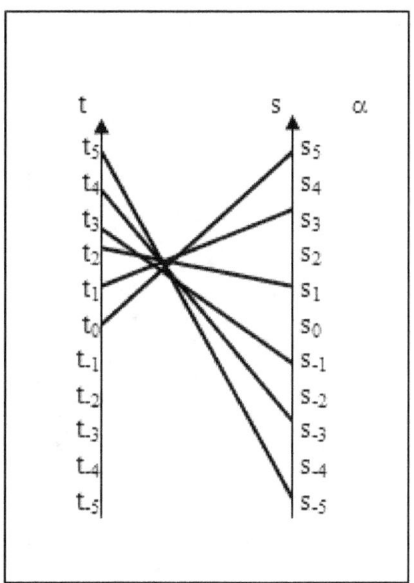

Existe uma outra classificação que tem por base a natureza dos movimentos. Assim, quando, com o decorrer do tempo, o móvel se deslocar cada vez mais "rápido", o movimento será dito acelerado, quando, com o decorrer do tempo, o móvel se deslocar cada vez mais "lentamente", o movimento será denominado por retardado.

O movimento acelerado é caracterizado por uma velocidade positiva e uma aceleração positiva; ou, uma velocidade negativa com uma aceleração negativa. Já o movimento retardado é caracterizado por uma velocidade positiva e uma aceleração negativa; ou, uma velocidade negativa com uma aceleração positiva.

Os gráficos leandronianos que caracterizam o movimento acelerado e o movimento retardado são os seguintes:

Leandro Bertoldo
Geometria Leandroniana

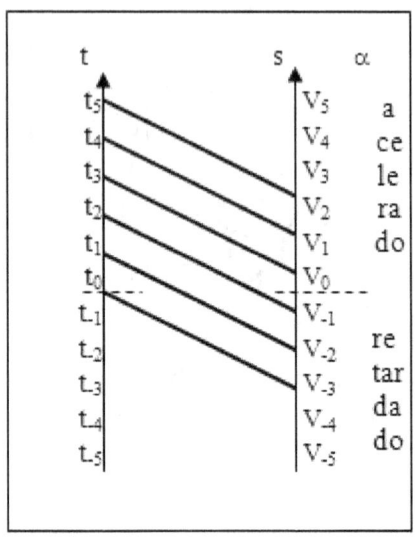

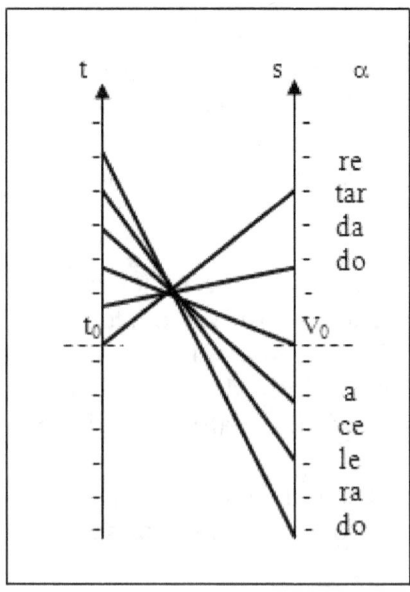

Leandro Bertoldo
Geometria Leandroniana

    O movimento retilíneo uniformemente variado apresenta como característica a aceleração escalar constante, podendo ser positiva ($\alpha > 0$) ou negativa ($\alpha < 0$).

    Os gráficos leandronianos que caracterizam as referidas acelerações são as seguintes:

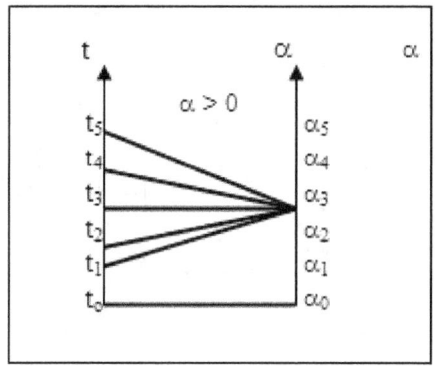

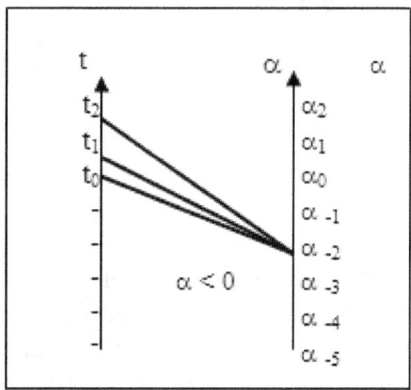

8 - Gráfico do Poder Emissivo de um Corpo Negro

    A Lei de Stefan-Boltzmann afirma que o poder emissivo de um corpo negro é proporcional à quarta potência da sua temperatura absoluta.

$$E = \sigma \cdot T^4$$

Em um gráfico leandroniano hipotético, obtém-se que:

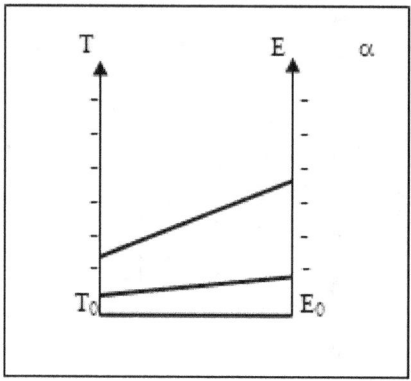

Pela geometria leandroniana, onde $y = b \cdot x^4$, sabe-se que:

$$b_n = (x_1, y_n)$$

Então, posso afirmar que:

$$\sigma_n = (T_1, E_n)$$

O que apresentei até o presente momento no capítulo atual é muito pouco em relação à enorme gama de fenômenos que regem a Física. No entanto, as equações que regem a maioria dos fenômenos físicos são de primeiro grau ou de segundo grau, de forma que no presente capítulo deixei bem marcado o caminho que se deve seguir para representar os fenômenos nos gráficos leandronianos.

Leandro Bertoldo
Geometria Leandroniana

CAPÍTULO XVII

1 - Introdução

A geometria espacial leandroniana trimétrica nada mais é do que a Geometria de Leandro onde o estudo das formas é realizado com três estacas, originando o conceito de espacialidade.

2 - Propriedades

Considere três estacas x, y e z, paralelas entre si, com origem idêntica sob o mesmo nível (0) e seja (α) o plano que as contém. Considere também, que seja inscrito no gráfico Leandroniano, uma pirâmide.

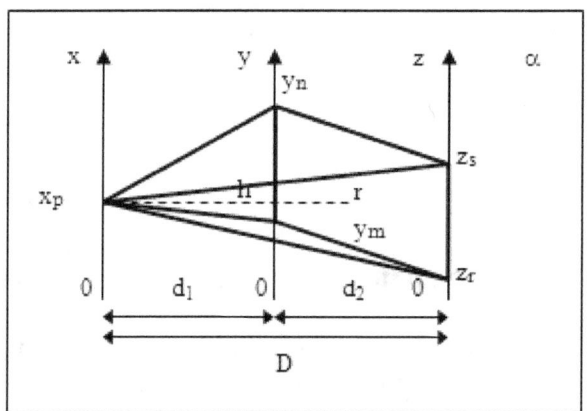

A pirâmide inscrita no gráfico de Leandro é caracterizada pelos seguintes pares ordenados: (x_p, y_n), (x_p, y_m), (x_p, z_s), (x_p, z_r).
Pode-se fazer as seguintes verificações:
a) O vértice da pirâmide nasce no vale (x_p).
b) O polígono quadrilátero representado pelos picos (y_m, y_n, z_s, z_r) é a base da pirâmide.

c) Os lados caracterizados pelos picos [(y_m, y_n), (y_n, z_s), (z_s, z_r), (z_r, y_m)] do polígono da base são as arestas da base.
d) Os segmentos [(x_p, y_n), (x_p, y_m), (x_p, z_s), (x_p, z_r)] são as arestas laterais.
e) Os triângulos [(x_p, y_n, z_s), (x_p, z_r, z_s), (x_p, z_r, y_m), (x_p, y_m, y_n)], são as faces laterais.
f) A distância do vértice (x_p), ao centro (V) do polígono quadrilátero é a altura da pirâmide, cuja medida é h.

3 - Distância Entre as Estacas

As distâncias que separam uma estaca da outra é puramente arbitrária. No último gráfico leandroniano considerei que a distância existente entre x e y é representada por d_1, também considerei que a distância existente entre y e z é representada por d_2, portanto a distância entre x e y é representada por:

$$D = d_1 + d_2$$

Em termos simbólicos posso escrever que:

$$D_{x \vdash\dashv z} = d_{x \vdash\dashv y} + d_{y \vdash\dashv z}$$

4 - Distância Entre os Pontos x_p, y_n

A distância que separa os pontos x_p e y_n é calculada da seguinte forma: deve-se traçar uma reta perpendicular com origem no ponto x_p até a estaca y, onde recebe o ponto y_p, que evidentemente é idêntica a x_p, pois as estacas apresentam origem (0) e escalas idênticas.

A distância que separa y_n de y_p será representada por: $y_n - y_p$ = $y_n - x_p$. Afirmei no parágrafo anterior que a distância que separa a estaca x e y é puramente arbitrária e representada por $d_{x \vdash\dashv y}$.

Naturalmente, tem-se um triângulo retângulo, que por Pitágoras afirma-se que:

$$d^2_{xp \vdash yn} = (y_n - x_p)^2 + d^2_{x \vdash y}$$

Ou seja, o quadrado da distância que separa o ponto x_p do ponto y_n é igual ao quadrado da diferença matemática entre y_n e x_p, adicionado com o quadrado da distância d_1, que separa a estaca x da estaca y. Como a distância entre x e y é arbitrária, posso trabalhar com apenas uma unidade modular da medida, e, portanto, a última expressão se reduz à seguinte:

$$d^2_{xp \vdash yn} = (y_n - x_p)^2 + 1$$

5 - Distância entre os Pontos x_p e z_s ($d_{xp \vdash yn}$)

A distância que separa os pontos x_p e z_s é calculada da seguinte maneira:
a) deve-se traçar uma reta perpendicular à estaca x com origem em x_p até a estaca z, onde recebe o ponto z_p.
b) A referida figura deve caracterizar um triângulo retângulo de pontos x_p, z_s, z_p.
c) Logicamente $x_p = z_p$.
d) A distância que separa a estaca x da estaca z é arbitrária e representada por ($d_{x \vdash y}$).
e) A distância que separa z_s de z_p é caracterizada por: $z_s - z_p$, que logicamente é igual a $z_s - x_p$.

Então, por Pitágoras, posso afirmar que:

$$d^2_{xp \vdash zs} = (z_1 - x_p)^2 + d^2_{x \vdash z}$$

Como a distância $d_{x \vdash z}$ é arbitrária, posso considerar uma distância caracterizada por:

$$d_{x \vdash z} = 1$$

Desse modo vem que:

$$d^2_{xp \vdash zs} = (z_s - x_p)^2 + 1$$

6 - Distância Entre os Pontos x_p e y_m

A distância ($d_{xp \vdash ym}$) que separa os pontos x_p de y_m é calculada da seguinte forma:
a) Deve-se traçar uma reta perpendicular à estaca x até a estaca y.
b) A referida reta perpendicular tem que ter origem em x_p.
c) Na estaca y a referida reta perpendicular recebe o ponto y_p.
d) Logicamente $x_p = y_p$, pois as estacas tem mesmas escalas e mesmo nível de origem.
e) Têm-se um triângulo retângulo de vértices (x_p, z_p, z_m).
f) A distância que separa os pontos z_p de z_m é expressa por: $z_m - z_p = z_m - z_p$.
g) A distância que separa a estaca x da estaca y é expressa simbolicamente por: $d_{x \vdash y}$. Então, por Pitágoras, posso escrever que:

$$d^2_{xp \vdash ym} = (z_m - x_p)^2 + d^2_{x \vdash y}$$

Em um gráfico leandroniano convencional, onde $d_{x \vdash y} = 1$ posso escrever que:

$$d^2_{xp \vdash ym} = (z_m - x_p)^2 + 1$$

7 - Distância entre os pontos x_p e z_r

A distância ($d_{xp \vdash zr}$) que separa os pontos x_p de z_r é deduzida da seguinte forma:
a) Com origem em x_p, deve-se traçar uma reta perpendicular à estaca x que se estende até z, onde recebe o ponto z_p.

b) Logicamente $x_p = z_p$, assim, têm-se um triangulo retângulo de vértices (x_p, y_p, z_r).

c) A distância que separa os pontos z_p de z_r é expressa por:

$$z_r - z_p = z_r - x_p$$

d) A distância que separa a estaca x da estaca y é expressa simbolicamente por: $d_{x \vdash\dashv z}$. Assim, por Pitágoras, posso afirmar que:

$$d^2{}_{xp \vdash\dashv zr} = (z_r - x_p)^2 + d^2{}_{x \vdash\dashv y}$$

No gráfico leandroniano convencional, onde $d^2{}_{x \vdash\dashv y} = 1$, posso escrever que:

$$d^2{}_{xp \vdash\dashv zm} = (z_r - x_p)^2 + 1$$

8 - Distância entre os pontos y_n e z_s

A distância $(d_{yn \vdash\dashv zs})$ que separa os pontos y_n de z_s é obtida da seguinte forma:

a) Com origem em z_s, deve-se traçar uma reta perpendicular às estacas, e que deve se estender até a estaca y, onde recebe o ponto y_s. Logicamente $z_s = y_s$, assim, têm-se um triângulo retângulo de vértices x_n, y_s, z_s.

b) A distância que separa os pontos y_n de y_s é expressa por:

$$y_n - y_s = y_n - z_s$$

c) A distância que separa a estaca y da estaca z é expressa simbolicamente por: $d_{y \vdash\dashv z}$. Desse modo, por Pitágoras, posso concluir que:

$$d^2{}_{yn \vdash\dashv zs} = (y_n - z_s)^2 + d^2{}_{y \vdash\dashv z}$$

No gráfico leandroniano convencional, onde $d^2_{y \vdash\!\dashv z} = 1$, posso escrever que:

$$d^2_{y_n \vdash\!\dashv z_s} = (y_n - z_s)^2 + 1$$

9 - Distância entre os pontos y_m e z_r

A distância ($d_{y_m \vdash\!\dashv z_r}$) que separa os pontos y_m de z_r é deduzida da seguinte forma:

a) Com origem em y_m, deve-se traçar uma reta perpendicular às estacas e que se estende até a estaca z, onde o ponto recebe a caracterização de z_m. Evidentemente $y_m = z_m$, desse modo, têm-se um triângulo retângulo de vértices y_m, z_m, z_r.

b) A distância que separa os pontos z_m de z_r é expressa por:

$$z_m - z_r = y_m - z_r$$

c) A distância que separa a estaca y da estaca z é expressa simbolicamente por: $d_{y \vdash\!\dashv z}$. Baseado nos referidos dados e por Pitágoras, posso afirmar que:

$$d^2_{y_m \vdash\!\dashv z_r} = (y_m - z_r)^2 + d^2_{y \vdash\!\dashv z}$$

No gráfico convencional de Leandro, onde $d_{y \vdash\!\dashv z} = 1$ posso escrever que:

$$d^2_{y_m \vdash\!\dashv z_r} = (y_m - z_r)^2 + 1$$

10 - Distância entre os pontos y_n e y_m

A distância que separa os pontos y_n de y_m é a diferença matemática entre ambos. Simbolicamente, o referido enunciado é expresso por:

$$d_{yn} \vdash_{ym} = y_n - y_m$$

11 - Distância Entre os pontos z_s e z_r

A distância que separa os pontos z_s de z_r é a diferença matemática entre ambos. O referido enunciado é expresso simbolicamente por:

$$d_{zs} \vdash_{zr} = z_s - z_r$$

12 - Área do Polígono Quadrilátero no Gráfico Leandroniano

A área do polígono quadrilátero representada no gráfico leandroniano pelos picos (y_m, y_n, z_s, z_r) é a base da pirâmide. Tal área é expressa simbolicamente pela seguinte equação de Leandro:

$$A = \tfrac{1}{2} \cdot [(d_{zs} \vdash_{zr}) \cdot (d_{yn} \vdash_{zs}) + (d_{yn} \vdash_{ym}) \cdot (d_{ym} \vdash_{zr})]$$

Naturalmente, posso escrever que:

$$A = \tfrac{1}{2} \cdot \{(z_s - z_r) \cdot \sqrt{[(y_n - z_s)^2 + d^2_y \vdash_z]} + (y_n - y_m) \cdot \sqrt{[(y_m - z_r)^2 + d^2_y \vdash_z]}\}$$

Leandro Bertoldo
Geometria Leandroniana

Leandro Bertoldo
Geometria Leandroniana

CAPÍTULO XVIII

1 - Função Linear

No capítulo anterior demonstrei que a figura geométrica inscrita no gráfico de Leandro é representada pelos seguintes pares ordenados: (x_p, y_n), (x_p, y_m), (x_p, z_s), (x_p, z_r). Tais pares ordenados são caracterizados por quatro funções lineares, a saber:

a) $y_n = b_1 \cdot x_p$
b) $y_m = b_2 \cdot x_p$
c) $z_s = b_3 \cdot x_p$
d) $z_r = b_4 \cdot x_p$

Onde b é um número real. Com isso afirmo que toda reta do plano leandroniano encontra-se associada a uma equação linear de coordenadas (x, y), e (x, z). Observe que para inscrever a pirâmide no gráfico de Leandro bastou manter o valor de x invariável e variar o valor do número real b em cada reta traçada no gráfico.

2 - Propriedades

O gráfico leandroniano trimétrico é constituindo por três estacas (x, y, z), sendo que os valores de z e y são funções de x, o que significa que para cada estaca, com exceção da estaca x, corresponde a uma função linear. Assim, para o gráfico leandroniano trimétrico existe duas funções que são genericamente as seguintes:

$$y = b \cdot x$$
$$z = b \cdot x$$

a) Então, se em ambas funções, $b = 1$, posso escrever que:

$$y = x$$

$$z = x$$
ou também
$$y = z$$
$$x = y = z$$

No gráfico leandroniano trimétrico tem-se as seguintes retas:

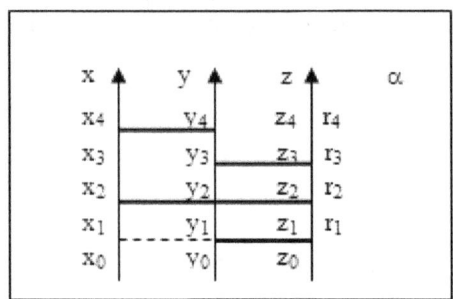

Observe que no referido gráfico tracei quatro retas (r_1, r_2, r_3, r_4), sendo que cada reta corresponde a um valor de par ordenado. Assim, de acordo com as convenções estabelecidas nesta obra posso afirmar que:

$$r_1 \to z = x, \text{ cujo par ordenado é } (x, z)$$
$$r_2 \to y = z = x, \text{ cujo par ordenado é } (x, y, z)$$
$$r_3 \to y = z, \text{ cujo par ordenado é } (y, z)$$
$$r_4 \to y = x, \text{ cujo par ordenado é } (x, y)$$

b) Se em ambas as funções $b = 0$, obtém-se os seguintes pares ordenados:

$y_0 = b_0 \cdot x_n$
$y_0 = b_0 \cdot x_0$
$y_0 = b_0 \cdot x_1$
$y_0 = b_0 \cdot x_2$
$y_0 = b_0 \cdot x_3$

Leandro Bertoldo
Geometria Leandroniana

$$z_0 = b_0 \cdot x_n$$
$$z_0 = b_0 \cdot x_0$$
$$z_0 = b_0 \cdot x_1$$
$$z_0 = b_0 \cdot x_2$$
$$z_0 = b_0 \cdot x_3$$

Sendo que tais pares ordenados no gráfico leandroniano trimétrico, representa as seguintes retas:

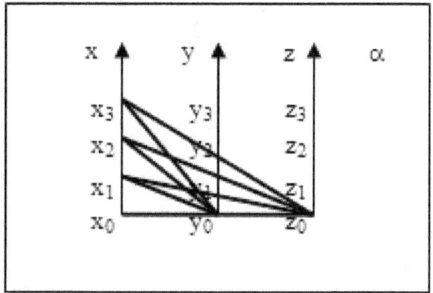

No referido gráfico, as retas traçadas mais fortemente são caracterizada pela equação ($z_0 = b_0 \cdot x_n$), e as retas traçadas mais fracamente são representadas pela equação ($y_0 = b_0 \cdot x_n$).

Observe que a reta caracterizada pelo par ordenado (x_0, y_0) e a reta caracterizada pelo par ordenado (x_0, z_0) são simultâneas e foram representadas pela conversão de Leandro conforme mostra o gráfico.

c) Se em $y = b \cdot x$ com $b = 0$ e em $z = b \cdot x$ com $b = 1$, tem-se as seguintes equações:

$$y_0 = b_0 \cdot x_n$$
$$z_n = x_n$$

Obtém-se os seguintes pares ordenados:

$y_0 = b_0 \cdot x_n$
$y_0 = b_0 \cdot x_0$
$y_0 = b_0 \cdot x_1$
$y_0 = b_0 \cdot x_2$
$y_0 = b_0 \cdot x_3$

$z_0 = x_n$
$z_0 = x_0$
$z_1 = x_1$
$z_2 = x_2$
$z_3 = x_3$

No gráfico leandroniano trimétrico, têm-se as seguintes retas:

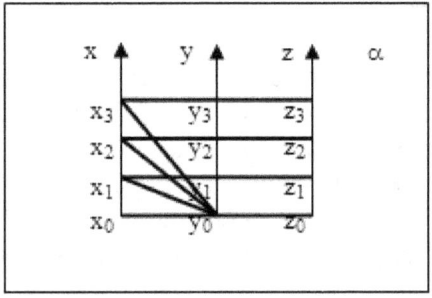

d) Se em $y = b \cdot x$ com $b = 1$ e em $z = b \cdot x$ com $b = 0$, tem-se as seguintes expressões:

$$y_n = x_n$$
$$z_0 = b_0 \cdot x_n$$

Assim, obtêm-se os seguintes pares ordenados:

$z_0 = b_0 \cdot x_n$
$z_0 = b_0 \cdot x_0$
$z_0 = b_0 \cdot x_1$
$z_0 = b_0 \cdot x_2$
$z_0 = b_0 \cdot x_3$

$y_n = x_n$
$y_0 = x_0$
$y_1 = x_1$
$y_2 = x_2$
$y_3 = x_3$

No gráfico leandroniano trimétrico, têm-se a seguinte figura:

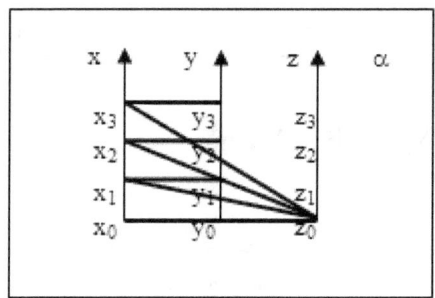

e) Se em ambas as funções b = 2, posso escrever que:

$y_m = b_2 \cdot x_n$
$y_0 = b_2 \cdot x_0$
$y_2 = b_2 \cdot x_1$
$y_4 = b_2 \cdot x_2$
$y_6 = b_2 \cdot x_3$

Leandro Bertoldo
Geometria Leandroniana

$z_m = b_2 \cdot x_n$
$z_0 = b_2 \cdot x_0$
$z_2 = b_2 \cdot x_1$
$z_4 = b_2 \cdot x_2$
$z_6 = b_2 \cdot x_3$

No gráfico leandroniano trimétrico, obtém-se a seguinte figura:

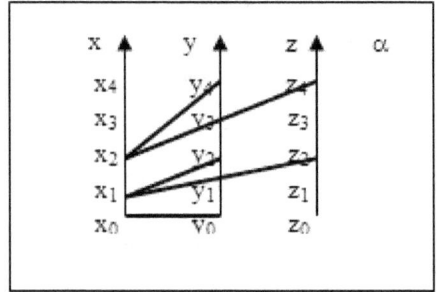

f) Se em $y = b \cdot x$, com $b = 2$ e em $z = b \cdot x$, com $b = 0$, tem-se as seguintes expressões:

$$y_m = b_2 \cdot x_n$$
$$z_0 = b_0 \cdot x_n$$

Assim, obtêm-se os seguintes pares ordenados:

$y_m = b_2 \cdot x_n$
$y_0 = b_2 \cdot x_0$
$Y_2 = b_2 \cdot x_1$
$y_4 = b_2 \cdot x_2$
$y_6 = b_2 \cdot x_3$

Leandro Bertoldo
Geometria Leandroniana

$z_0 = b_0 \cdot x_n$
$z_0 = b_0 \cdot x_0$
$z_1 = b_0 \cdot x_1$
$z_2 = b_0 \cdot x_2$
$z_3 = b_0 \cdot x_3$

No gráfico leandroniano trimétrico, tem-se a seguinte figura:

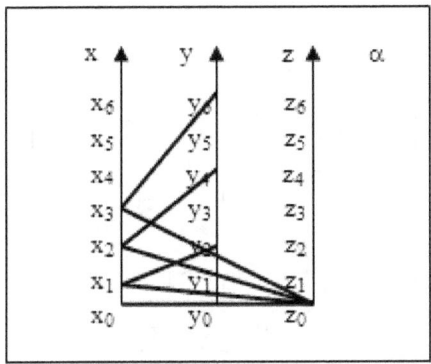

g) Se em $y = b \cdot x$, com $b = 2$ e em $z = b \cdot x$, com $b = 1$, tem-se as seguintes expressões:

$$y_m = b_2 \cdot x_n$$
$$z_n = x_n$$

Assim, obtêm-se os seguintes pares ordenados:

$y_m = b_2 \cdot x_n$
$y_0 = b_2 \cdot x_0$
$y_1 = b_2 \cdot x_1$
$y_4 = b_2 \cdot x_2$
$y_6 = b_2 \cdot x_3$

$z_n = x_n$
$z_0 = x_0$
$z_1 = x_1$
$z_2 = x_2$
$z_3 = x_3$

No gráfico leandroniano trimétrico, obtém-se a seguinte figura:

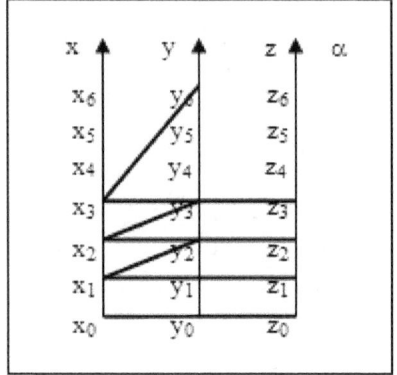

h) Se em $y = b \cdot x$, com $b = 0$ e em $z = b \cdot x$, com $b = 2$, tem-se as seguintes expressões:

$$y_0 = b_0 \cdot x_n$$
$$y_m = b_2 \cdot x_n$$

Dessa maneira, obtém-se os seguintes pares ordenados:

$y_0 = b_0 \cdot x_n$
$y_0 = b_0 \cdot x_0$
$y_0 = b_0 \cdot x_1$
$y_0 = b_0 \cdot x_2$
$y_0 = b_0 \cdot x_3$

$y_m = b_2 \cdot x_n$
$y_0 = b_2 \cdot x_0$
$y_2 = b_2 \cdot x_1$
$y_4 = b_2 \cdot x_2$
$y_6 = b_2 \cdot x_3$

No gráfico leandroniano trimétrico, obtém-se a seguinte figura:

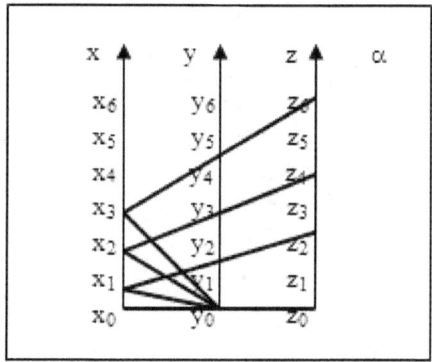

i) Se em $y = b \cdot x$, com $b = 1$ e em $z = b \cdot x$, com $b = 2$, tem-se as seguintes expressões:

$$y_n = x_n$$
$$z_m = b_2 \cdot x_n$$

Desse modo, obtém-se os seguintes pares ordenados:

$z_m = b_2 \cdot x_n$
$z_0 = b_2 \cdot x_0$
$z_2 = b_2 \cdot x_1$
$z_4 = b_2 \cdot x_2$
$z_6 = b_2 \cdot x_3$

$y_n = x_n$
$y_0 = x_0$
$y_1 = x_1$
$y_2 = x_2$
$y_3 = x_3$

No gráfico leandroniano trimétrico, obtém-se a seguinte figura:

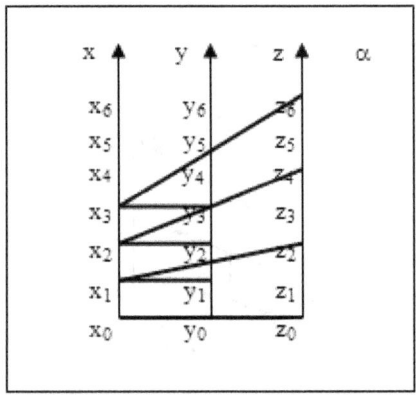

j) Se em ambas as funções, b = 3, posso escrever que:

$y_m = b_3 \cdot x_n$
$y_0 = b_3 \cdot x_0$
$y_3 = b_3 \cdot x_1$
$y_6 = b_3 \cdot x_2$
$y_9 = b_3 \cdot x_3$

$z_m = b_3 \cdot x_n$
$z_0 = b_3 \cdot x_0$
$z_3 = b_3 \cdot x_1$
$z_6 = b_3 \cdot x_2$
$z_9 = b_3 \cdot x_3$

No gráfico leandroniano trimétrico, obtém-se a seguinte figura:

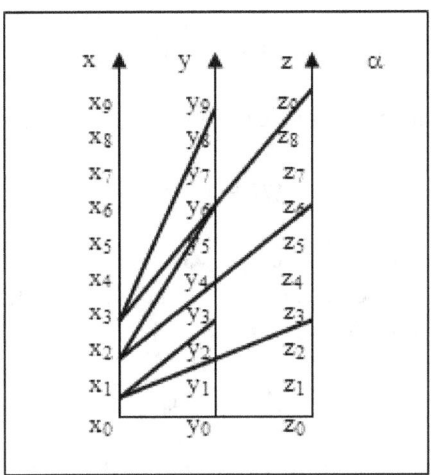

Nos referidos gráficos, o cálculo do número real (b), deve ser realizado, individualmente, em cada uma das estacas. Desse modo, o valor de (b) na estaca (y) é expressa pela diferença entre o valor do pico da reta posterior pelo valor do pico da reta anterior. Simbolicamente, posso escrever que:

$$b_y = y_p - y_a$$

O mesmo se pode afirmar do valor de (b) na estaca (z).

$$b_z = z_p - z_a$$

3 - Relação Entre Funções

A função linear de um gráfico leandroniano trimétrico é expresso pelas seguintes equações:
a) $y = b_n \cdot x$

Leandro Bertoldo
Geometria Leandroniana

b) $z = b_m \cdot x$

Dividindo membro a membro, ambas as expressões, vem que:

$$y/z = b_n \cdot x / b_m \cdot x$$

Eliminando os termos em evidência, resulta que:

$$y/z = b_n/b_m$$

Em um estudo, onde os valores (b_n) e (b_m) permanecem invariáveis, posso estabelecer uma constante genérica que representarei simbolicamente por:

$$B = b_n/b_m$$

Logo, posso concluir a seguinte realidade:

$$y = B \cdot z$$

Também, posso afirmar que:

$$y/z = (y_p - y_a)/(z_p - z_a)$$

4 - Altura do Pico em Relação ao Vale

Defino a altura do pico de uma reta em relação ao vale da mesma, como sendo expressa pela seguinte equação de Leandro, no gráfico leandroniano trimétrico:
a) $h_{(x, y)} = y - x$
b) $h_{(x, z)} = z - x$

Onde (x, y) e (x, z) representa os pares ordenados.

Então, defino a diferença de altura entre as retas das estacas (y) e (z) pela seguinte equação:

$$\Delta h = h_{(x, y)} - h_{(x, z)}$$

Com relação a tal expressão posso escrever que:

$$\Delta h = (y - x) - (z - x)$$

Isto implica que:

$$\Delta h = y - x - z + x$$

Eliminando os termos em evidência, resulta que:

$$\Delta h = y - z$$

Desse modo, conclui-se que a diferença de altura entre as retas das estacas (y) e (z), nada mais representa do que a distância que separa o pico da reta (r) em (y) da reta (s) em (z), com base (origem) no mesmo vale (x).

Para uma visualização no gráfico leandroniano, considere as seguintes expressões:
c) $y_n = b_3 \cdot x_n$
d) $z_p = b_2 \cdot x_n$

Assim, obtém-se os seguintes valores:

$y_m = b_3 \cdot x_n$
$y_0 = b_3 \cdot x_0$
$y_3 = b_3 \cdot x_1$
$y_6 = b_3 \cdot x_2$
$y_9 = b_3 \cdot x_3$

$z_p = b_2 \cdot x_n$
$z_0 = b_2 \cdot x_0$
$z_2 = b_2 \cdot x_1$
$z_4 = b_2 \cdot x_2$
$z_6 = b_2 \cdot x_3$

No gráfico leandroniano trimétrico, obtém-se a seguinte figura, onde está especificada a variação de altura (Δh).

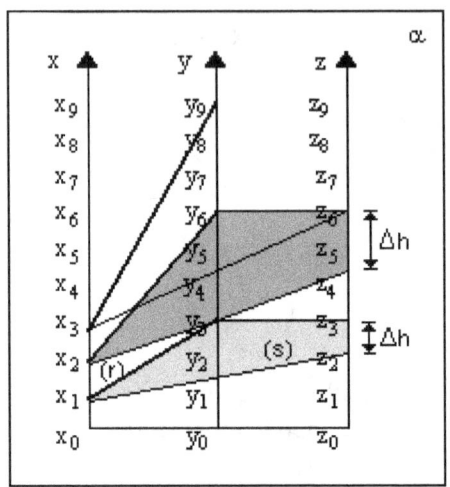

No exemplo gráfico anterior, considere os pares ordenados (x_1, y_3) e (x_1, z_2). A altura na estaca (y) é expressa por:

$$h_{(x1, y3)} = y_3 - x_1 = 2$$

A altura da reta (s) na estaca (z) é representada por:

$$h_{(x1, z2)} = y_2 - x_1 = 1$$

A diferença de altura é expressa por:

$$\Delta h = h_{(x1, y3)} - h_{(x1, z2)} \therefore$$
$$\Delta h = 2 - 1 = 1$$

Também, demonstrei que:

$$\Delta h = y - z$$

Portanto, vem que:

$$\Delta h = y_3 - z_2 = 1$$

Sendo que tais resultados encontram-se em perfeito acordo com a observação gráfica.

É muito interessante observar as seguintes propriedades:

e) $+ \Delta h \Rightarrow b_y > b_z$
f) $- \Delta h \Rightarrow b_y < b_z$

Sabe-se que:

g) $\Delta h = y - z$
$y = b_y \cdot x$
$z = b_z \cdot x$

Substituindo convenientemente as três últimas expressões, vem que:

$$\Delta h = b_y \cdot x - b_z \cdot x$$

Logo, posso escrever que:

$$\Delta h = x \cdot (b_y - b_z)$$

Sabendo-se que:

$$b_y = y_p - y_a$$
$$b_z = z_p - z_a$$

Posso escrever que:

$$\Delta h = x \cdot (y_p - y_a - z_p + z_a)$$

5 - Áreas

Uma função linear caracterizada por dois pares ordenados sucessivos, representam no gráfico leandroniano, um quadrilátero, cuja área é idêntica aos dos demais quadriláteros consecutivos. Então, considerando dois quadriláteros inscritos no gráfico leandroniano, posso estabelecer que:

$$A_1 = A_2$$

Sendo que no gráfico leandroniano tem-se que:

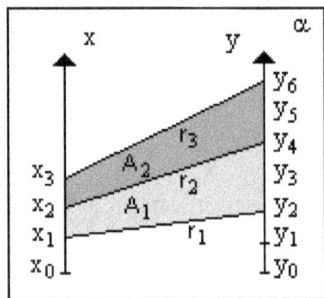

Representando a reta (x_1, y_2) pela reta (r_1); a reta (x_2, y_4) pela letra (r_2) e a reta (x_3, y_6) pela letra (r_3); posso estabelecer as seguintes expressões:

a) $A_1 = [r_1 . (x_2 - x_1) + r_2 . (y_4 - y_2)]/2$
b) $A_2 = [r_2 . (x_3 - x_2) + r_3 . (y_6 - y_4)]/2$

Generalizando tais resultados, posso escrever que:

$$A = ½ . r_1 . (x_n - x_{n-1}) + r_2 . b$$

Onde a letra (b) representa o número real na equação $y = b . x$. Considerando a sucessão de inteiros em (x) é evidente que: $x_n - x_{n-1} = 1$. Desse modo, posso escrever que:

$$A = (r_1/2) + r_2 . b$$

Porém, afirmei que:

$$A_1 = A_2$$

Logo, posso estabelecer a seguinte verdade:

$$(r_1/2) + r_2 \cdot b = (r_2/2) + r_3 \cdot b$$

Portanto, vem que:

$$r_1/2 - r_2/2 = r_2 \cdot b - r_3 \cdot b = 0$$

Assim, resulta:

$$\tfrac{1}{2} \cdot (r_1 - r_2) + b \cdot (r_2 - r_3) = 0$$

Sob o ponto de vista do gráfico leandroniano trimétrico é evidente que:

$$A_y = A_z = k$$

Onde a letra (k), representa um valor constante e as letras (A_y) e (A_z) representam respectivamente a área quadrilátera inscrita em função de y e em função de z. Logicamente, posso estabelecer as seguintes verdades:
c) $A_y = (r_{y1}/2) + r_{y2} \cdot b_y$
d) $A_z = (r_{z1}/2) + r_{z2} \cdot b_z$

Substituindo convenientemente as três últimas expressões, vem que:

$$k = (r_{y1}/2) + r_{y2} \cdot b_y - (r_{z1}/2) + r_{z2} \cdot b_z$$

Assim, posso escrever que:

$$k = \tfrac{1}{2} \cdot (r_{y1} - r_{z1}) + r_{y2} \cdot b_y - r_{z2} \cdot b_z$$

Leandro Bertoldo
Geometria Leandroniana

6 - Coeficiente Delta de Leandro

O coeficiente delta é definido como sendo igual à tangente do ângulo formado por uma reta inscrita no gráfico leandroniano pela menor distância que separa uma estaca da outra.
Simbolicamente, posso escrever que:

$$\Delta = \text{tg}\,\theta$$

Que no gráfico leandroniano é expressa por:

$$\Delta = h/D$$

Onde a letra (h) representa a altura e a letra (D) a distância que separa uma estaca da outra.
Desse modo no gráfico trimétrico de Leandro o coeficiente delta na estaca dos (y_s) será expressa por:

$$\Delta_y = h_y/D_{xy}$$

Do mesmo modo, o coeficiente delta na estaca dos (z_s) será expressa por:

$$\Delta_z = h_z/D_{xz}$$

A diferença matemática do coeficiente delta é expressa por:

$$W = \Delta_y - \Delta_z$$

Portanto, posso escrever que:

$$W = (h_y/D_{xy}) - (h_z/D_{xz})$$

Porém, sabe-se que:
a) $h_y = y - x$
b) $h_z = z - x$

Assim, vem que:

$$W = (y - x)/D_{xy} - (z - x)/D_{xz}$$

Ou seja:

$$W = [D_{xz} \cdot (y - x) - D_{xy} \cdot (z - x)]/D_{xy} \cdot D_{xz}$$

Logo, resulta que:

$$W \cdot D_{xy} \cdot D_{xz} = x \cdot (D_{xy} - D_{xz}) + D_{xz} \cdot y - D_{xy} \cdot z$$

No gráfico convencional de Leandro, onde $D_{xy} = 1$; $D_{xz} = 1$ e, portanto:

$$D_{xz} = 2 \cdot D_{xy} = 2$$

Dessa maneira, posso concluir a seguinte igualdade:

$$2 \cdot W = -x + 2 \cdot y - z$$

Demonstrei em capítulos anteriores que a equação simplificada é expressa por:

$$\Delta = x \cdot (b - 1)/D$$

Aplicando tal conceito ao gráfico leandroniano trimétrico, vem que:
c) $\Delta_y = x \cdot (b_y - 1)/D_{xy}$
d) $\Delta_z = x \cdot (b_z - 1)/D_{xz}$

Dessa forma, posso estabelecer que:

$$W = [x \cdot (b_y - 1)/D_{xy}] - [x \cdot (b_z - 1)/D_{xz}]$$

Assim, vem que:

$$W = x \cdot \{[(b_y - 1)/D_{xy}] - [(b_z - 1)/D_{xz}]\}$$

No gráfico convencional de Leandro, sabe-se que:

$$D_{xy} = 1;\ D_{xz} = 2$$

Portanto, posso escrever que:

$$W = x \cdot \{[(b_y - 1)] - [(b_z - 1)/2]\}$$

7 - Coeficiente Alfa de Leandro

O coeficiente alfa de Leandro é definido como sendo o seno de um ângulo θ.

Simbolicamente, posso escrever que:

$$\alpha = \text{sen}\theta$$

No gráfico leandroniano, tal coeficiente é expresso pela seguinte relação:

$$\alpha = h/d$$

Onde a letra (h) representa a altura e a letra (d) o comprimento da reta diagonal inscrita entre as estacas. Dessa maneira, no gráfico trimétrico de Leandro o coeficiente alfa (α) na estaca dos (y_s) será expressa por:

$$\alpha_y = h_y/d_y$$

Do mesmo modo, o coeficiente alfa na estaca dos (z_s) será expressa por:

$$\alpha_z = h_z/d_z$$

Leandro Bertoldo
Geometria Leandroniana

A diferença matemática entre os coeficientes alfas é expresso por:

$$U = \alpha_y - \alpha_z$$

Substituindo convenientemente as três últimas expressões, vem que:

$$U = h_y/d_y - h_z/d_z$$

Porém, sabe-se que:
a) $h_y = y - x$
b) $h_z = z - x$

Portanto, vem que:

$$U = (y - x)/d_y - (z - x)/d_z$$

Ou seja:

$$U = [d_z \cdot (y - x) - d_y \cdot (z - x)]/d_y \cdot d_z$$

Logo, resulta que:

$$U \cdot d_y \cdot d_z = x \cdot (d_y - d_z) + d_z \cdot y - d_y \cdot z$$

Com relação a tal expressão, posso escrever que:

$$x \cdot (d_y - d_z) = U \cdot d_y \cdot d_z - d_z \cdot y - d_y \cdot z$$

Logo, vem que:

$$x \cdot (d_y - d_z) = d_z \cdot (U \cdot d_y - y - d_y \cdot z)$$

Portanto, posso estabelecer que:

$$x/d_z = [U \cdot d_y - y - d_y \cdot z]/d_y - d_z$$

Também, posso estabelecer que:

$$x \cdot (d_y - d_z) = d_y \cdot (U \cdot d_z - d_z \cdot y - z)$$

Portanto posso estabelecer que:

$$x/d_y = (U \cdot d_z - d_z \cdot y - z)/d_y - d_z$$

A relação matemática entre as duas últimas expressões, vem que:

$$x/d_y \,/\, x/d_z = U.d_z - d_z.y - z/d_y - d_z \,/\, U.d_y - y - d_y.z/d_y - d_z$$

Portanto, vem que:

$$(x \cdot d_z)/(x \cdot d_y) = (U \cdot d_z - d_z \cdot y - z)/(d_y - d_z)/(U \cdot d_y - y - d_y \cdot z)/(d_y - d_z)$$

Eliminando os termos em evidência, resulta que:

$$d_z/d_y = (U \cdot d_z - d_z \cdot y - z)/U \cdot d_y - y - d_y \cdot z = [d_z \cdot (U - y) - z]/[d_y \cdot (U - z) - y]$$

Portanto, vem que:

$$d_z/d_y = [d_z \cdot (U - y) - z]/[d_y \cdot (U - z) - y]$$

O que permite escrever que:

$$(d_z \cdot d_y)/(d_y \cdot d_z) = [(U - y) - z]/[(U - z) - y]$$

Ao eliminar os termos em evidência, vem que:

$$(y - z) - y = (y - y) - z$$

Ou seja:

Leandro Bertoldo
Geometria Leandroniana

$$y - y - z + z - y + y = 0$$

No gráfico leandroniano de duas estacas demonstrei que:

$$\alpha^2 = (y - x)^2/(D^2 + 1)$$

Sabendo-se que:

$$U = \alpha_y - \alpha_z$$

Posso escrever que:

$$U = \sqrt{[(y - x)^2/D^2_y + 1]} - \sqrt{[(z - x)^2/D^2_z + 1]}$$

Naturalmente, posso escrever que:

$$U = (y - x)/\sqrt{(D^2_y + 1)} - (z - x)/\sqrt{(D^2_z + 1)}$$

Em um gráfico convencional de Leandro, onde $D_y = 1$ e $D_z = 2$ posso escrever que:

$$U = (y - x)/\sqrt{(1^2 + 1)} - (z - x)/\sqrt{(2^2 + 1)}$$

Assim, resulta que:

$$U = (y - x)/\sqrt{(2)} - (z - x)/\sqrt{(3)}$$

Sabe-se que:
c) $y = b_y \cdot x$
d) $z = b_z \cdot x$

Desse modo, posso escrever que:

$$U = (b_y \cdot x - x)/\sqrt{(2)} - (b_z \cdot x - x)/\sqrt{(3)}$$

Logo, vem que:

$$U = x \cdot (b_y - 1)/\sqrt{2} - x \cdot (b_z - 1)/\sqrt{3}$$

Assim, vem que:

$$U = x \cdot [(b_y - 1)/\sqrt{2} - (b_z - 1)/\sqrt{3}]$$

8 - Coeficiente Gama de Leandro

Defino o coeficiente gama como sendo igual ao co-seno de um ângulo θ.
Simbolicamente, posso escrever que:

$$\gamma = \cos\theta$$

No gráfico leandroniano, tal coeficiente é expresso pela seguinte relação:

$$\gamma = D/d$$

Desse modo, no gráfico trimétrico de Leandro, tem-se que:
a) $\gamma_y = D_y/d_y$
b) $\gamma_z = D_z/d_z$

A diferença matemática entre tais coeficientes é expresso por:

$$R = \gamma_y - \gamma_z$$

Substituindo convenientemente as três últimas expressões, vem que:

$$R = (D_y/d_y) - (D_z/d_z)$$

Em se tratando de um gráfico convencional de Leandro, tem-se que:

Leandro Bertoldo
Geometria Leandroniana

$$R = (1/d_y) - (2/d_z)$$

www.ingramcontent.com/pod-product-compliance
Lightning Source LLC
Chambersburg PA
CBHW060821220526
45466CB00003B/926